《右玉风味》编委会

主　　任：陈小洪
副 主 任：苏连根
编　　委：邓守义　霍文章　于近仁　王德功
　　　　　梁凤梧　张建国　姚尚杰　高福生
　　　　　李　勇　张　富　王　治
主　　编：王德功
执行主编：梁凤梧
编　　辑：郝如娟

右玉风味

YOUYUFENGWEI

主编 王德功

执行主编 梁凤梧

山西出版集团　山西人民出版社

图书在版编目（CIP）数据

右玉风味 / 王德功主编. —太原：山西人民出版社，2011.4

ISBN 978-7-203-07156-3

I.①右… Ⅱ.①王… Ⅲ.①饮食—文化—右玉县②食谱—右玉县 Ⅳ.①TS971②TS972.142.254

中国版本图书馆 CIP 数据核字（2012）第 010845 号

右玉风味

主　　编：	王德功
责任编辑：	蒙莉莉　魏　红
装帧设计：	清晨阳光（谢成）工作室
出 版 者：	山西出版集团·山西人民出版社
地　　址：	太原市建设南路 21 号
邮　　编：	030012
发行营销：	0351-4922220　4955996　4956039
	0351-4922127（传真）　4956038（邮购）
E-mail：	sxskcb@163.com　发行部
	sxskcb@126.com　总编室
网　　址：	www.sxskcb.com
经 销 者：	山西出版集团·山西人民出版社
承 印 者：	山西三和印刷有限责任公司
开　　本：	787mm×1092mm　1/16
印　　张：	22.25
字　　数：	400 千字
印　　数：	1—3000 册
版　　次：	2011 年 4 月　第 1 版
印　　次：	2011 年 4 月　第 1 次印刷
书　　号：	ISBN 978-7-203-07156-3
定　　价：	58.00 元

如有印装质量问题请与本社联系调换

序 一

徐生岚

　　王德功同志从右玉县政协主席岗位上退下来以后,一直致力于当地的社会扶贫事业和文化建设事业。几年来,他组织各方力量举办了多种劳动技能培训班,厨师培训是其中的一项。今年,他又倡导并组织力量编写了《右玉风味》一书。可以说,这是把技能扶贫和文化扶贫结合起来的有益尝试。

　　法国社会人类学家、哲学家列维·斯特劳斯有一个著名的公式:生/熟=自然/文化。这个公式表明,人类自从学会用火、告别茹毛饮血之后,就开始有了饮食文化。而饮食文化是地域文化的一个重要方面。右玉地处山西与内蒙古交界的高寒地带,也是古代草原文明和农耕文明的结合部。这里既有作为历代军事要隘的城堡遗存,也有汉、满、蒙、回多民族文化融合相彰的印记。德功同志主编的《右玉风味》一书,以挖掘整理具有当地特色的饮食文化为主旨,广探民间习以为常的传统吃法及其源流趣闻,看似信手拈来,却立意高远。我们从中既可真切地看到游牧文明与农耕文明融汇结合而形成的生活习俗,也可清晰地领略清代宫廷饮食文化流变为汉满民间饮食文化的旨趣与内涵。

　　民以食为天,食以粗淡为宗。粗粮细作,粗中见精,淡中出奇,淡而有味,色香俱佳,富含营养,有利健康,益于养生,价廉物美,堪为上乘。这也正

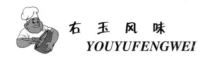

是右玉风味的基本特点和魅力所在。

一方水土养一方人。从这个意义上看,吃法决定做法,又植根于活法。而特定条件下的活法,则取决于相应的生态环境。散发着浓郁乡土气息的右玉风味,不但折射出右玉人与自然和谐相处的生活样态,还从另一个侧面反映出当地人民在世代艰苦环境中养成的淳厚质朴且热情好客的精神风貌,善于继承与创新的聪明才智,热爱生活和旷达幽默的宽广胸怀。身临其境的人们,在品尝当地美味佳肴的同时,必然会强烈地感受到这方面的气息。

该书兼备地域文化性、实用性和趣味性,给人以爱不释手的感觉。可以作为餐饮专业工作者的教材,也可作为广大群众的生活文化用书。因而,对于右玉的餐饮事业和文化建设,将会起到举足轻重的作用;对于地方特色文化建设,也将起到一定的示范作用。

祝愿勤劳朴实的右玉人民,在弘扬和提升当地特色文化中,迎来更加美好的明天。

(作者为山西省社会扶贫基金会会长、原山西省人大常务委员会副主任)

序 二

苏连根

祝贺《右玉风味》与读者见面，因为这本书汇集了上百种右玉风味的美食做法和一些反映右玉风土人情及饮食文化的食俗、趣闻。讲究吃法，可使人膳食合理，营养科学；饮食文化又能让人赏心益智，滋润心田。

古人云，民以食为天。饮食，是人类生存和提高身体素质的首要物质基础，也是社会发展的前提。人类进入文明社会的标志是人类开始使用工具，而讲究吃法，并不断创新做法，无疑是人类社会进步的重要环节。从茹毛饮血到取火熟食，是人类的创造发明。从把一切食物不加区分地吃掉，到区分出饭与菜，区分出蒸、烤、烧、煮等等不同烹饪方法而形成的不同饭菜，是老百姓创新吃法的累累硕果。

改革开放以来，论述饮食文化的书出版了不少，有关文章见诸报刊的也日益增多。这中间，谈论帝王菜、宫廷宴以及豪华、高档餐饮的占了相当比例，专门讲述老百姓饭菜的书显得很少。帝王菜、宫廷宴应该研究，因为中国有过几千年的封建王朝统治，帝王的菜谱饭单，也是中国饮食文化的一个组成部分，对于中国作为烹饪王国起过重要影响。但是，收集和整理民间老百姓的烹饪技巧，并编辑出版，则有着更广泛的社会意义和价值。

有人认为，美味佳肴一定要有高级材料方能制作出来，其实不然。事实上，粗粮可以细作，野菜也可以做成极富特色、极有魅力的饭菜。相反，如果

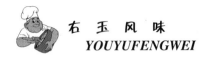

缺乏足够的烹饪文化与技艺,再高级的材料也做不出像样的饭菜。清人袁枚说过一句很有哲理的话:"豆腐得味胜过燕窝,海菜不佳不如蔬笋。"何况,什么是高档材料,什么不是,这也会随着人们饮食观念的变化而改变,随着社会的进步而发展。君不见,现在大中城市许多高档饭店的食谱上,各种野菜赫然名列其中。所以,《右玉风味》收集了大量民间粗粮细作的烹饪方法,自然给人耳目一新的感觉。

右玉县作为山西省小杂粮的主产区,自然环境独特,昼夜温差大,所产的小杂粮基本上不使用农药,无污染。由于畜牧业的快速发展,土地施肥主要以农家肥为主,小杂粮品质好,完全符合"绿色食品"的各项理化指标要求。右玉县小杂粮主要有燕麦、豌豆、荞麦、大豆、胡麻等40多个品种。近年来,随着人们生活水平的逐步提高,饮食习惯正在发生着由吃饱向吃好、吃营养型转变,科学搭配、讲究吃法已成为一种普遍的时尚。营养学研究表明,小杂粮含有大量的人体不可缺少的营养成分,特别是素有"塞上绿洲"的右玉县,盛产的优质燕麦、荞麦、豌豆等,营养价值丰富,有人体必需的8种氨基酸和10余种矿物质,对降低血脂、防止动脉硬化、高血压、糖尿病等疾病有着很好的疗效。所以我们应该转变饮食观念,对食物的需求逐步转向多样化,并且要从不合理的膳食消费,向科学、文明的吃法习惯转变。

地方风味显示的主要是特色,反映出这个地方的历史沿革和风土人情。从古今中外的历史看,作为政治、经济、文化中心的城镇,从来也都是它那个地区美味佳肴的集中地,同时也必定要有文化的交流才能形成气候,而饮食文化则是这种交流的一个重要组成部分。右卫(右玉县城古称),这个山西省西北边陲的古镇,以其重要的军事地位在中国的历史上占有一席之地。从周朝到清朝、再到民国,两千年以来,这里依托杀虎口,成为蒙、汉、回等各民族间融合交往的贸易中心。在清朝雍正年间,这个镇达到鼎盛,曾是管辖朔州、平鲁、马邑、左云、右玉五州县及宁远厅(今内蒙古的凉城县、卓资山县)的朔平府治所。城外驻有八旗官兵,城内建有将军府、都统府等衙署共 256 所。明清两代还造了社稷坛、先农坛及各类宫观寺庙 72 座,创办有明伦堂、玉林书院等大小儒学学堂,现存的还有宝宁寺和清真寺。仔细想一想,在这样一个有着悠久历史的繁华古城,人们的吃法能不讲究吗?饮食文化能不繁荣吗?

沧海桑田,潺潺流水的苍头河孕育了古老的右玉文明。汉、满、蒙、回等各民族在右玉大融合,回人之净、满人之精、蒙人之悍,使右玉人的饮食文化出现了多民族、多元化的内涵。

右玉的小吃是很讲究的。特别是右玉老城人,素有"四碟小菜一壶酒"的饮食习俗。右卫城前清设府,驻扎过从京城来的八旗官兵。满人吃薪俸,骑马射箭,放风筝,设宴摆阔,餐桌日见丰盛,花样不断迭出,也就有了"七碟碟,八碗碗"的民间盛筵。婚庆喜筵,拜访邀请,餐桌上又有了"十冷十热",右玉人靠自己的智慧,创造着民间丰富多彩的饮食文化。

而今,右玉人以本土小吃为优势,吸纳、融入了京、津、湘、川、粤等大众化饮食。随着右玉旅游业的兴旺,右玉的饮食业正在做强做大,走出农家院,接待四方宾客。由于社会分工越来越细,烹饪又特别注重"形、色、意、香、味、养"诸方面,因此,右玉的饮食越来越丰富。譬如,玉林苑原总经理田明制作的盐煎羊肉就别具风味。鲜羊肉下锅烧煮后,"一只羊肉半碗水,半只羊肉一碗水",撒一把盐搅拌均匀,老羊肉煮一个多小时,嫩羊羔肉只需40分钟,便可出锅,拼盘。他制作的小笼莜面窝窝(半斤可做 200 个左右),玲珑剔透,均匀如一。食者凭自己的口味选择荤素蘸食。荤的有:蜂窝熘肥肠,蜂窝熘肚丝……还有荤汤蘸莜面窝窝(各种肉汤)。素的有:蘸盐水,再加上大蒜、香菜、黄瓜等作料;蘸素汤(如山药条、精制粉条、蘑菇系列等),

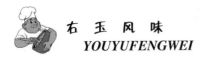
香甜爽口,乡土味道十足,成了右玉餐饮的品牌。

名菜名食是文化的一种载体。不能设想,没有相应的文化会有相应的名菜名食;也不能设想,没有具有相当文化素养的厨师的努力,没有爱好饮食文化的文化人的参与,和一代接一代人的努力和参与,会有不断提高的美味佳肴,会有内涵深厚的饮食文化!所以说,饮食文化和烹饪技巧是需要研究的。不单需要这一领域里的专家学者研究,也需要并非专家学者的文化人研究,而且需要领导层面中的文化人去研究。我认为,一个地方菜肴的丰富度和知名度,在不同程度上,取决于那个地方的文化人的参与程度,特别是领导层面中的文化人的参与程度。曾经在右玉担任过多种领导职务的文化名人王德功就是一位热心于当地餐饮文化的参与者,感谢他倡导和主编了《右玉风味》这本书。

与此同时,饮食文化的丰富度与知名度,也会影响到一个地区经济和社会的发展。苏东坡关注饮食文化,甚至自己制作菜肴,至今仍对他的家乡和他生活过的地方的饮食文化产生着很大影响。袁枚的《随园食单》和他在饮食文化方面的实践,对他的家乡乃至更大的范围也有明显的促进作用。

我觉得关心饮食文化,也同关心全县广大人民的"米袋子工程"和"菜篮子工程"一样有益于民生、民富。鼓励和支持文化人编著出版图书,给老百姓的餐桌上多增加一些好吃的东西,也算做了一件好事。因此,我祝愿《右玉风味》能给读者益智添寿,惠及后代。同时还希望在右玉这块人杰地灵的土地上,能够人才辈出,涌现出更好、更多的反映右玉灿烂文化的作品。

（作者现任中共右玉县委副书记、县长）

目　录

右玉风味

凉菜类

肉食类

羊肉系列

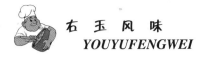

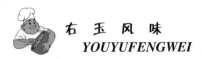

素菜类

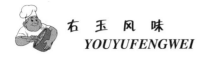

汤 类

腌菜类

咸菜系列

酱菜系列

酸菜系列

面食类

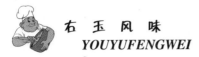

吃的学问

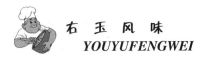

名店名厨

方言土语

右玉风味

YOU
YU
FENG
WEI

凉 菜 类

凉拌茄子

原料:茄子500克。

调料:盐10克,酱油30克,醋10克,味精2克,香油20克,鲜姜5克。

做法:

1.将茄子洗净,削皮,一剖四瓣,盛在碗里备用。

2.把盛茄子的碗,上屉用旺火蒸约10分钟,茄软烂即滗汁倒入盘中。

3.将盐、味精撒在茄子上,凉后再加姜末、香油、酱油和醋,拌匀即好。

要点:茄子必须去皮才能软烂可口,带皮有渣,风味不佳。趁热撒上盐和味精,使其溶化,晾好后再加入其他作料,这是制作此菜的经验高招。

特色:茄子软烂,咸鲜可口,夏令佳肴,清心解暑。

凉拌豆腐什锦

原料:豆腐100克,绿豆芽100克,瘦肉丝100克,西红柿1个,鸡蛋1个。

调料:盐3克,白糖20克,蒜末10克,花椒20粒,姜10克,青椒3个,胡麻油10克,葱10克,植物油15克。

做法:

1.豆腐放入开水锅中,加盐煮2分钟,捞出后切成1厘米厚的片,排码在盘中。

2.鸡蛋打散加盐,下锅摊成蛋皮后切丝。

3.西红柿用热水烫熟后去皮,切成片用糖渍匀。

4.青椒切成丝在开水中稍烫后,捞出加少许盐拌匀。

5.绿豆芽在开水锅中氽1分钟捞出,加少许胡麻油和盐拌匀。

6.将瘦肉块煮熟后切成丝,加胡麻油、盐拌匀。

7.将鸡蛋丝、西红柿片、青椒丝、绿豆芽、瘦肉丝分别摆于盘子的周围。

8.将锅烧热,下植物油烧到六成熟,下花椒炸糊后捞出,再下葱、姜末和3汤匙水,用少许湿淀粉勾芡后,淋在豆腐上即成。

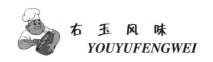

要点:西红柿、青椒、绿豆芽在开水中一烫即出,不可烫过火。烫后最好能在冷开水中过一下,使其迅速冷却,保持其营养成分,口感更佳。

特色:五彩缤纷,营养丰富。

卤煮花生米

原料:花生米 300 克。

调料:精盐 10 克,姜片 5 克,花椒、茴香、陈皮各 10 克。

做法:

1.将花生米洗净捞出,姜片、花椒、茴香、陈皮用纱布包好。

2.锅内放 3 大碗清水,再放入香料袋、盐和花生米,加盖,煮沸后用小火焖煮至花生米熟透入味即可。

特色:色红味香。

脆皮黄瓜卷

原料:鲜嫩黄瓜(去籽)400 克。

调料:细盐适量,香醋、白糖各 3 匙,干红辣椒 20 克,鲜姜 25 克,花椒 15 克,胡麻油 2 匙。

做法:

1.把黄瓜切成 4～5 厘米长的段,放平用刀滚成厚约 0.3 厘米的瓜片,然后用细盐略腌,腌去多余的水分。

2.干红辣椒用温水泡软、去籽、柄,切成细丝,鲜姜去皮也切成细丝。

3.将锅烧热,放入胡麻油待花椒炸香后捞出,再放红椒丝略炸,至油呈红色、红椒干脆时,下姜丝,倒入碗中。

4.原锅内放白糖、醋、细盐熬溶成米醋汁,晾凉,再与椒丝、姜丝、胡麻油等一起倒入黄瓜上,然后放进冰箱冷藏室腌 2 小时。食用时,把瓜片卷成单筒或双筒呈如意卷,竖放装盘,排放要整齐,再把红椒及姜丝撒在上面。

特色:色彩鲜艳,清脆爽口,麻辣酸甜。

油吃黄瓜

原料:嫩黄瓜 500 克,西红柿 250 克。

调料:盐 15 克,白醋 30 克,白糖 100 克,干辣椒 1 克,花椒 1 克,姜 10 克,葱 10 克,香油 50 克。

做法:

1.将黄瓜整条剖成两半,由背面剖梳子花刀或切成连环花刀,盛入容器内,均匀地撒上盐腌 1 小时,放在干净消毒的筛子内控去水分,再用净布轻轻地压去水分,盛入容器内。同时将葱、姜、辣椒均切成细丝。西红柿用开水烫后去皮,切成三棱块,抠去籽。

2.把葱、姜放在黄瓜上,西红柿放在最上面。

3.烧沸香油,先把花椒炸糊捞出,再下入辣椒炸成紫褐色时,加入糖、醋熬化,浇在黄瓜上焖 2 小时。食用时捞出黄瓜改刀切成段盛入盘中,摆上西红柿,撒入葱、姜丝,浇上汁即可。

要点:也可黄瓜切条,用盐腌 1 小时。锅中放香油,加姜、蒜、干辣椒,煸出香味,加冷水少许,下白糖,熬至黏稠,起锅放入味精、料酒少许,倒入容器中晾凉。将腌好的黄瓜条轻轻挤干水分,放入容器中 4~6 小时,捞出装盘即可。

特色:酸甜香辣,质地脆嫩。

腐竹拌芹菜

原料:发好的腐竹 150 克,芹菜 200 克。

调料:盐 5 克,糖 3 克,味精 1 克,香油 10 克。

做法:

1.将腐竹洗净切成等段或象眼块,芹菜摘去老筋及叶,洗净切等段。

2.芹菜、腐竹同入开水锅中焯一下,捞出后用凉水过一遍,沥去水分,晾凉。

3.芹菜、腐竹同放盆中,投入盐、味精、糖、香油调拌均匀,装盘即成。

要点:发腐竹,水温不宜过高,尽量保持在 60℃ ~ 70℃。不可用酱油(色黑不美,滋味又差)。

八宝菠菜

原料:菠菜 500 克,香菇 25 克,鸡蛋 1 个,胡萝卜 25 克,火腿 25 克,冬笋 25 克,杏仁、海米各适量。

调料:葱 10 克,姜 10 克,香油 10 克,精盐、白糖、味精各适量。

做法:

1.菠菜洗净,下开水锅中焯一下,捞出后放入冷水盆中,凉后取出,切

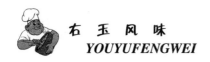
成3厘米段,待用;把鸡蛋调糊烙成蛋皮并切成丝。

2.将杏仁下入开水锅中煮熟,捞出后剥去外皮;然后用料酒将海米泡软。

3.将冬笋、香菇、火腿、葱、姜和胡萝卜切成丝,胡萝卜要放入开水锅中焯一下,捞出后放入冷水盆中过凉。

4.炒勺上火加底油,将葱、姜、海米放入,待煸炒出香味后取出。

5.将菠菜、胡萝卜、香菇、火腿、杏仁、蛋皮丝和煸好的海米放入盆中,加上精盐、白糖、味精、香油拌匀,装盘即可食用。

要点:在焯菠菜时,为了尽量减少养分流失,最好先焯后切。调做蛋皮时,锅底要受热均匀,油要放得恰到好处。否则会影响菜的质量。

特色:色彩鲜艳,味道鲜美,清淡爽口。

凉拌粉条

原料:粉条500克,碎腌菜(白菜、胡萝卜)适量。

调料:辣椒油60克,醋15克,酱油60克,花椒10克,胡麻油30克,姜汁6克,盐6克,大蒜6克,味精3克,小葱6克,天香花(斋面面)15克。

做法:

1.将500克粉条放在沸水锅里煮3~5分钟,用笊篱捞出沥水。

2.将沥水后的粉条放入盆里,撒入碎腌菜、精盐拌匀。

3.大蒜去皮捣成蒜泥待用。

4.将斋面面、花椒面投入胡麻油锅炝出香味,倒入盆里。

5.再将酱油、辣椒油、醋、味精、姜汁、蒜泥放入盆里调和均匀。

6.装入盘(碗)中,再撒上葱丝即成。

凉拌苦菜

原料:鲜苦菜、土豆各适量。

调料:精盐、味精、葱花、蒜泥、胡麻油各少许。

做法:

1.将苦菜拣去杂质,清水淘洗干净。

2.锅中加水烧开,投入苦菜,焯后捞出沥去水分,用刀切碎。

3.土豆洗净,放入锅中煮熟去皮,用礤子擦丝。

4.将切碎的苦菜和土豆丝、精盐、味精、葱花、蒜泥、胡麻油混合拌匀,

装盘即可食用。

凉拌土豆丝

原料:土豆。

调料:小葱、精盐、干红辣椒、腌制胡萝卜、香菜、味精、天香花各适量。

做法:

1.将土豆洗净去皮,切成细丝。

2.淘去土豆表皮淀粉,在清水中浸泡。

3.锅中加水烧开,放入土豆丝焯一下,焯至土豆丝变色且有弹性后,立刻捞出过凉水,沥干水后倒入盆内。

4.将精盐、香菜、腌制胡萝卜丝、葱花与土豆丝拌匀。

5.锅内入胡麻油用小火炸香天香花、干红辣椒,撒在土豆丝上拌匀即成。

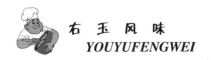

肉 食 类

羊肉系列

炖羊肉（盐煎羊肉）

原料：鲜带骨前节羊肉 1000 克。

调料：生姜 15 克，大葱 30 克，盐 3 克。

做法：

1.将羊肉切成 4 厘米见方的块，羊骨剁成 7 厘米长的段；姜切片；葱切马蹄片。

2.锅内放水适量，烧沸，放入切好的羊肉块和羊骨，大火烧沸，撇去沫放入姜片，肉块炖至半熟放盐，炖至肉烂（中途要翻）收汤，放葱段翻炒装盘即成。

要点：

1.剁骨头要一刀剁断，否则骨头渣影响口感。

2.羊肉炖烂必须将汤收尽。

3.用汤多少要根据羊肉老嫩灵活掌握。

特色：香而不腻，肉色鲜亮。

焖 羊 肉

原料：鲜带骨羊肉 1500 克。

调料：花椒 6 克，八角 5 克，老抽 10 克，盐 3 克，生姜 20 克，大葱 35 克。

做法：

1.羊肉洗净，剁成 7 厘米见方的块。生姜切片，大葱切马蹄片，花椒、八角装入料盒备用。

2.锅内放水适量烧开，放羊肉块，大火烧沸，撇去沫，改小火，放姜片、料盒炖至羊肉半熟，放盐、老抽，炖至熟烂（中途翻两次），放葱片收汤翻炒即成（取出调料盒、姜片）。

要点：羊肉块大小要均匀，撇去沫后火一定要小，根据肉质老嫩掌握汤的多少。

特色:色泽深红,香味醇厚,质地软嫩,肥而不腻。

大葱爆羊肉

原料:羊里脊肉 300 克。

调料:生姜 5 克,大蒜 5 克,味精 5 克,盐 5 克,酱油 10 克,大葱 10 克,油 200 克(约耗 80 克),料酒 20 克,水淀粉 18 克。

做法:

1.羊肉切薄片,生姜切末,大葱、大蒜切片。

2.炒锅放油,烧至六成热,放入羊肉片划开断生,将余油倒出,放姜末、葱片、蒜片、料酒、酱油,大火爆炒,放入水淀粉、味精,出锅即成。

要点:火要大,速度要快,肉片要切得薄而均匀。

特色:软嫩滑润,鲜香可口。

蘑菇炖羊肉

原料:蘑菇 200 克,羊胸脯肉 1000 克。

调料:食盐 10 克,植物油 100 克,蒜苗 20 克,香菜 20 克,花椒 5 克,小茴香 5 克,鲜姜 10 克,山奈 5 克,草果 5 克,葱段 10 克,大香 5 克,料酒 50 克,香油 10 克。

做法:

1.将羊肉用水漂洗干净,剔骨切成 3.3 厘米见方的块放入开水内余一下捞出,用清水冲洗两次;蘑菇带蒂洗净,切成菱形块;各种调料用纱布袋打包;蒜苗、香菜洗净后切成碎末。

2.沙锅置中火上,放油烧至六成热,加入肉汤烧沸,再加入羊肉、料酒和调料包,移小火炖至七成熟时,放入蘑菇,炖酥烂,捞出调料包。

3.羊肉出锅时连汤装入汤盘里,撒上香菜末和蒜苗末,滴入香油少许即成。

要点:大火烧开,小火慢炖,以汁浓稠、蘑菇脆嫩、羊肉酥烂为宜,不可勾芡。

特色:形美肉厚,味道醇香。

冬瓜炖羊肉

原料:冬瓜,羊肉。

调料:盐、味精、香精、香菜、猪油、五香面、葱、姜块各适量。

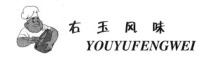
做法:

1.将羊肉切成小薄片。香菜洗净,切成末。冬瓜去皮,去籽瓤,切成2厘米见方的块,水焯,捞出,控水待用。

2.锅内加汤,下羊肉片、葱、姜块、盐、五香面烧开,撇净浮沫,炖至肉片八成熟时,放入冬瓜块,炖熟后将葱、姜块拣出不要,放猪油,加味精,撒香菜末,出锅即可。

特色:汤清淡,味醇美。

烧 羊 肉

原料:羊肉5000克。

调料:精盐100克,香料25克,口蘑12.5克,黄稀酱700克,药料20克,稀黑酱50克,冰糖12.5克,葱、姜各25克,芝麻油1000克。

做法:

1.制汤:将铁锅置于旺火上,放入清水7500克,加入稀黄酱、稀黑酱和精盐搅匀,烧到快沸时,撇去浮沫和渣滓,熬20分钟,即成酱汤,用细布袋滤入盆中待用。

2.紧肉:把羊肉洗净,用清水泡20～40分钟,沥净水,切成33厘米见方的块。锅中放入酱汤2500克,加入葱段、姜块、冰糖和香料,用旺火烧开,逐块放入羊肉。煮15分钟,将肉翻过来再煮5分钟,待肉块发硬时即可捞出。

3.煮肉:在紧肉的汤锅内,先放碎骨头垫底,再撒入一半药料。将老肉放在下面,嫩肉放在上面一块块码好。然后,撒上余下的一半药料,用竹板盖在肉上,板上再放一盆水将肉压紧。用旺火烧开后,将余下的酱汤分数次续入锅内,煮30分钟,检查汤味是否合适。汤太淡,可酌量加盐。然后,继续用旺火煮30分钟,随即改用微火。

4.煨肉:用微火烧煨3小时后,倒入口蘑汤(口蘑用250克凉水泡24小时即可),烧开后即可起锅。羊肉出锅后晾干表面水分待炸。

5.炸肉:将炒锅置于旺火上,倒入芝麻油,烧到快要冒烟时,逐块放入羊肉,两面都要烧透,随炸随吃。

特色:肥嫩香烂,外焦里嫩,入口不腻,色泽金黄。

羊肉煎胡萝卜

原料:鲜羊后节带骨肉500克,红胡萝卜600克。

调料:生姜 10 克,大葱 20 克,花椒 30 克,盐 5 克,老抽 8 克。

做法:

1.将羊肉洗净,骨肉分离(不可剔净骨头上的肉),肉切块,骨剁节。胡萝卜用刀面儿拍松,掰成 3 厘米大的块,生姜切片,大葱切马蹄片,花椒装入料盒备用。

2.锅内加水适量,放入羊肉。大火烧沸,撇去沫,改小火,放姜片、料盒,炖至半熟,放盐、老抽、胡萝卜块。至羊肉、胡萝卜炖烂时放葱片收汤,出锅即成。(取出料盒)

要点:胡萝卜要拍松,掰成块,不可用刀切,否则不挂味,影响口感。

特色:色泽金黄,香咸爽口。

手抓羊肉

原料:带骨的羊腰窝(中腰)1000 克。

调料:精盐 5 克,酱油 60 克,醋 60 克,味精 1 克,香菜 25 克,葱 25 克,姜片(去皮)15 克,蒜末 10 克,八角 1 克,花椒 1 克,桂皮 1 克,小茴香 0.5 克,胡椒粉 0.5 克,绍酒 5 克,辣椒油 50 克,芝麻油 5 克。

做法:

1.将羊腰窝肉剁成长 6.6 厘米、宽 1.65 厘米的块(每块带骨头,不要把骨头剁碎),洗净沥水。香菜去根洗净,切成长 0.66 厘米的段。葱 15 克切成长 3.3 厘米的段,葱 10 克切末。

2.把葱末、蒜末、香菜、醋、味精、胡椒粉、芝麻油、辣椒油放在一起调成料汁。

3.将清水 1000 克倒入锅内,放入羊肉,在旺火上烧开后,撇去浮沫,把肉捞出洗净沥水。接着,再换清水 1500 克烧开,放入羊肉、八角、花椒、小茴香、桂皮、葱段、姜片、绍酒和精盐,待汤再烧开后盖上锅盖,移至微火上煮到肉烂为止,将肉捞出,盛在盘内,蘸着调料汁食用即可。

特色:肉质软烂,骨肉不黏,香味浓郁,没有膻气。

焦熘羊肉片

原料:净羊里脊肉 100 克。

调料:盐 1 克,酱油 15 克,醋 10 克,白糖 40 克,绍酒 1.5 克,湿淀粉 100 克,芝麻油 500 克,姜汁 1.5 克。

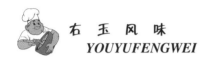

做法:

1.将羊里脊肉切成长 5 厘米、宽 3.33 厘米、厚 0.23 厘米的坡切片。湿淀粉 80 克加水 10 克调成糊。另将白糖、姜汁、酱油、醋、绍酒、湿淀粉 20 克和水 30 克放在一起,调成芡汁。

2.将芝麻油倒入炒锅内,置于旺火烧到七成热,将肉片蘸匀淀粉糊,逐片下入炒锅内,稍炸一下,即用漏勺捞起,将互相粘连的肉片轻轻拍散,再放入油中。这时,将炒锅端离火口,降低一下油的温度,使肉片内部炸透。然后,再用旺火将肉片外部炸焦,倒在漏勺内沥油。

3.将炒锅再置于旺火上,倒入调好的芡汁迅速炒熟,随即放入炸好的肉片,颠翻几下,使肉挂匀芡汁,淋上芝麻油即成。

要点:旺火热油,主料复炸而透。头遍油使主料定型,二遍油使主料成熟,三遍油主料上色,外焦里嫩。炒汁要快,使主料在极热时挂芡汁,如用双勺,炒汁与炸料同时进行,效果更佳。

特色:色红油亮,肉挂熘汁,味道酸甜,焦脆不腻,越嚼越香,宜于热食。

醋熘羊肉

原料:羊里脊肉(或后腿肉)200 克,冬笋 50 克,花生油 500 克(约耗 60 克)。

调料:酱油 50 克,醋 25 克,芝麻油 15 克,葱丝、姜丝、蒜末各适量。

做法:

1.将羊里脊肉去筋,斜着肉纹切成厚 0.17 厘米的片(不要切得太薄,以防肉碎;如用羊后腿肉,要横着肉纹用直刀切成薄片),加入湿淀粉 5 克浆好。冬笋切成长 3.3 厘米的斜象眼片(越薄越好)。葱丝、姜末、蒜末一起放入碗里,再加入醋、酱油、绍酒和湿淀粉 15 克及清水 15 克调成芡汁备用。

2.将炒锅置旺火上,倒入花生油烧至四五成热时,放入肉片和笋片翻搅滑 6～7 秒后,倒入漏勺沥油。将炒锅再置火上,倒入滑好的肉片和笋片,烹入调好的芡汁颠翻两下,使肉片挂匀芡汁,淋上芝麻油即成。

特色:鲜嫩滑软,香而微酸,颇为爽口。

醋熘羊肉片

原料:羊里脊肉 200 克,冬笋 50 克。

调料:精盐 1.2 克,酱油 50 克,醋 25 克,味精 1.5 克,葱丝 25 克,绍酒 15 克,姜末 5 克,芝麻油 15 克,蒜末 5 克,花生油 500 克,湿淀粉 20 克,鸡

蛋清 25 克。

做法：

1.羊里脊肉去筋,斜着肉纹切成 0.33 厘米厚的片,加入盐拌腌一下,用湿淀粉 5 克、蛋清浆好,冬笋切斜象眼片,葱、姜、蒜放入碗中,加酱油、绍酒、醋、湿淀粉 15 克和清水 15 克,调成碗芡,再加入味精搅拌匀。

2.炒勺加油烧热,投入里脊片熘熟沥去油。再将滑好的里脊片、冬笋片、调好的碗芡下锅,轻推几下,使芡汁糊均匀地挂在肉上,淋上香油,出锅即成。

要点："熘"是一种普通的烹调方法,按口味不同分为"焦熘"、"糟熘"、"滑熘"等。按颜色,又有红色、白色和金黄色之别。

特色：肉质软嫩,味道咸鲜,略带微酸,且有醋香,爽口开胃,不膻不腻。

滑熘羊里脊

原料：羊里脊肉 400 克,黄瓜 150 克,鸡蛋 1 个。

调料：盐、味精、牛奶、素油、高汤、料酒、湿淀粉各适量。

做法：

1.将羊里脊肉切成薄片,装入碗内,放入鸡蛋清、盐、湿淀粉拌匀。

2.将肉片过油后,捞出沥油。

3.将黄瓜片下锅过油,倒入漏勺。

4.炒锅放入高汤、料酒、盐、味精烧开,倒入牛奶,勾少许芡,即将里脊片、黄瓜片下锅,翻炒几下,淋入明油即成。

焦熘羊里脊

原料：羊里脊肉 400 克,黄瓜 150 克,冬笋 100 克,鸡蛋 1 个。

调料：盐、味精、牛奶、花生油、高汤、料酒、湿淀粉各适量。

做法：

1.将羊里脊肉去筋、洗净,切成滚刀菱形块,冬笋切片,葱切直丝,姜、蒜分别切末。

2.将料酒、酱油、味精、水淀粉、姜末、蒜末、葱丝、笋片、清汤放入碗内,配成冷芡。

3.将炒勺内倒入花生油烧热,将里脊块用稍稠的湿淀粉拌匀后有序地

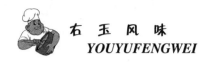
放入勺中,炸至焦透、呈金黄色时,倒出沥油。

4.炒勺内留底油,再将里脊倒入,烹入料醋,倒入芡汁,颠炒至汁料包裹均匀,淋入香油,出勺装盘即成。

特色:色泽金黄,外焦里嫩,味浓香醇。

手把羊肉

原料:羊带骨肋条肉,香菜,胡萝卜各适量。

调料:精盐、酱油、味精、香油、辣椒油、花椒、大料、桂皮、小茴香、葱段、姜片、胡椒面、蒜泥各适量。

做法:

1.将羊肋条肉剁段放入开水锅中余煮5分钟捞出,胡萝卜切滚刀片。

2.锅内放入羊肋条肉段,加水没过羊肋条肉段。再加入葱段、姜片、胡萝卜、盐、酱油、料袋(花椒、大料、桂皮、小茴香),煮熟(不可煮脱骨)。

3.碗内加入酱油、香油、辣椒油、胡椒面、味精、蒜泥、香菜末,兑成调味汁。将煮好的羊肋条肉段装大盘,与调味汁同时上桌蘸食。

特色:肉香味浓,回味无穷。

土豆羊肉

原料:羊中腰肉1000克,土豆150克(或加藕片100克)。

调料:黄酒100克,腌韭菜末50克,白面粉200克。

做法:

1.将羊肉洗净,放在凉水锅中,用旺火烧开,撇去浮沫,移在微火上煮到八成熟(约煮2小时),捞出晾凉。把汤锅里的浮油撇出,原汤待用。土豆削去皮,用滚刀法切成菱角块(15块)用水煮熟,捞出用凉水泡凉。面粉蒸熟过箩后,加清水200克搅成面糊。

2.将煮好的羊肉顺着肉纹均匀地切4刀,成5条肉;再横着肉纹将每条肉切成3块略呈三角形的肉块,与土豆(或加藕片)一起放在一个小锅里,加入适量的开水,放在灶旁温热。

3.把锅置于旺火上,倒入煮肉的原汤(汤不够,可加适量的开水)烧开后,下入黄酒。这时一边搅动肉汤,一边倒入面糊,使肉汤和面糊融合在一起,并将撇出的羊油倒入锅内,待汤再烧开后,将温热的羊肉、土豆(或藕片)盛在5个小碗内,浇上肉汤,撒上腌韭菜末即成。

特色:汤色洁白,肉质软烂,味道清鲜,滋补身体。

扒羊肉条

原料:羊中腰肉 250 克。

调料:酱油 25 克,味精 1.5 克,绍酒 2.5 克,葱段 1 克,姜片 1 克,芝麻油 25 克,八角 2 瓣,湿淀粉 15 克。

做法:

1.将羊中腰肉剔去骨头,切去边缘不整齐的肉,用凉水泡去血水后洗净,放入开水锅中煮熟。然后,将熟肉捞出晾凉,去掉肉上的云皮,横着肉纹切成长 10 厘米、厚 5 厘米的肉条,光面朝下整齐地码在碗内。肉汤待用。

2.将芝麻油 10 克放入炒锅内烧热,下入八角、葱段、姜片,炸出香味后,加入绍酒、酱油 10 克及煮肉原汤 100 克。待汤烧开后,倒入盛肉条的碗中,用旺火蒸 20 分钟,拣去八角、葱段和姜片。

3.将肉条和蒸肉的原汤倒入炒锅内(不要把肉条弄散),置于旺火上烧开,加入酱油、味精,用调稀的湿淀粉勾芡,颠翻一下,淋上芝麻油 15 克,装盘即成。

要点:必须选用肥瘦相间的羊中腰肉。羊肉要煮软烂,需 2～3 小时。

特色:肥瘦相间,又鲜又嫩,颜色金黄,汁明芡亮,肥而不腻,滋补佳品。

蘑烩全羊

原料:熟羊脊髓 40 克,口蘑 25 克,熟羊眼 30 克,鸡肉茸 50 克,熟羊脑 40 克,熟羊气管 35 克,熟羊肚 30 克,熟羊蹄筋 45 克,熟羊舌 40 克,熟羊散丹 40 克。

调料:精盐 5 克,味精 2 克,姜汁 5 克,绍酒 10 克,湿淀粉 50 克,羊清汤 1000 克。

做法:

1.将口蘑放入大碗中,用沸水 200 克浸数小时后捞出,加精盐 0.5 克轻轻揉搓,去掉泥沙,以清水洗净。然后,将其入沸水中略焯捞出,沥去水分,分别装入小碗内,另将泡口蘑的水澄清泥沙,备用。

2.将羊脊髓切成 5 厘米长的段,羊眼切成薄片,羊脑切成厚 1.3 厘米的圆片,羊气管切成蜈蚣形并截成长 3.3 厘米的段,羊肚、羊舌、羊散丹均切成长 2.5 厘米、宽 2 厘米的长方片,再将羊蹄筋切成形状相近的斜刀片,以

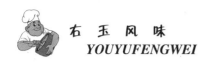

上诸料均入沸水中焯1分钟捞出,沥去水分,分别装入口蘑小碗内。

3.炒锅置小火上,注入羊清汤烧热,把鸡肉茸用清水50克泡开,倒入锅中。待鸡肉茸受热浮起后,将其捞出,然后,将汤过细箩滤过,将口蘑水烧沸并撇去浮沫,倒入汤锅。汤沸后,放入姜汁、味精,以湿淀粉勾芡,盛入小碗即成。

要点:此菜讲究用汤,将鸡肉茸用清水泡开,倒入汤锅中,注意使用小火,汤水始终不能翻滚,鸡肉茸受热,成团浮起,即可捞出。

特色:鲜香浓郁,滋补佳品。

沙 锅 羊 头

原料:净羊头1个,水发香菇5克,油菜心4根。

调料:精盐1.5克,白糖2.5克,味精5克,鸡汤1250克,姜汁2.5克,绍酒60克,葱段10克,姜片10克,牛奶150克,湿淀粉25克,熟鸡油150克。

做法:

1.去净羊头上的残毛和杂物,用温水洗净污血放在开水锅里。待水再烧开后,撇去浮沫,煮到七成熟时捞出。剔净骨头,取出羊眼和羊脑(羊脑另作他用),择去血管和油胰,撕去舌皮,捋掉耳皮。然后,将每只羊眼切成3块,与羊头肉、羊舌(均撕成块)一起再用开水余二三次(每次放绍酒15克、姜汁0.5克),沥净水挑出羊眼另放,香菇、油菜心分别用开水焯一下待用。

2.将熟鸡油50克放入炒勺内,置于旺火上烧热,下入葱段、姜片,炸成金黄色时,烹上绍酒10克,倒入鸡汤烧开。约2分钟后,捞去葱段、姜片。再放入熟鸡油100克,将汤烧到翻滚,使油和汤充分融合变成白汤。然后,倒进大沙锅里,下入羊头肉,煮4~5分钟,加入精盐、绍酒5克、姜汁1克、香菇,煮4~5分钟。待羊肉已烂、汤已浓,再相继加入白糖、羊眼、油菜心、牛奶、味精,用调稀的湿淀粉勾芡即成。

特色:香味扑鼻,汤色如奶,头肉鲜美,炙热可口,回味无穷。

烩 云 头

原料:生羊脑500克。

调料:食盐20克,味精5克,香油20克,淀粉15克,胡椒粉8克。

做法:

1.将生羊脑下入微开的水锅内,用慢火烧开将羊脑烫熟后捞出,撕去表皮的一层薄膜,将羊脑一切两半,再切成约 2 厘米厚的片,炒锅里加入清汤,将切好的脑片汆透两次。

2.炒锅里放入清汤置火上,下脑片和适量的味精、胡椒粉、食盐,汤开后撇去浮沫,用水淀粉勾成米汤芡使汤汁变浓,淋入鸡油或香油,盛入汤盘或汤碗中即成。

要点:烫羊脑的水不要大开,以免煮飞表皮薄膜,致使形状不完整。脑片用热水汆透两次,使其除去腥气。

特色:汤汁洁白,脑质软嫩,味鲜不腻,入口即化,老少皆宜。

三丁烩白云

原料:生羊脑 250 克,水发蘑菇 50 克,羊腰 100 克。

调料:食盐 2.5 克,胡椒粉 0.5 克,酱油 10 克,味精 2.5 克,湿淀粉 50 克,鸡蛋 2 个,香菜 25 克,香油 50 克,蒜 15 克,葱 15 克。

做法:

1.羊腰洗净,一剖两片,除去膜,切成 1 厘米见方的丁,用开水汆透捞出。水发蘑菇切成 1 厘米见方的丁,汆洗干净。鸡蛋打在碗内,加盐和味精搅匀,上笼蒸成老蛋糕,取出切成 1 厘米见方的丁。

2.葱剥皮洗净,剖两半切成段;蒜剥皮,用刀轻轻拍破;香菜洗净,切成段。

3.羊脑下锅煮熟,取出剥去皮,切成拇指大小的块。

4.锅内加油 25 克烧热,放葱、蒜炸出香味,加鸡汤 500 克,用漏勺捞出葱、蒜,放入腰丁、蛋丁和蘑菇丁,以及酱油、胡椒粉、味精、食盐,烧开后用淀粉勾成芡,加入脑块,轻轻烩匀,淋香油,撒香菜即成。

要点:腰丁、蛋丁、香菇丁,必须大小一致,红、黄、黑三色相杂,再与白色羊脑相配,绚丽好看。勾芡时,先调好菜的口味,着好色,勾芡后一般不能再加入调味品,倒芡汁之前,要把芡充分搅匀,防止水淀粉沉淀。可在芡汁中加入适量的香油,使成菜明汁亮芡。

特色:汤宽汁厚,口味鲜美。

银耳烩千里风

原料:熟羊耳朵 250 克,水发银耳 50 克。

调料:精盐 35 克,味精 4 克,淀粉 10 克。

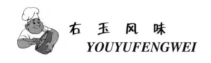
做法:

1.将熟羊耳朵用开水稍烫一下,把内外皮剥掉,切成细丝。

2.炒勺内放入清汤,把羊耳朵和银耳放入勺内烧开后,加入调料,勾芡出勺,倒入汤盘即成。

要点:烫羊耳朵的时间不能过长,以免损失皮肉。

特色:味美香醇。

滑熘羊肝(一)

原料:羊肝200克。

调料:精盐、味精、鸡油、牛奶、绍酒、精葱、鲜姜、大蒜、淀粉各适量,花生油250克。

做法:

1.羊肝切成薄片,葱顺长切成长3厘米、宽0.5厘米的条;姜去皮切成极细的碎末;蒜去皮用刀拍后切成碎末;淀粉用水泡上。

2.取一个碗放入葱条、姜末、蒜末、精盐、味精、牛奶、水淀粉,配成汁芡。羊肝用绍酒拌好,再用水淀粉浆好。

3.炒勺放在旺火上,倒入花生油,待油烧至七成热时,放入浆好的羊肝片,用手勺搅散,待羊肝片变成深粉红色时,倒入漏勺内滤去油。再倒回炒勺内上火,随即倒入配好的汁芡,翻炒几下,放入鸡油装盘即成。

特色:养肝明目,增加营养。

滑熘羊肝(二)

原料:净羊肝150克,春笋100克。

调料:酱油10克,葱、姜片各5克,水淀粉少许,白糖适量,色拉油500克,食盐少许。

做法:

1.羊肝切小片,鲜春笋洗净亦切片。锅内注入色拉油烧至五成热,下羊肝滑散至熟透捞出。

2.锅内留少许底油,上火烧热,加入葱、姜片炝锅,放入春笋、羊肝、酱油、白糖、食盐炒熟。

3.将水淀粉勾薄芡炒匀装盘即可。

特色:补肝养血。

滑熘羊肝（三）

原料:鲜羊肝 400 克,黄瓜 10 克。

调料:生姜 3 克,大蒜 3 克,大葱 15 克,料酒 15 克,味精 5 克,油 250 克(约耗 100 克)。

做法:

1.将羊肝洗净,切成 0.3 厘米的薄片,黄瓜切成象眼片,生姜切末,大蒜、葱切片备用。

2.锅内放油烧至 6 成热,放肝片滑熘至断生,倒出余油,放葱、姜、蒜,翻炒,再放黄瓜片、料酒翻炒,放味精出锅即成。

要点:肝片要切匀,旺火温油,一熟就起锅。

特色:汤浓味香。

滑熘羊肝丝

原料:羊肝 200 克。

调料:精盐、味精、鸡油、牛奶、绍酒、精葱、鲜姜、大蒜、淀粉各适量,花生油 250 克。

做法:

1.羊肝切成长 2.5 厘米、宽 0.5 厘米、厚 0.5 厘米的丝,葱顺长切成长 3 厘米、宽 0.5 厘米的条,鲜姜去皮切成极细的细末,蒜切成碎末,淀粉用水泡上。

2.取一碗放入葱条、姜末、蒜末、精盐、味精、牛奶、水淀粉、羊肝丝,用手均匀搅散。

3.炒勺加油烧至七成热时放入羊肝丝,待羊肝丝变深粉红色时,倒入漏勺滤去油。再倒回炒勺内上火,随即倒入调好的汁芡,翻炒几下,放入鸡油即成。

特色:鲜嫩滑润,味道清香。

土豆煎羊肝

原料:鲜羊肝 750 克,羊油适量,土豆 800 克。

调料:生姜 10 克,大蒜 10 克,大葱 20 克,味精 5 克,盐 5 克,老抽 10 克,花椒 5 克。

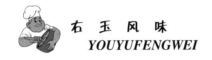

做法：

1.羊肝洗净切成0.5厘米厚、1.5厘米长的条,土豆切成0.8厘米的条,生姜剁末,大蒜、大葱切片备用。

2.炒锅放火上,将羊油切碎放入、炼好、捞出油渣,放葱、姜、蒜炝锅,再放入羊肝片,滑开翻炒,变色后放汤适量,并放入土豆条温火烧开,放入盐、老抽、花椒面,炒锅加盖,煎到羊肝和土豆条熟透,放味精翻炒出锅即成。

要点：羊肝、土豆条下料时要按要求切匀,出锅前要收汤。

特色：鲜咸香烂,味厚不腻。

羊肝萝卜

原料：熟羊肝500克,白萝卜500克。

调料：精盐10克,酱油25克,陈醋6克,白糖6克,葱、姜丝各15克,胡椒粉15克。

做法：

1.羊肝切成1厘米见方的丁,炒锅放少量油烧热,放入羊肝丁、葱丝、姜丝、酱油和白糖炒匀,加鸡汤50克,炖至入味、汁浓,离火盛入碗中。

2.白萝卜削皮去蒂切成1厘米见方的丁,鸡汤锅上火烧开,放入白萝卜丁煮至熟软后,放入精盐、陈醋和胡椒粉,锅离火撒上香菜末。

3.做好的白萝卜浇在羊肝上可做菜,汤多一点可做面卤。

特色：一菜两吃,两味同鲜。

羊杂（全羊杂）

原料：羊肝、羊肺、羊头、羊蹄、羊肚、羊肠、羊血、羊脑、羊肚油各适量。

调料：生姜、大葱、盐、味精、花椒面、老抽各适量。

做法：

1.羊血余熟,羊肠、羊肚洗净,羊头、蹄的余毛处理干净,并取出羊脑备用。肝肺用水漂洗干净,坐锅加水,将以上原料(除羊血、羊脑)放入锅内煮熟,捞出沥净汤。羊血切片,羊脑剁碎(另放),羊肚切片,羊肠切成2厘米长的段,肝、肺切片,羊头肉扒下切片。羊蹄筋取下切成薄片。生姜切末,葱切片、切花各一半,羊油炼好去渣。

2.锅内放羊油适量,烧至六成熟,放姜末、葱片炝锅,放羊脑炒熟,放汤(用羊骨架焯好的汤最好,用水次之),再将切好的羊杂全部放入锅内,放酱油、盐、花椒面、葱花小火烧开,撇去沫,放味精出锅即可。

要点:炖羊杂火不可太大,否则会产生更多的浮沫,影响质量。

羊杂烩粉条

原料:熟羊杂、细粉条各适量。

调料:生姜、大葱、盐、味精、花椒面、老抽各适量。

做法:与全羊杂相同。

特色:较全羊杂清淡。

油爆羊腰花

原料:羊腰 500 克,水发木耳、黄瓜各 25 克。

调料:油 1500 克(约耗 75 克),老抽 25 克,醋 15 克,料酒 15 克,盐 3 克,味精 5 克,姜、蒜各 2 克,大葱 3 克,水淀粉 30 克。

做法:

1.羊腰子剖开去腰臊,打片刀,切块,用开水氽一下捞出。

2.生姜切末,葱、蒜切片,用碗将老抽、醋、料酒、盐、味精、姜末、葱片、蒜片和水淀粉兑汁。

3.炒锅放油烧至七成热,下腰花滑熟,倒入漏勺。

4.原锅留底油,放入腰花、木耳、黄瓜片,并将兑好的汁倒入翻炒几下,淋香油出锅即成。

要点:刀打腰花深度是腰片的 3/4,操作要快。

特色:紫红色,脆柔软嫩,醇香味美。

爆炒羊心

原料:羊心 400 克,黄瓜、红胡萝卜各 25 克。

调料:油 120 克,料酒 15 克,盐 3 克,鸡精 5 克,水淀粉 30 克,生姜、蒜、葱各适量。

做法:

1.羊心顺切成 4 块,再切成 0.3 厘米的薄片,黄瓜、胡萝卜切象眼片,生姜切丝,蒜切片,大葱切马蹄片,用碗将生姜丝、大蒜片、老抽、料酒、盐、鸡精、葱片、水淀粉兑成汁。

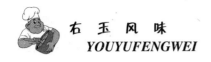
2.炒锅放油烧至七成热,放入羊心片滑炒,待羊心片变色,再放黄瓜片、胡萝卜片翻炒到熟,倒出余油,放入兑好的汁大火翻炒,出锅即成。

要点:羊心片要切匀,大火温油,操作速度要快。

特色:咸鲜爽口,红绿相间。

红枣炖羊心

原料:羊心 1 个,红枣 15 克。

调料:精盐、味精、黄酒、葱段、姜片、胡椒粉、胡麻油各适量。

做法:

将羊心洗净,切成小块,放在沙锅中,加入黄酒、葱段、姜片和清水适量,用大火烧沸后加入红枣,改用小火慢炖,至羊心、红枣熟烂后去葱段、姜片,加入胡椒粉、味精调味,淋上胡麻油即成。

特色:调和心脾,补血养气。

滑熘羊宝

原料:羊宝 4 枚,黄瓜、冬笋、清汤、鸡蛋、色拉油各适量。

调料:生姜、大葱、白醋、精盐、鸡精、味精、水淀粉各适量。

做法:

1.将羊宝去皮顺切成两瓣,然后横切成 0.2 厘米厚的片,黄瓜、冬笋切成 0.2 厘米厚的象眼片。

2.用水淀粉、鸡蛋(去黄)将羊宝片加少量盐浆好。

3.炒锅放油烧至五成热时放入浆好的羊宝片,滑熟捞出备用。

4.炒锅放底油烧热放姜(切粒)、葱(切片)炝锅,放高汤、白醋、精盐、鸡精、味精,放黄瓜片、冬笋片翻炒,再放滑好的羊宝片翻炒,勾芡,淋明油即可。

特色:色泽透亮,滑嫩可口。

菊花羊宝

原料:羊宝 6 枚。

调料:精盐、生姜、大葱、胡椒粉、鸡精、味精、色拉油、清汤、干淀粉、水淀粉各适量。

做法：

1.将羊宝去皮，用刀改成菊花状，拍干淀粉备用。

2.生姜切片，大葱切段备用。

3.炒锅放色拉油烧至五成热，羊宝下锅，炸至金黄色捞出装盘备用。

4.将锅洗净，烧热底油，然后放葱段、姜片炝出香味，捞出姜片、葱段，放入清汤、精盐、胡椒粉、鸡精、味精，烧开勾芡，打明油，将汁淋在装好盘的羊宝上即可。

特色：口感脆爽，色泽透亮。

黄焖羊宝

原料：小羊宝 10 枚，生菜叶 6 片。

调料：精盐、生姜、大葱、花椒粒、鸡精、味精、干红辣椒、料酒、高汤、色拉油各适量。

做法：

1.将羊宝去皮，用刀切成十字花状，生姜切片，葱切段。

2.用姜片、葱段、花椒粒、料酒、鸡精，将改好刀的羊宝味两小时。

3.炒锅烧热，放色拉油烧至八成热时，放入羊宝炸至金黄色捞出。

4.取小汤盆 1 个，放入高汤，将炸好的羊宝与料一同放入，上笼蒸 1 小时出笼。

5.取 12 寸平盘 1 只，用生菜叶垫底衬托，将羊宝摆放在生菜叶上。

6.炒锅烧热，将原汤过滤下锅，放水淀粉勾芡成汁，放味精、明油出锅，将芡汁淋在装好的羊宝上即可。

特色：咸香鲜嫩，色微红透亮，加生菜叶衬托增添美观。

香酥羊宝

原料：小羊宝一枚。

调料：味精、生姜、大葱、料酒、花椒面、胡椒面、辣椒面各适量，胡萝卜片、香菜叶少许。

做法：

1.将羊宝去皮，切成十字花刀状，生姜切片，葱切段，用姜片、葱段、料酒、精盐少许，将羊宝腌 1 个小时备用。

2.炒锅烧热加油，烧至 6 成热时放入羊宝，小火炸熟捞出，看油温热到

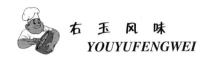

八成,再将羊宝下锅炸成金黄色捞出装盘。

3.用精盐、花椒粉、胡椒粉兑成椒盐面,撒在装好盘的羊宝上面。

4.盘边用胡萝卜片压成花瓣,香菜点缀即可。

特色:外焦里嫩,香酥可口。

干炸羊宝（雀巢羊宝）

原料:羊宝10枚,土豆500克,油1000克(约耗260克),干淀粉适量。

调料:兑椒盐适量。

做法:

1.羊宝去皮,改十字花刀,刀距为0.8厘米,深度根据羊宝大小掌握,一般为0.8~0.9厘米,拍干淀粉,土豆切丝,放干淀粉适量拌匀备用。

2.锅内放油烧至八成热,将土豆丝炸成雀巢状放盘中备用。端起油锅,降油温至六成热,坐锅将羊宝投入,炸熟捞出。油温升至八成热,将羊宝再次投入,炸至金黄色捞出,沥尽油装入雀巢内,撒椒盐即成。

要点:看好油温,改刀的深度一定掌握好,雀巢要注意形状,要炸酥。

特色:外酥里嫩,雀巢香脆,美观可口。

红烧羊宝

原料:羊宝10枚,羊骨架1000克,油800克(约耗100克)。

调料:生姜6克,八角3克,花椒4克,盐4克,老抽10克,大葱18克,干红辣椒2个,料酒10克,鸡精4克,香菜3克,红萝卜5克,水淀粉适量。

做法:

1.羊骨架剁成2厘米大的块,先用大火(不锈钢锅加水5千克放羊骨架)烧开,去浮沫改小火,将汤焯至2千克为清汤,过滤、沉淀,倒出备用。羊宝改十字花刀,刀距为0.8厘米,深度可根据羊宝大小而定,一般为0.6~0.8厘米。生姜切片,大葱10克切段(其余8克备用),与八角、花椒、盐、老抽、干红辣椒、料酒同羊宝放小盆拌匀,味1小时取出,沥尽液汁。将剩下的葱、红萝卜切细丝、香菜切段备用。

2.炒锅放油烧至七成热,放入羊宝炸至红色捞出,放入小盆并倒入清汤(汤要淹住羊宝),上笼蒸20分钟,出笼,取出羊宝装盘。炒锅取原汤适量,放鸡精、水淀粉勾芡,放明油适量,浇在羊宝上,然后将葱丝、胡萝卜

丝、香菜段撒在羊宝上即成。

要点:装盘时保证羊宝完整无损。

特色:鲜嫩可口,色鲜味美。

烩 银 丝

原料:羊散丹1000克。

调料:精盐4克,味精5克,鸡汤750克,香菜末50克,蒜末25克,葱段50克,姜块50克,毛姜水10克,熟猪油50克,花椒5克,料酒15克,香油10克,湿淀粉100克。

做法:

1.将羊散丹在热水中烫一下捞出,用手搓去散丹上的黑皮,洗净放入开水锅中,加入葱、姜(拍松)、花椒,煮到用手能掐断时,捞出切成丝。

2.锅内放入熟猪油烧热,投入蒜末煸出香味,烹入料酒,加入鸡汤、精盐、毛姜水、味精,把散丹丝放入汤内。汤烧开撇去浮沫,用调稀湿淀粉勾芡,淋入香油、撒上香菜末即成。

特色:肚丝软烂,色白味鲜。

红烧羊鞭

原料:鲜羊鞭400克,红萝卜8克,黄瓜10克,食用油50克。

调料:生姜、大蒜各3克,大葱5克,料酒15克,盐3克,鸡精5克,水淀粉30克。

做法:

1.羊鞭去尿道洗净,用水氽熟捞出,顺长切象眼片,红萝卜、黄瓜切象眼片,生姜切丝,大蒜切片,大葱切丁。

2.炒锅放油烧热,放葱丝、姜丝、蒜片炝锅后,放入黄瓜片、胡萝卜片煸炒;再放入料酒、盐、鸡精、羊鞭片翻炒,水淀粉勾芡,淋明油即成。

要点:羊鞭必须氽透,黄瓜、红萝卜象眼片与羊鞭片大小一致。

特色:滑润咸鲜,色泽透亮。

红煨羊蹄花

原料:羊蹄花1250克。

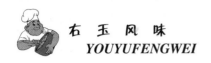
调料:精盐 2 克,味精 0.5 克,青蒜 15 克,香菜 50 克,桂皮 1 克,湿淀粉 25 克,绍酒 50 克,胡椒粉 0.5 克,干红椒 5 个,葱段 15 克,姜片 10 克,熟猪油 75 克。

做法:

1.羊蹄刮洗干净,下锅汆一下除去杂味。香菜、红干椒洗净,青蒜洗净切成 2 厘米长的段。

2.取大瓦钵一个,用竹箅子垫底,放入羊蹄,加入绍酒、桂皮、干红椒、酱油、精盐、葱段、姜片,再加入熟猪油 65 克、清水 1000 克在旺火上烧开后,移至小火煨至完全软烂时离火,去掉葱段、姜片、干红椒、桂皮。取出羊蹄花,稍晾,用刀剔去骨头,剁成 5 厘米长的段,整齐排放在另一个钵内,倒入大瓦钵里的原汤,入笼蒸熟后,翻扣在大盘中。

3.炒锅放熟猪油 10 克,烧至六成热,将蒸熟羊蹄花的原汁滗入锅中,烧开后放入青蒜、味精、胡椒粉,用湿淀粉勾芡成汁,浇在羊蹄花上面。

4.香菜洗净切段,装入小碟中随羊蹄花上桌,随意佐食。

要点:羊蹄花去壳、去骨时,保持外形完整。勾薄芡,使菜看透明光净,洁爽美观。

特色:颜色红亮,肉质软烂,富有胶质,味道鲜香,略有辣味。

羊皮煮肉

原料:活羊 7500 克。

调料:精盐 80 克,花椒粒 50 克,辣椒面 100 克,花椒面 60 克,葱 100 克,香菜 100 克,清水 800 克。

做法:

1.将羊宰杀,剥皮开膛,除去内脏、头蹄,用清水洗净,砍成 7 厘米长、3.5 厘米宽的块。

2.用四根木桩,钉成四方形,将羊皮的毛面用特制泥糊厚实,用麻绳拴紧,四角挂在木桩上,皮毛朝外成窝状加入清水、羊肉,用柴火煮沸,打去浮沫,下精盐 50 克再加花椒面,至熟。连汤带肉入盆。用辣椒面、花椒面、精盐 30 克,葱花、香菜和羊肉汤兑成汁,涮汁用餐。

要点:此菜关键在于糊羊皮需用特制泥,这种特制泥可选用黄土泥或酒坛泥,而以酒坛泥最好。在糊羊皮时,一定要厚实,糊得不厚,柴火燃烧就会将羊皮烧糊,失去以羊皮当锅的特有风味。

特色:鲜香滋嫩,麻辣爽口。

涮 羊 肉

原料: 绵羊肉 1000 克,细粉条 500 克,生菜 500 克,油菜 300 克,土豆 500 克,红薯 200 克,冰糖适量。

调料: 精盐、酱油、味精、枸杞、红枣、腐乳、韭菜花、芝麻酱、辣椒油、葱花、糖蒜、虾油各适量。

做法:

1.羊肉冻硬后,用刀(或切肉机)切成大薄片放在条盘内,现制粉条,放在条盘内。

2.将土豆、红薯清洗后,切成椭圆形薄片,放在编筐内。

3.调料放碗内调和,腐乳、糖蒜放小碟内。

4.火锅添清汤,放入枸杞、红枣、冰糖、辣椒油,将点燃的木炭放入火锅炉膛内,待锅内汤烧开后,将羊肉片搛着放入锅内一涮,蘸着碗里调味品吃,同时也将细粉条、生菜、油菜、土豆、红薯放入涮锅蘸食。

全羊杂火锅

原料: 羊腰 2 个,羊睾丸 2 个,羊大肠 1 副,羊心 1 个,羊肚子 1 个,胡麻油 200 克,羊肝 1 副,羊肉 500 克,木耳、羊肚菌各适量,土豆 1000 克,嫩白菜 400 克。

调料: 精盐 30 克,香醋 30 克,味精 5 克,葱 500 克,紫皮蒜 150 克,香菜 150 克,香醋 30 克,生姜 100 克,胡椒粉 5 克,五香料 1 包。

做法:

1.将羊头肉入开水锅中煮 15 分钟左右,捞出去骨(拆脸、舌、耳朵),羊头肉切成 5 厘米见方的块。耳朵、羊舌随意切片。羊肝、羊肺洗干净,开水锅中汆一下,捞出沥干水分,切成 3 厘米见方的片。羊大肠、羊肚清洗干净,放开水锅中煮 15 分钟左右捞出,羊大肠切节,羊肚切片。羊心入锅煮几分钟,捞出切片,羊肉去筋膜切薄片。木耳、羊肚菌摘洗干净,撕成小朵。土豆去皮切片,羊腰切薄片,葱、蒜切节,嫩白菜洗净,羊睾丸 2 个,以上各料分别装盘上桌。

2.锅内放胡麻油 200 克,烧至六成熟,下入羊头骨炸出香味,投入大蒜、盐小炒一会儿,烹料酒、香醋,放葱花,加入适量清水和五香料烧沸,撇去浮沫,下葱结、姜片,在小火上熬一会儿,捞去羊骨,将汤汁舀入火锅中,火锅点火,放入备好的羊杂及胡椒粉、味精、香菜即可食用。

特色: 美味香鲜,热辣滚烫。

猪肉系列

小 烧 肉

原料:带皮五花肉 500 克。

调料:精盐 6 克,酱油 50 克,白糖 20 克,葱段 15 克,姜片 15 克,大料 10 克,料酒 20 克。

做法:

1.将五花肉洗净,切成 2 厘米的长方形块,入沸水余去腥,捞出沥水。

2.净锅上火注入色拉油 50 克,放入白糖稍炒,再放入猪肉,中火翻炒。待肉皮变色,注入酱油和料酒,放入葱、姜、大料和精盐,汤沸几遍加入开水没过肉,文火炖至熟烂即成。

另外,小烧肉也可加卤,卤内放些海带片等配料,根据时令和口味配料均可,刀削面、坯糕和切面等浇小烧肉卤味道很好。

特色:酥烂味香。

过 油 肉

原料:猪里脊肉 200 克,黄瓜 75 克,水发玉兰片 5 克。

调料:精盐 1 克,酱油 10 克,醋 2.5 克,味精 2.5 克,葱片 5 克、姜末(去皮)2 克,蒜片 5 克,黄酱 2.5 克,鸡蛋 1 个,湿淀粉 85 克,鸡汤 50 克,绍酒 1 克,芝麻油 5 克,熟猪油 500 克(约耗 75 克)。

做法:

1.去除附在里脊肉上的脂油和外层的薄膜,剔去白筋,横放在砧板上平刀片成厚 0.33 厘米的长片,再斜切成长 6.6 厘米、宽 4 厘米的斜象眼片(即斜方形的片),放在碗里,加入鸡蛋、芝麻油、黄酱、酱油 2.5 克、精盐、湿淀粉 75 克抓匀,约浸 6~7 个小时后备用。

2.将玉兰片切成长 3.3 厘米、宽 2 厘米、厚 0.2 厘米的片,黄瓜洗净,切成斜象眼片,一起放在碗里,加入鸡汤、绍酒、味精、酱油 7.5 克、湿淀粉 10 克,调成芡汁。

3.将熟猪油倒入炒锅内,置于旺火上烧至七八成热,放入浸渍好的肉片过油(急用筷子拨散)5~6 秒,倒入漏勺沥去油。把炒锅再回火上,加入熟猪油 15 克,下入葱片、姜末、蒜片,煸出香味后倒入肉片,先用醋烹一下,再倒入调好的芡汁,颠翻几下,淋上熟猪油 15 克即成。

特色:醇厚入味,鲜嫩绵软。

香 酥 肉

原料:猪颈肉或五花肉 500 克。

调料:盐、酱油、醋、白糖、味精、油、花椒粒、香菜、大料瓣、葱丝、姜丝、蒜片各适量。

做法:

1.将肉切成 3.3 厘米见方的块,用凉水泡 10 分钟,再用开水氽汤 5 分钟,捞出沥水。

2.将香菜洗干净,切成 3.3 厘米的长段。

3.将肉块装大碗内,加花椒粒、大料瓣、酱油,添适量汤,上屉蒸烂取出。

4.炒勺加适量油烧至六成热时,将控净水的肉块入勺炸至火红色,捞出沥净油。

5.原勺留底油,用葱、姜、蒜炝锅,放入肉块,加酱油、白糖、盐,添适量汤,煨 2 分钟,烹醋、加味精、撒香菜段,出勺装盘即成。

要点:肉入勺后,盖上盖,防止烫伤。

特色:香酥软烂。

螺丝五花肉

原料:猪五花肉 500 克。

调料:豆豉 100 克,精盐 5 克,酱油 750 克,白糖 5 克,味精 2 克,葱花 5 克,葱段 25 克,姜片 10 克,红乳汁 25 克,黄酒 10 克,桂皮 10 克,胡椒粉 2 克,猪肉汤 150 克,芝麻油 150 克(约耗 50 克)。

做法:

1.将猪五花肉放入沸水锅里以旺火煮熟捞出。

2.炒锅置旺火上,下酱油烧沸后,放入五花肉(肉皮朝下)煮 5 分钟,待肉皮呈红色时捞出。

3.炒锅置旺火上,下芝麻油烧至七成热,放入五花肉,约炸 2 分钟取出。

4.将五花肉切成 3 厘米见方的块,再用刀顺着肉的横断面旋转切成螺丝形。

5.将姜片、葱段、桂皮置碗底再码入螺丝形的肉片(肉皮朝下),加红乳

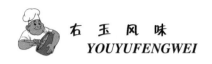
汁、酱油 25 克,白糖、黄酒、精盐、猪肉汤,再放入豆豉,连碗上笼,用旺火蒸 1 小时取出,翻扣入盘,去掉葱、姜、桂皮。

6.炒锅置旺火上,下猪肉汤、酱油 25 克,味精,湿淀粉勾芡,淋上芝麻油,撒上胡椒粉和葱花,浇在螺丝五花肉上即成。

特色:色泽鲜艳,红白相间,肥瘦适宜,酥烂软滑,诱人食欲。

香炸肉排

原料:猪瘦肉 400 克,咸面包 150 克。

调料:精盐、味精、食油、香油、绍酒、葱姜汁、胡椒粉、鸡蛋、面粉、椒盐各适量。

做法:

1.将猪肉切成 12 厘米长、8 厘米宽、5 毫米厚的排状片,再用刀将筋膜剔除,加香油、精盐、味精、绍酒、葱姜汁、胡椒粉腌制入味。

2.将咸面包切成面包渣,鸡蛋打入碗中搅匀备用。

3.将肉排两面拍一层面粉,施一层鸡蛋液,再蘸一层面包渣,下入三四成热的油中炸透,呈金黄色时捞出,沥油后,改刀成 4 厘米长、1 厘米宽的条,码摆在盘中,椒盐另装小盘一同上桌即可。

特色:鲜嫩酥香,金黄鲜亮。

爆熘肉花

原料:猪里脊肉 250 克,熟白果 100 克。

调料:精盐 2 克,酱油 25 克,香醋 35 克,绵白糖 75 克,味精 2 克,红辣椒 1 个,葱白 1 根,绍酒 15 克,干淀粉 2 克,鸡蛋 1 个,湿淀粉 25 克,肉清汤 25 克,熟猪油 750 克(约耗 75 克)。

做法:

1.将里脊肉放在砧板上,剔去筋膜,斜剞约 3/4 的深度,再按相同的深度直剞,然后改成 3 厘米长的肉花,放入盛蛋黄的碗内,加精盐 1 克、味精 1 克、绍酒 5 克和干淀粉抓匀待用。

2.将白果放在砧板上,用刀面压扁,红辣椒切成小丁,葱白斜切成小段。

3.炒锅放入熟猪油 750 克,烧至七成热,将肉花、白果放入,推动手勺,待肉的花纹显露,倒入漏勺沥油。

4.炒锅再加油少许放入葱段和椒丁略炒,然后将肉花、白果倒入,加绍酒 10 克、精盐 1 克、味精 1 克、白糖、酱油、肉清汤烧沸,用香醋、湿淀粉勾芡成汁,晃动炒锅,推动手勺,加熟猪油 25 克,翻身离火装盘即可。

特色:色泽金黄,形似松球,外香里嫩,酸甜可口。

滑熘肉片

原料:鲜猪通脊肉 250 克,水发玉兰片 30 克。

调料:精盐 5 克,味精 10 克,葱、姜末各 5 克,白胡椒粉 3 克,香油 5 克,鸡蛋清 1 个,料酒 15 克,嫩肉粉少许。

做法:

1.将通脊肉顶刀切成大柳叶片状,加入料酒、精盐、鸡蛋清、嫩肉粉和水淀粉入底味上浆。

2.玉兰片用开水汆熟,滤去水分待用。

3.炒勺烧热,凉油熘锅后再加宽油,烧至五成热时将肉片过油滑散至熟捞出滤尽油,勺里留底油,将葱末、姜末煸出香味,再下玉兰片煸炒,随后倒入肉片翻勺几下后,加味精、白胡椒粉、水淀粉收成微浓的芡汁,淋香油即出勺。

特色:清亮透白,嫩滑鲜软。

黄花菜熘肉片

原料:黄花菜 250 克,猪瘦肉 200 克。

调料:盐、蛋清、生粉、黄酒、油、葱末、姜各适量。

做法:

1.黄花菜洗净,沸水汆过浸泡 2 小时沥水;猪瘦肉切薄片,调入蛋清、盐、生粉上浆。

2.炒锅放油烧至七八成热,爆姜、葱,放猪瘦肉片急炒,再放料酒、盐、黄花菜,炒匀断生,生粉勾薄芡,装盘即成。

特色:健胃补脾,润肠通便。

糖醋里脊

原料:猪里脊肉 250 克,白面粉 10 克,花生油 750 克。

调料:精盐 0.5 克,鸡蛋 1 个,湿淀粉 50 克,干淀粉 10 克,糖醋、酱油、

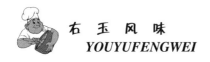
葱花、蒜泥各适量。

做法：

1.将里脊肉片切成 1 厘米左右的厚片,两面剖成斜方形花纹,先切成 2 厘米宽的条,再切成 4 厘米长的斜方块。

2.糖、醋、酱油、盐、葱花、蒜泥、干淀粉加适量水兑成糖醋汁。鸡蛋、湿淀粉、白面粉和花生油 20 克搅成糊,把里脊放入抓匀。

3.炒锅置旺火上,加入花生油 720 克,七成热时下里脊,用勺搅开,炸成柿黄色时捞出沥油;油八成热时,再将里脊重炸一次,出锅沥油。

4.炒锅倒出油后随即重置火上,将兑好的糖醋汁倒入锅内,炒至糖化汁黏,下烘汁油 10 克,倒入里脊肉片,颠簸均匀,装盘即成。

特色：质地细嫩,营养丰富。

焦熘里脊

原料：猪里脊肉 200 克,笋片或鲜豌豆、木耳各适量。

调料：植物油、酱油、味精、葱、蒜、湿淀粉、鸡蛋、香油、料酒各适量。

做法：

1.将里脊肉切成片,放碗里,加少许酱油、料酒、味精略腌后,再加蛋液、湿淀粉拌匀。

2.炒锅放油烧热,下入肉片炸至金黄色时捞出。

3.原锅留底油,用葱、蒜炝锅,放入笋片、木耳,加酱油、盐、味精、料酒、汤,烧开勾芡,淋上香油爆汁,速将炸好的肉片倒入锅中,颠翻均匀即可。

特色：外焦里嫩,味浓香醇。

干炸里脊

原料：猪里脊肉 300 克。

调料：盐 1.5 克,白糖 5 克,味精 1.5 克,花生油 1000 克,料酒 10 克,姜汁 5 克,湿淀粉 40 克。

做法：

1.将里脊肉切成菱形块,用味精 1.5 克、盐 1.5 克、白糖 5 克、姜汁 5 克、料酒 10 克抓匀入味,腌制 10 分钟后再用湿淀粉挂一层薄糊。

2.炒勺上火放花生油 1000 克(实耗 50 克),烧至七八成热时,将里脊肉逐块下勺,色泽呈金红时,立即捞出装盘,随花椒盐上桌。

要点:蹲炸是指此菜要求开始时用旺火热油,中途改用小火蹲炸,才能把肉炸得里外一致,炸时不能一直在旺火上猛炸,以防外糊里生。

特色:色泽金红,咸鲜干香,外脆里嫩,佐酒佳肴。

滑熘里脊

原料:猪里脊肉 125 克,玉兰片 50 克,黄瓜片 50 克,植物油 500 克。

调料:盐 3 克,味精 1 克,料酒 10 克,鸡蛋清 1 个,水淀粉 75 克,葱丝 2 克,水发木耳 10 克,姜水适量,毛汤少许。

做法:

1.把猪里脊肉切成薄片,玉兰片切片,黄瓜切象眼片。碗内放入盐、味精、料酒、水淀粉、葱丝、姜水及毛汤,兑成汁芡备用。再将里脊片加鸡蛋清、水淀粉及清水抓匀上浆待用。

2.炒锅放入植物油,烧至五成热时,下入里脊片滑散,随下玉兰片、黄瓜片、水发木耳,倒入漏勺控油。

3.锅再回火,加底油,放入里脊片及配料翻勺,烹入汁芡至稠,淋明油装汤盘即可。

花生仁烩里脊肉

原料:猪里脊肉 300 克,花生仁 50 克,黄瓜 25 克,胡萝卜 25 克,鸡蛋 1 个。

调料:盐、玉米粉、水淀粉、植物油、鸡汤各少许。

做法:

1.将花生仁用温水泡软,剥去红皮,放在开水中煮熟后捞出。

2.里脊肉洗净,切成指甲大的片,用盐、鸡蛋清和玉米粉浆上;黄瓜和胡萝卜洗净,切成如花生仁大小的薄片。

3.炒锅放油烧热,将浆好的里脊肉片下锅炒散,再加入鸡汤(或水),随即依次放入花生仁、黄瓜、胡萝卜、盐,下锅煮开,用水淀粉勾芡,烧熟即可。

特色:色泽鲜艳,咸鲜爽口,好吃不腻。

番茄腰柳

原料:净猪里脊肉 200 克,黄瓜 12.5 克,水发玉兰片 12.5 克,鸡蛋 1 个。

调料:湿淀粉 7.5 克,精盐 1.5 克,醋 7.5 克,白糖 35 克,味精 1 克,鸡

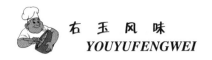

汤 15 克,绍酒 10 克,熟火腿 12.5 克,熟猪油 35 克,番茄酱 100 克,花生油 500 克,面粉 20 克。

做法:

1.将猪里脊肉横着切成两段,每段正面切成斜刀,刀口之间相距 0.5 厘米,深度为肉厚度的 1/2,背面则切直刀,距离和深度与正面相同,切完后,蘸上一层面粉。

2.将黄瓜洗净,切成丁。火腿切成 0.33 厘米见方的丁备用。再将番茄酱放入碗内,加入鸡汤、白糖、绍酒、醋、味精、精盐、湿淀粉和清水 10 克,调成芡汁。

3.把鸡蛋打在碗里搅匀,放入蘸粉的里脊肉。炒锅里放花生油,置于微火上烧至即将冒烟时,将挂匀收液的里脊肉放入油中炸熟,约炸 3 分钟(捞出沥油),然后切成 0.33 厘米的片,一片搭一片地码在盘中。

4.将炒锅置于旺火上烧热,放入熟猪油适量,油热后下入黄瓜丁、玉兰片、火腿丁翻炒几下,倒入芡汁,芡熟后,倒在里脊片上即成。

要点:正面刀口与肉纹呈 45 度角,背面则刀口与肉纹呈直角。烹制菜肴使用兑汁芡,动作要快,出勺时机掌握准确。原料的多少、火候的大小和出勺的快慢,对菜肴的质量影响很大。

特色:肉质软嫩,味道甜酸,汁红芡亮,色泽浓艳。

炖 肉

原料:猪肉 500 克,猪碎骨 300 克,野菜 250 克。

调料:盐 5 克,味精 3 克,葱 10 克,胡椒粉 2 克。

做法:

1.将猪肉切成长 8 厘米、宽 3 厘米、厚 2.5 厘米的肉块。

2.锅内加清水,放入猪肉及碎骨一起烧煮,待煮沸后加入盐,再烧煮约 25 分钟,加入野菜、葱、味精、胡椒粉即可。

猪肉炖粉条

原料:带皮五花肉 500 克,粉条 100 克。

调料:精盐 4 克,酱油 40 克,白糖 35 克,味精 2 克,葱 15 克,姜 10 克,花椒 2 克,大料 3 克。

做法:

1.将五花肉刮洗干净,切成块,粉条现制最好,葱切段,姜切片。

2.锅内加入 20 克白糖炒成糖色倒出备用。

3.锅内加入底油烧热,放入肉块,炒至变色时加入调料和汤汁,并用糖色调好颜色,再用旺火烧开,撇去浮沫,转用小火炖至接近酥烂,再放入粉条炖至入味熟透。

4.拣去锅内的葱、姜、花椒、大料即好。

特色:肉质酥烂,粉条滑软,口味浓郁。

猪肉炖豆腐

原料:带皮五花肉 500 克,细嫩豆腐 250 克。

调料:酱油 20 克,精盐、味精、植物油各适量,豆瓣酱 50 克,葱、姜共 40 克,料酒 30 克。

做法:

1.把肉洗净,切成 2.5 厘米见方的块,放入开水锅中稍煮,捞出,用清水漂洗干净。葱、姜切片。

2.锅中放适量油,烧至温热,把豆瓣酱下锅煸炒,待出香味,添汤 1500 克左右,烧开,用小漏勺把豆瓣酱渣子捞净。再把肉块、葱、姜、精盐、味精、料酒、酱油一同放入锅中烧开,移至小火慢煮,保持微开。

3.豆腐切成 2 厘米的见方块,用热水稍泡。

4.肉炖烂时,豆腐捞出放入肉中,待豆腐炖透即可。

要点:炖菜汤汁要稍宽一些;豆瓣酱一定要炒熟;烧肉时,火力要适中,使汤能保持微开最好。豆腐要等肉烂时再入锅,不然会变老。

特色:味美色浓。

土豆炖猪肉

原料:猪五花肉 500 克,土豆 200 克。

调料:葱、姜、蒜、大料、精盐、酱油各适量。

做法:

1.将土豆洗净削去皮,切成滚刀块。

2.五花肉切成 3 厘米见方的块,下锅翻炒至肉变色。

3.同时放入葱段、姜片、花椒、大料、精盐,再倒入酱油。

4.慢火炖一个小时左右,放入土豆块,再炖十五分钟左右即可出锅。

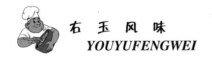
<h2 style="text-align:center">肉珠烩豌豆</h2>

原料:猪瘦肉 150 克,嫩豌豆 150 克。

调料:精盐 30 克,味精 1 克,淀粉 10 克,鸡汤 300 毫升,鸡蛋清 30 克,料酒 10 克。

做法:

1.猪瘦肉用刀剁碎,再用刀背砸成肉泥,将蛋清、精盐、味精、料酒放在肉泥中打成肉酱。

2.炒锅内放入鸡汤烧至温热,将肉酱放在大眼漏勺中,用手慢慢向下压入鸡汤里,煮 10 分钟,放入豌豆再煮 5 分钟,加精盐、味精,用稀淀粉勾芡成羹,装入盘中即成。

特色:补肾养血,滋阴润燥,益气和中,利湿解毒。

<h2 style="text-align:center">海带炖肉</h2>

原料:猪带皮五花肉 500 克,水发海带 150 克。

调料:精盐 3 克,酱油 50 克,白糖 35 克,味精 1 克,葱 15 克,姜 10 克,花椒 2 克,大料 3 克。

做法:

1.将五花肉刮洗干净、切成块。海带切成与肉块大小相同的片。葱切段,姜切片。

2.炒锅加底油烧热,放入肉块煸炒至变色,然后放入调料和鲜汤加热,烧沸后撇去浮沫,改用小火炖至八成熟时再放入海带,炖 40 分钟左右,拣去葱、姜、花椒、大料即好。

特色:色泽红润,鲜香酥烂。

<h2 style="text-align:center">水晶猪蹄</h2>

原料:猪蹄 2 个(约 500 克),猪肉皮 300 克。

调料:盐适量,酱油 1 匙,香醋、味精各适量,胡麻油半匙,葱结、姜块(拍扁)各 5 克,黄酒 2 匙。

做法:

1.将猪蹄趾斩掉刮洗干净,再用刀劈为两半。

2.将猪脚、肉皮一起放入冷水锅中,用大火烧沸,撇去浮沫,转用小火继续加热至熟。然后将猪蹄的骨头拆净,与肉皮皆切成细条,再全部放在盆内,加鲜汤浸没,并加葱结、姜块(拍扁)、酱油、盐,上笼蒸约2小时至肉皮酥烂时出笼,拣去葱、姜,放在阴凉处,待将凝固时,用筷子搅动,使肉与皮不沉底,能均匀地与卤汁交融凝合为一体。

3.食用时,切成长3厘米、宽1.5厘米、厚1厘米的骨牌块,整齐地码放在盘中,上面撒上醋和胡麻油即成。

特色:色泽柿黄,鲜咸糯软,入口即化。

排骨炖白菜

原料:大白菜450克,带骨猪排骨250克。

调料:精盐、味精、葱段、姜块、花椒、料酒、胡椒面、花生油各适量。

做法:

1.将猪排骨洗净,剁成3厘米见方的块。将大白菜去根、老叶后洗净,切成长方块。

2.炒锅放清水烧开,投入排骨煮一下捞出,冲洗干净,放入炖锅内,加入料酒、葱段、清水、姜块、花椒,用旺火烧沸后,再改用文火煨炖。

3.炒锅倒入花生油烧热,放入白菜煸炒后,倒入煨炖的排骨锅内,加入精盐,炖至排骨软烂,白菜熟透,拣去姜、葱、花椒,撒上味精、胡椒粉,盛入汤碗内即可。

排骨炖豆腐

原料:冻豆腐250克,猪排骨200克,西红柿100克。

调料:盐6.5克,味精1.5克,花生油75克,料酒10克,葱花5克,姜丝2克,鲜汤750克。

做法:

1.将豆腐解冻,洗净,压去水分,切成2厘米长、2.5厘米宽、2.5厘米厚的块。排骨洗净,剁成2厘米长的块,投入开水锅中焯去血沫,控去水分。西红柿去蒂,洗净,切成块。

2.锅内注入花生油烧至七八成热,投入葱花、姜丝爆出香味,放入猪排骨块,煸炒片刻,加入料酒、鲜汤,水沸后撇去浮沫,盖上锅盖,改用小火炖约1小时,待排骨接近酥烂时,放入盐、冻豆腐块,继续炖10分钟,再放入

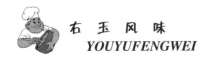

西红柿块和味精,炖两小时出锅,冻豆腐炖排骨菜即成。

特色:营养丰富,防止肥胖,滋阴补肾。

黄豆炖排骨

原料:黄豆 500 克,猪排骨 800 克。

调料:精盐、酱油、味精、料酒、葱、姜、青蒜各适量。

做法:

1.先将黄豆放入清水中浸泡 5 小时,排骨剁成小块,洗净放入沙锅,加入葱、姜、酱油、料酒。水煮开后,撇去浮沫,再把黄豆放进去,用温火炖至黄豆软烂即可。

2.食用时,加些盐和味精,盛入大汤碗内,再把青蒜洗净切成末,撒在汤碗中即成。

特色:补中益气,养血补精。

糖 醋 排 骨

原料:猪小排骨 1000 克。

调料:精盐、酱油、香醋、白糖、葱末、姜末、食油、绍酒各适量。

做法:

1.将排骨洗净,剁成 5 厘米长的段,用精盐拌匀,腌 5~6 小时,然后用清水冲洗干净,控净水分。

2.锅加宽油,烧至八成热时投入排骨,炸至外表起硬壳后倒入漏勺,控净油分。

3.锅留底油,用葱、姜末炝锅,烹绍酒,加酱油、白糖,加汤后下排骨,旺火烧开转小火慢炖 40 分钟左右,加醋,旺火收汁,待汤汁浓稠,离火冷却后装盘即可。

特色:金红明亮,酸甜可口。

柿 子 熘 排 骨

原料:猪排骨 750 克,番茄酱 25 克。

调料:精盐 2 克,白醋 1 克,白糖 40 克,味精 2 克,葱段 20 克,姜片 20 克,绍酒 25 克,干淀粉 15 克,熟清油 750 克(耗 75 克),香菜 5 克,水淀粉

10 克。

做法:

1.猪排骨洗净,顺着肋骨缝斩成条,再斩成长方块。加绍酒和盐 1 克,葱姜拍烂,拌匀腌渍半小时左右捞出,去葱、姜和渍水,拌上干淀粉待用。

2.炒锅放旺火上,下熟清油烧热,将排骨炸熟捞出,待油温升高至沸热时,将排骨回锅复炸至酥脆呈金黄色倒出,沥去油;锅里留油 50 克,先下番茄酱炒出红油起酥,再加白糖、盐、味精、清水(75 克),下水淀粉推匀,将排骨回锅,端锅离火迅速翻身至酱汁黏且附满排骨上,盛出装盘,盘边撒香菜即可。

特色:味浓鲜香,入口不腻。

猪脑烩鸡茸

原料:猪脑 500 克,鸡脯肉 50 克。

调料:鸡蛋清 4 个,味精、白糖、葱、姜、黄酒、胡椒粉、水淀粉、熟火腿末各适量,猪油 100 克,鸡汤 250 毫升。

做法:

1.将已整理加工好的猪脑切成 2 厘米见方的丁,鸡脯肉去筋膜,用刀背斩成茸。鸡蛋清放入碗内,搅散后加入斩好的鸡茸,调匀。

2.炒锅加猪油烧热,用葱、姜炝锅,烹入黄酒,随即加入鸡汤,烧沸后加适量味精、白糖、胡椒粉和猪脑,用水淀粉勾芡,然后将鸡茸慢慢搅入,试好口味,盛入碗中,撒上熟火腿末即成。

特色:营养丰富,健脑益智。

烩 天 花

原料:天花(猪脑)200 克,鲜豌豆 10 克,冬笋 10 克。

调料:白糖 5 克,味精 2 克,葱 5 克,淀粉 10 克,姜 5 克,蒜 10 克,料酒 5 克,花椒油 5 克,香菜 2 克。

做法:

1.将生猪脑洗净后撒上盐,上屉蒸熟。

2.将铁锅放在旺火上撒上糖,将蒸熟的猪脑放在锅箅子上,盖上盖,熏 1 分钟后将锅端下,取出猪脑切成丁。

3.香菜、冬笋分别切成丁,然后同鲜豌豆、猪脑一起装盘备用。

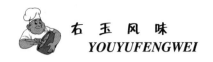

4.炒勺放底油,用葱、姜、蒜炝锅,加 3 手勺鸡汤,放入料酒、味精、盐,烧开后撇出浮沫,调好口味,勾上芡,再把猪脑丁、冬笋丁和豌豆倒入,轻轻搅匀,滴上花椒油,倒入碗内,再撒上香菜即成。

特色:色白鲜嫩,有蒜香味,形如豆腐。

猪 耳 丝

原料:猪耳 3 只(重约 500 克)。

调料:酱油、醋、白糖、味精、葱末、姜末、蒜泥、香油各适量。

做法:

1.把猪耳刮洗干净,放入汤锅,煮熟后捞出。

2.把猪耳切成 5 厘米长细丝,装入盘里。

3.将葱末、姜末、蒜泥、酱油、醋、白糖、味精、香油兑成汁,浇到猪耳丝上即可。

特色:香脆味美,饮酒佳肴。

芹菜熘肝尖

原料:猪肝尖 75 克,芹菜 150 克,色拉油 75 克。

调料:酱油 10 克,米醋适量,葱末 5 克,姜末 5 克,白糖、水淀粉、食盐少许。

做法:

1.芹菜去根、叶,洗净切成斜刀段。猪肝洗净切成小片,分别入沸水锅中焯熟,捞入盘中待用。

2.炒锅注入色拉油烧热,下葱末、姜末炝锅,再放入肝尖片、芹菜、食盐、白糖、米醋、酱油炒熟,下水淀粉勾芡炒匀即可。

特色:滋阴养肝。

黄豆炖猪肝

原料:黄豆 100 克,猪肝 500 克。

调料:精盐、酱油、味精、黄酒各适量。

做法:

猪肝洗净,切片后用沸水冲淋,加入黄酒、精盐腌片刻。黄豆冲洗后入锅,加水适量,用中火煮至八成熟,放入猪肝片和酱油、味精、精盐,用小火炖 30 分钟即成。

特色:健脾和中,润燥消水,补肝养血。

土豆炖猪肚

原料:猪肚、土豆各适量。

调料:精盐、醋、味精少许。

做法:

1.将猪肚反复搓洗干净(也可用精盐、面粉或醋搓揉,用清水反复冲洗),土豆去皮,洗净切块。

2.将猪肚放入开水锅内氽一下,捞出后切成块,再放入净锅内加水煮熟,然后放入土豆同炖至烂,稍加精盐、醋、味精,调味即成。

特色:补虚损,健脾胃。

沙锅炖吊子

原料:熟猪肚500克,净白菜头500克,水海米25克,玉兰片25克,水口蘑25克,熟猪肥肠250克,熟猪肺250克,熟猪心250克。

调料:精盐5克,酱油25克,米醋50克,味精15克,奶汤2000克,香菜段15克,熟猪油50克,葱15克,姜丝15克,葱段15克,蒜瓣15克,姜块15克,料酒15克,香油10克,胡椒面少许。

做法:

1.白菜头用手掰成块,熟猪肚、熟猪肥肠、熟猪肺、熟猪肝和熟猪心都切成大薄片,玉兰片和口蘑分别片成片。

2.锅内放入熟猪油烧至五成热,投入葱段、姜块(拍松)、蒜瓣煸出香味,把白菜头块放锅内煸炒,随后加入奶汤、精盐、味精、胡椒面、米醋和酱油,调好口味,烧开倒入沙锅内,把肚片、肠片、心片、肝片、肺片、玉兰片、口蘑片和海米都放入沙锅内,用微火炖30分钟。然后,拣出葱、姜,淋入香油,撒上葱丝、姜丝、香菜段即成。

特色:汤鲜味厚。

熘 白 肚

原料:熟猪肚200克,胡萝卜或青椒30克。

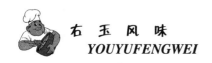

调料: 精盐 3 克,酱油 5 克(也可以不放),味精 2 克,鲜姜 10 克,大葱 10 克,大蒜 15 克,料酒 3 克。

做法:

1.将熟猪肚切成菱形片,用开水烫一下捞出投凉。

2.胡萝卜或青椒切成菱形片,姜切末,葱从中间剖开切成片(豆瓣片),蒜切片。

3.碗内加入鲜汤 1 手勺,与调料和淀粉兑成汁。

4.炒勺内加入 1000 克油,烧至五六成热时,放入肚片滑过捞出。

5.炒勺内留底油,烧热后放入胡萝卜片或青椒片煸炒,再放入葱、姜、蒜炝锅,随后放入滑好的肚片,用料酒烹一下,倒入兑好的汁,待芡汁熟透,淋明油出勺装盘即好。

特色: 肚片脆嫩,口味鲜咸。

金针菇烩肚片

原料: 鲜金针菇 100 克,鲜猪肚 500 克。

调料: 精盐、白糖、黄酒、米粉、水淀粉、植物油、鲜汤各适量。

做法:

1.先将鲜金针菇去杂质,洗净。将猪肚洗净后切成片,放入锅中,加入黄酒煮 15 分钟,然后放在米粉中拌均匀(米粉内加入适量的白糖、精盐)。再将肚片置油锅中炸至表面微黄时捞出。

2.锅中放鲜汤,再放入金针菇烧沸,加入炸好的猪肚,烧沸后用水淀粉勾芡即成。

特色: 健脑益智。

烩肚丝

原料: 熟猪肚 150 克,玉兰片 50 克,猪油 40 克。

调料: 盐 1.5 克,酱油 10 克,味精 1.5 克,高汤 200 克,水淀粉 50 克,蒜 25 克。

做法:

1.把熟猪肚切成 3 厘米长的粗丝,用开水余后控净水分;大蒜拍成泥;玉兰片切丝。

2.炒勺内放猪油烧热,加入大蒜泥炝锅后,放入玉兰丝、高汤、酱油、料酒、味精、盐,调好口味,烧开后撇去浮沫,再下肚丝,用水淀粉勾芡,淋入少许明油,出勺即成。

猪肚烩大白菜

原料: 大白菜 1000 克,香菇 15 克,猪肚 350 克,火腿 30 克。

调料: 精盐 7.5 克,味精 2.5 克,熟猪油 1000 克(约耗 75 克),湿淀粉 10 克。

做法:

1.大白菜去根和老叶,用沸水氽片刻取出,过冷水,撕去皮膜;猪肚放在热锅中炒片刻;香菇用水浸发后炖熟;火腿切片蒸熟。

2.将熟猪油下锅,用中火烧至六成热时下白菜炸熟取出,用钵盛放,上盖猪肚加精盐和水,入蒸笼用旺火炖 1 小时。取出猪肚、白菜放在盘里,将香菇、火腿伴在两边。

3.将原汤下锅烧热,加味精、芝麻油、湿淀粉调匀成薄芡,淋在上面即成。

要点: 白菜微涩,最好焯水。"炖"为行话,实则为蒸。

特色: 肉菜鲜香,软烂可口,风味宜人。

烩 肥 肠

原料: 熟猪肥肠 150 克。

调料: 酱油 15 克,味精 1 克,花生油 40 克,大蒜 25 克,姜水少许,汤 250 克,水团粉 50 克。

做法:

1.先将熟肥肠切成 1 厘米的圆段,大蒜拍破切末。

2.炒勺加油烧热,下入大蒜末焅锅,煸出香味后下汤、酱油、料酒、味精、姜水、肥肠,汤开后,撇去浮沫,尝好口味,用水团粉勾"二流芡",淋入少许明油,出勺即可。

蒜末烩肥肠

原料: 熟猪肥肠 500 克,蒜末 20 克。

调料: 精盐 4 克,酱油 2.5 克,味精 5 克,鸡汤 1.5 千克,香菜末 50 克,葱姜油 75 克,料酒 15 克,湿淀粉 75 克。

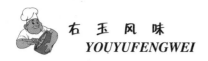
做法：

1.将肥肠切成斜刀片，在开水中余透，捞出控去水分。

2.锅内放入葱姜油烧热，投入蒜末炸出香味，烹入料酒和酱油，加入鸡汤、精盐、味精，把肥肠片放入汤内，汤开撇去浮沫转旺火烧制，再将调稀的湿淀粉勾成流芡，撒上香菜即成。

特色：肥肠软烂，蒜味香浓。

清炖肘子

原料：猪肘子 750 克，冬菇 25 克，油菜 25 克。

调料：精盐 7 克，味精 2 克，大料 3 克，花椒 2 克，葱 20 克，姜 20 克，料酒 5 克。

做法：

1.将肘子刮洗干净，水煮断生后捞出剔去骨头，在里侧切上十字形花刀（切块也可以）。

2.葱切段，姜切片。

3.锅内加入鲜汤（煮肘子的汤），放葱段、姜片、花椒和大料等调料，将肘子皮朝下放入，然后用小火炖至肘子接近软烂时，翻过来使其皮朝上，再拣去葱、姜、大料和花椒，放入菜心和冬菇，烧开后撇去浮沫，待肘子软烂后，装在汤碗内即好。

特色：汤汁浓白，肘子酥烂。

红烧狮子头（四喜丸子）

原料：猪肉 600 克，鸡蛋 4 个，胡麻油 1000 克，粉面 200 克，虾仁 50 克，火腿、香菇、青豆各适量。

调料：精盐 5 克，味精 5 克，料酒 35 克，淀粉 100 克。

做法：

1.肥猪肉切碎丁，瘦肉剁末，放小盘内，加入精盐、料酒、味精、淀粉、鸡蛋等，用手搅拌成馅子状，再团成大丸子。

2.锅内加胡麻油，烧至七八成热，丸子滚上蛋糊，下锅炸至金黄色时捞出。

3.狮子头（丸子）放在沙锅内，加入高汤、精盐、酱油、料酒、虾仁、味精，先用旺火，后改用文火慢炖至熟即成。

麻辣肉片

原料:猪里脊肉 500 克,油菜 200 克,胡麻油 600 克。

调料:精盐 5 克,土豆淀粉 25 克,鲜姜 8 克,胡椒 5 克,辣椒 30 克,豆瓣酱 75 克,鸡蛋清、糖、酱油、料酒适量。

做法:

1.将猪里脊肉切成大薄片,放入盆中,加入蛋清、精盐、淀粉,胡麻油少许,用筷子拌匀,腌制。

2.将淀粉、酱油、糖、料酒适量勾兑成芡汁待用。

3.油菜清洗干净,锅内加油烧热,放入油菜炒至断生,加盐少许,出锅装在盘子底部。

4.将炒锅放入胡麻油,烧至七成热时放入肉片滑炒,待肉片变熟色,将多余的胡麻油滗出去,将剁碎的豆瓣酱、姜末煸炒出香味,再倒入芡汁炒匀。

5.放入辣椒、胡椒炒匀,平铺油菜上面即成。

爆 炒 腰 花

原料:猪腰子 500 克。

调料:精盐 2 克,淀粉 50 克,酱油 10 克,葱 15 克,蒜15 克,料酒 5 克,醋 5 克。

做法:

1.将猪腰子纵向一分为二改花刀切成 4 厘米长、1.5 厘米宽的块。

2.将湿淀粉、精盐、酱油、料酒、醋勾成芡汁。

3.炒锅放油烧至七八成热,放入腰块炸散后,捞出待用。

4.锅内留底油,放入葱、蒜末稍炒,再放入腰花翻炒,倒入勾兑好的芡汁,待汁爆起出锅装盘即可。

红 烧 肉

原料:五花肉。

调料:白糖、酱油、料酒各适量。

做法:

1.将五花肉切成方形大块。

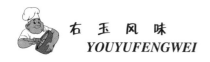
2.将红糖炒至稀疏适宜待用(不可过火)。

3.将五花肉块放入锅内,加足量的水,大火烧沸,撇浮沫。

4.沸后转小火,倒入糖色、料酒和适量酱油,煮熟收汤即可。

清汤东坡肉

原料:猪带皮五花肉 1000 克,净冬笋 150 克。

调料:精盐 4 克,酱油 50 克,白糖 10 克,味精 3 克,清汤 500 克,绍酒 10 克。

做法:

1.将猪五花肉洗净,放汤锅内旺火断生后捞出,用平板压住,晾凉,揭去板,将肉皮片去 1/2,切成约 8 厘米长、0.5 厘米厚的大片。冬笋破成两半,一边剞花刀,顺长切成约 0.3 厘米厚的片。

2.猪肉片皮向下,按一片肉一片冬笋的方式摆在碗里,两边镶齐。酱油、绍酒、精盐、白糖、味精、清汤兑成汁,均匀地浇入碗中,使每片肉和冬笋都沾上调料,再将汁滗回另一个碗内,把剩余的肉片放入拌匀。然后装碗垫底,上笼蒸烂取出,扣在汤盘内。

3.炒锅放旺火上,加入剩余的调料汁,汤沸撇沫,盛入汤盘中即成。

要点:旺火足气,蒸 2 小时左右,以猪肉软烂为度。

特色:汤鲜肉香,肥而不腻,营养丰富,老幼皆宜。

金腿脊肉炖腰酥

原料:熟火腿 100 克,猪里脊肉 200 克,猪腰 300 克。

调料:精盐 2.5 克,绍酒 25 克,葱白 5 克,姜片 5 克。

做法:

1.将火腿切成边长 1.5 厘米的菱形厚片。里脊肉切成 1.2 厘米见方的块。将猪腰撕去外皮,两面直划 3～5 刀待用。

2.将里脊肉、猪腰放沸水锅内烫去血污,捞出后放冷水中洗净。

3.将里脊肉、猪腰和火腿、姜、葱放入汤盆内,加清水,上笼隔水旺火蒸炖 50 分钟后撇去浮沫,取出腰子横切成约 1 厘米厚的腰段放回盆内,加精盐、绍酒,用中火继续蒸炖 50 分钟即可。

特色:汤汁清澄,腰软肉烂,肉香味鲜,冬令佳肴。

五香腰片

原料:猪腰子250克。

调料:鸡汤400克,盐、酱油、味精、料酒、葱、姜、大料、花椒、桂皮、茴香各适量,红曲10克(研成碎末)。

做法:

1.锅内加凉水,下猪腰旺火烧开,去浮沫,移微火上慢煨半小时捞出。

2.锅内加凉水,下猪腰再坐旺火(淹过猪腰),加红曲末,待汤沸后,捞出猪腰(已煮成红色),用清水洗净。

3.葱切成1.5厘米长的段,姜切成0.3厘米厚的片,茴香装入小布袋扎紧。

4.汤勺坐旺火,加鸡汤、酱油、料酒、葱段、姜片、花椒、盐、大料、味精、茴香袋,下猪腰烧开后,再煮5分钟,倒入大汤盘。晾凉后捞出猪腰,切成椭圆形的小薄片,越薄越好,切下的边角碎块码在盘中间成圆堆,腰片蘸原汤逐片叠码在圆堆周围2或3层,最后余下的几片码在顶上,如一朵盛开的莲花即成。

特色:味道醇厚,诱人食欲。

熘　腰　花

原料:猪腰子2个,胡萝卜或青椒25克,植物油1000克。

调料:精盐2克,酱油10克,味精1克,淀粉5克,姜5克,紫皮蒜10克,葱5克,料酒5克。

做法:

1.将猪腰子外面的膜撕去,从中间剖开片,并将中间的腰筋剔除干净。

2.将两片腰子先用斜刀法剞,然后用直刀法剞,两个刀口相交,要做到深而不透,再切成宽3厘米的片。

3.胡萝卜或青椒切片,葱、姜、蒜分别切末。

4.将切好的腰子片用料酒、精盐腌一下,用淀粉上浆。

5.炒勺加油1000克,烧至六七成热时,放入腰子片滑熟捞出。

6.另取一碗,加入半手勺鲜汤,再加入酱油、精盐、味精和淀粉兑成汁。

7.炒勺内留底油烧热,放入胡萝卜或青椒片煸炒,随后放入葱、姜、蒜,倒入滑熟的腰子片,用料酒烹一下,再倒入兑好的汁翻炒,待汁浓稠时淋明油即好。

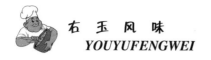
特色:形似麦穗,质嫩味鲜。

宫保腰花

原料:猪腰 200 克。

调料:精盐 2 克,酱油 10 克,醋 20 克,白糖 30 克,味精 3 克,干红辣椒 5 克,花椒 20 粒,葱段 20 克,姜片 20 克,蒜片 20 克,绍酒 10 克,水淀粉 20 克,熟猪油 50 克。

做法:

1.将猪腰从中间剖开,再用刀尖片净腰杂,在其面剞十字花刀切成 4 厘米长、2 厘米宽的条,用精盐、水淀粉拌匀。辣椒切成小段,用白糖、醋、酱油、绍酒、精盐、味精和水淀粉兑汁。

2.炒锅上旺火,舀入熟猪油烧至六成热,把辣椒、花椒下锅,待炒出香味,放入腰花稍炒,再把葱段、姜片、蒜片入锅,烹入兑好的汁,炒熟即可。

特色:腰花细嫩,咸鲜微辣,略带甜酸。

东坡肘子

原料:猪肘子 2 个(约 1500 克),雪山大豆 300 克。

调料:盐 5 克,绍酒 50 克,姜 15 克,葱节 50 克。

做法:

1.将猪肘刮洗干净,顺骨缝划一刀,放入汤锅煮透,捞出剔去肘骨,放入垫有猪骨的沙锅内,添入煮肉原汤,一次加足,再放入盐、葱节、姜(拍松)、绍酒,在旺火上烧沸。

2.雪豆洗净,下入开沸的沙锅中,盖严,移微火上煨炖约 3 小时,直至用筷轻轻一戳皮烂即可。

要点:煨肉时先用旺火烧沸,而后改微火。

特色:原汁原味,香气四溢。

酱 肘 子

原料:猪肘子 1000 克。

调料:粗盐 40 克,大茴香 6 克,桂皮 2.5 克,花椒 6 克,姜 4 克,黄酒 5 克,糖色 10 克。

做法：

1.将猪肘子刮洗刷干净,同盐、姜、桂皮、花椒、大茴香、糖色、黄酒一起入锅中,用旺火煮至出油,捞出后用清水洗净。

2.将汤内浮油撇去,用细箩把锅底的杂物过滤干净。

3.将过滤干净的汤倒回锅中,再放入洗净的肘子,用旺火煮开,转用中火继续煮 4 小时左右,再转小火焖 1 小时,待汤汁浓稠后取出,晾凉后,改刀装盘即可食用。

要点：肘子取出后,将锅里的浓汁刷在肘子上,且要刷均匀。

特色：红中透紫,肥而不腻,瘦而不柴,汁浓味厚,香嫩软烂。

土豆炖猪蹄

原料：土豆 250 克,猪蹄 4 个(1000 克左右)。

调料：食盐 5 克。

做法：

1.将猪蹄处理干净用刀划口;土豆切块。

2.将土豆和猪蹄放入锅中,加盐和水适量,先用大火烧沸,再用小火炖熬,直至熟烂即成。

特色：补血消肿,降低血糖。

鲜大葱炖猪蹄

原料：葱 50 克,猪蹄 4 个。

调料：食盐适量。

做法：

1.将猪蹄处理干净,用刀划口。

2.将葱切成段。

3.葱与猪蹄一同放入锅中,加水适量、食盐少许,先用旺火烧沸,后用小火炖熬,直至熟烂即成。

特色：补血通阳,活血消肿。

滑熘蹄筋

原料：蹄筋 300 克,鲜蘑菇 50 克,竹笋肉 100 克。

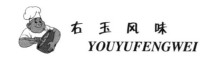
调料:味精、胡椒粉、水淀粉、食用油各适量。

做法:

1.蹄筋 300 克,用温水洗净,加水煮 2 小时,浸发,待冷后洗净,切成 4 厘米长的段;鲜蘑菇 50 克,洗净,一分为二;竹笋肉先切条,再切成 3 厘米长的段。

2.锅置旺火上,加油至六成热,煸炒笋肉,加清汤、盐煮沸 15 分钟,倒入蘑菇、猪蹄筋,再沸 15 分钟,加味精、胡椒末,用湿淀粉勾芡,起锅即可。

特色:添补精髓,滋养肝肾。

蹄筋烩海参

原料:水发蹄筋 400 克,水发灰参 400 克,水发香菇 100 克。

调料:精盐 4 克,酱油 20 克,白糖 30 克,香菜 50 克,葱姜油 50 克,料酒 20 克,花椒水适量,蒜末 10 克,鸡汤 1000 克,鸡油 15 克。

做法:

1.将水发蹄筋洗净,切滚刀花,断成 6 厘米长条,入沸水汆透。灰参清洗干净,刺背上横改两斜刀,入沸水汆烫,捞出滤水。水发香菇去蒂,斜刀改成两片。香菜择洗净,切末。

2.炒锅加葱姜油烧热,放入蹄筋,煸炸至表皮断水,烹入花椒水,注入鸡汤,旺火烧开,撇净浮沫,改用中火烧至汤留下一半时,放入刺参、香菇片,加酱油、料酒、白糖和蒜末,待汤烧开后再撇净浮沫继续烧制。蹄筋和刺参软烂后放精盐,用水淀粉勾汁,淋鸡油,盛入大碗中,香菜末摆放碗边即成。

特色:色泽红亮,筋参软烂,口感绵润。

芙蓉杂烩

原料:熟猪肚 75 克,熟猪肝 75 克,熟猪舌 50 克,熟猪肺 50 克,熟火腿 50 克,鸡蛋清 4 个,冬笋 50 克,水发香菇 50 克,菜心 100 克。

调料:盐、姜片、葱段、鸡汤各少许。

做法:

1.将熟猪肚、猪肝、猪舌、猪肺和熟火腿均匀地切成 6 厘米长、2.5 厘米宽、0.4 厘米厚的片;冬笋去皮,香菇洗净去蒂,均切片;蛋清放在碗内,打散打匀,加少许盐和鸡汤拌匀;菜心洗净,切段投入沸水中烫至断生,捞出沥水。

2.先将打匀的蛋清碗入屉,水烧开后改用中小火蒸 8～10 分钟,蒸至凝结成羹就下屉;在切好的杂烩盘内,再摆上焯过的菜心,放葱段、姜片入屉,用旺火足气再蒸 20 分钟,蒸至熟透,挑出葱段、姜片,把汤汁滗出,将杂烩翻扣在大汤盘内,再将汤汁倒回;最后把蒸好的软嫩芙蓉(蒸的蛋清)用手勺舀在杂烩的四周即成。

特色:形态美观,色泽鲜艳,滑润软嫩,味鲜醇香。

炖 吊 子

原料:猪肺 100 克,猪肠 100 克,猪肝 100 克,猪心 100 克,猪肚 100 克。

调料:精盐 10 克,酱油 10 克,米醋 10 克,味精 5 克,葱丝 5 克,料酒 20 克,香菜末 10 克,葱 5 克,高汤适量,姜末 5 克。

做法:

1.猪肝洗净用水焯 5 分钟捞出,控净水。猪肺、猪肠、猪心、猪肚洗净,先用开水焯 5 分钟后捞出,用水漂净下锅,煮沸 1 个时后,下猪肝,再煮两小时,捞出控干,晾凉。

2.所有原料分别改刀,切成 2 厘米见方的块,加高汤上火煮开,改文火炖半小时,加葱、姜末、精盐、料酒、米醋、酱油,味佳即成,食用时加香菜末、葱丝、味精即可。

要点:此菜制作时往往用大锅,一次煮出较多量的原料,再根据需要量取而炖之。要掌握好初加工程序,处理不好,会出现腥味。

特色:清淡鲜美,亦汤亦菜。

冰糖肉方

原料:带皮五花猪肉 1 块(约重 750 克)。

调料:精盐 10 克,白糖 15 克,味精 5 克,冰糖 250 克,葱段 25 克,绍酒 25 克,姜片 15 克。

做法:

1.将五花肉用水洗净,用洁布去水,把铁叉平插入肉中,用微火将肉皮燎至表皮呈金黄色后,放入开水锅中煮 10 分钟,再用凉水泡 20 分钟后捞出,用小刀将肉皮上的黄色浮皮轻轻刮掉(但不要刮破皮面)。

2.把刮净的猪肉(皮朝下)放在砧板上,用刀切成 2.5 厘米见方的块,深度到肉皮处为止,使每块肉都连在肉皮上,然后放入开水中煮 10 分钟,捞

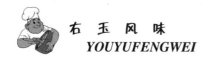
出洗净。

3.把冰糖用开水溶化,澄清后滤去杂质,倒入锅中,随即将已加工好的肉方(皮朝下)用竹箅子托住,放入冰糖水中,再加入精盐、味精、绍酒、葱段、姜片,用旺火烧沸后,改用微火炖至八成熟。

4.将炒锅放入白糖炒至起泡发红时,倒入炖肉的锅中,继续用微火炖至皮肉熟烂时,将肉取出,扣入盘中,再将原汤汁收浓,浇在肉方上即成。

特色:汁黏光亮,肉软鲜香,肥而不腻,甜美可口。

丰收炖菜

原料:熟排骨 250 克,炖猪肉 150 克,土豆 500 克,豆腐 250 克,玉米棒 1 根,豆角 150 克。

调料:花椒 20 克,大料(八角)20 克,生姜 20 克,葱段 15 克,精盐 8 克,小红辣椒、蒜泥各 15 克,葱花 20 克,醋少许。

做法:

1.玉米棒掰去外皮,颗粒裸露,用切刀将玉米棒分剁成 3 厘米的短节。

2.土豆刮皮、洗净、沥干,切成滚刀块。

3.将豆腐切成 4 厘米大的方块。

4.将熟排骨、炖猪肉、玉米节、土豆块、豆腐块装入锅内,加入适量的纯净水,再将花椒、大料、生姜、葱段、精盐、小红辣椒放入锅内,慢火炖熟后加豆角。

5.待豆角熟后,将葱花、蒜泥、醋(陈)加入搅拌即成。

红烧猪肉丸子

原料:猪五花肉 350 克,小白菜心 150 克。

调料:精盐 2 克,酱油 15 克,味精 1 克,鸡蛋 1 个,植物油 500 克(约耗 50 克),料酒 15 克。

做法:

1.将葱分成两份,一份切成 2 厘米长的段,一份剁碎。小白菜心洗净。猪肉洗净剁成肉茸,加入葱末、姜末拌匀装碗中,再加入鸡蛋、盐、酱油、料酒拌匀。

2.锅内注油烧至八成热时,将拌好的肉泥挤成丸子放入油锅炸至金黄色时,滗油放入葱段、小白菜心翻炒,再加入鸡汤、酱油、胡椒面炒匀,待丸

子熟透用湿淀粉勾芡即成。

肉丸扒油菜

原料: 油菜 300 克,猪肉末 100 克。

调料: 精盐 4 克,白糖 2 克,味精 3 克,料酒 15 克,鲜汤 700 克,葱、姜末各 5 克,蒜末 10 克,葱姜汁 20 克,鸡油 10 克,五香粉 1 克,胡椒粉 1 克,香油 10 克,湿淀粉 15 克,鸡蛋清 1 个,油 500 克(实耗约 65 克)。

做法:

1. 将油菜洗净,在根部剞上十字花刀。

2. 将肉末内加料酒 5 克,精盐 1 克,味精 1 克,葱姜汁 20 克,五香粉 1 克,香油 10 克,鲜汤 50 克,蛋清 1 个,顺一个方向搅拌均匀成肉泥。

3. 锅内加鲜汤,将肉泥挤成均匀的小丸子下入汤中,烧至汤开,丸子浮起,去浮沫,捞出丸子。

4. 将油菜下入四成热油中略滑至嫩熟捞出,沥净油,将油菜根部朝外摆在盘内呈半圆形,将余好的丸子摆在盘中心油菜叶上。

5. 锅内留底油 20 克烧热,放入葱、姜、蒜炝锅,加鲜汤 75 克,放入精盐、胡椒粉、料酒、白糖烧开,用湿淀粉勾芡,淋入鸡油,出锅浇在油菜、丸子上即成。

特色: 色形美观,清爽脆嫩,软滑鲜香。

鱼香肉丝

原料: 猪瘦肉 200 克,木耳 30 克,土豆淀粉 25 克,尖椒 30 克,红萝卜 50 克。

调料: 精盐 2 克,胡麻油 150 克,葱 30 克,蒜 20 克,酱油 2 克,醋 5 克,泡椒 25 克,白糖 20 克。

做法:

1. 将瘦猪肉切丝,水发木耳也切丝,葱切花,蒜切末,姜切末,尖椒、红萝卜切丝。

2. 将肉丝内加入精盐、淀粉、水拌匀腌制。

3. 将郫县豆瓣酱炝炒,炒到金黄色先放醋,再放精盐、白糖、酱油。

4. 湿淀粉和鲜汤兑成汁。

5. 炒锅放入胡麻油烧热,倒入肉丝颠翻炒匀炒散,再将木耳丝、尖椒

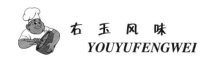

丝、胡萝卜丝和炒好的郫县豆瓣酱放入锅内颠炒匀,并放入兑成的汁翻炒即成。

肉末烧茄子

原料:猪肉 50 克,毛豆 150 克,茄子 500 克。

调料:精盐 10 克,米醋 10 克,白糖 10 克,味精 5 克,湿淀粉 15 克,料酒 5 克,葱、姜、蒜少许,花生油 500 克(实耗 150 克)。

做法:

1.猪肉洗净剁碎。茄子洗净,去外皮,切马蹄块。毛豆剥去外皮,洗净,用开水焯一下,过凉水保持翠绿色。

2.炒勺放花生油烧至七成热,下茄子炸至外呈金黄色,内仍软嫩时用漏勺捞出控净油。

3.炒勺留底油 15 克,烧热下肉末煸炒,再下葱、姜、蒜、酱油、料酒、盐、味精、白糖、醋,用湿淀粉勾软芡,再下入炸好的茄子、毛豆,搅拌均匀,出勺上盘即可。

要点:炸茄子时,茄块要用汁芡包住。并要掌握好火候,以免出现外焦内硬现象。

特色:咸甜微酸,香而不腻。

土豆烧茄子

原料:土豆 150 克,茄子 100 克,青椒 100 克,猪肉 100 克。

调料:精盐 3 克,酱油 15 克,白糖 10 克,味精 2 克,蒜末 15 克,葱末 10 克,花椒油 10 克,湿淀粉 25 克,鲜汤 75 克,料酒 10 克,油 800 克(实耗约 70 克)。

做法:

1.将土豆、茄子去皮、洗净,切成均匀的滚刀块;青椒洗净切成菱形块;猪肉洗净切成片,用湿淀粉 10 克抓匀上浆。

2.将土豆、茄子分别入七成热油中炸透,呈金黄色时捞出;青椒片放入油锅汆一下倒入漏勺沥油。

3.锅内留底油 50 克烧热,放入肉片炒散至熟时,加葱、蒜末,烹入料酒、酱油,再加白糖、土豆块、茄子块、精盐、鲜汤烧开,再放入青椒、味精略烧入味,用湿淀粉勾芡,淋花椒油,出锅装盘即成。

特色:色黄油亮,质地软嫩,清鲜醇香。

红烧茄子

原料:茄子 400 克,猪瘦肉 200 克,冬菇 4 只。

调料:蒜泥 1/2 汤匙,生油 1 茶匙,生粉 1 茶匙,生抽 2 茶匙,糖 1/2 茶匙,胡麻油少许,清水 1/2 杯。

做法:

1.瘦肉洗净,切丝,加入腌料拌匀,待用。

2.茄子洗净,切段再切成粗条,与肉丝同放入热油中过油后,取出沥净油分。

3.冬菇浸软去蒂,切粗条。

4.用 2 汤匙油爆香蒜泥,放入调味,倒入冬菇、茄瓜、肉丝同煮。

5.煮至汁液浓稠,即可食用。

特色:色泽红亮,味道鲜美。

肉末烩豌豆

原料:猪肉末 50 克,鲜嫩豌豆(带荚)500 克。

调料:精盐少许,酱油 5 克,味精少量,豆瓣酱 25 克,料酒 5 克,水淀粉、植物油各适量。

做法:

1.把豌豆仁剥出,放入开水锅中稍煮,捞出,凉透。

2.锅烧热,放油适量,肉末下锅煸炒,待水分将干,豆瓣酱放入煸炒,炒出香味,烹入料酒、酱油,添汤 250 克,再把豌豆、精盐、味精放入锅中烧开,适量勾入水淀粉即可。

要点:豌豆要随吃随剥;豆瓣酱一定要炒出香味;淀粉要适量,以稀粥状为宜;豌豆要放入开水中稍煮,这样不但可以去其异味,而且还可增色。

特色:色泽红亮,清香细嫩,咸鲜微辣。

熘土豆丁

原料:土豆,猪瘦肉,胡萝卜。

调料:盐、酱油、味精、油、葱片、姜末、花椒面、淀粉各适量。

做法:

1.将土豆洗净去皮,切滚刀块,过油炸熟,控净油。

2.将猪瘦肉切小薄片。

3.将胡萝卜切象眼片,水焯后,捞出投凉,控净水。

4.炒勺加底油烧热,用葱、姜、花椒面炝锅,放入肉片煸炒,肉片变色时加酱油、盐、胡萝卜片、土豆块翻炒,加入味精,用水淀粉勾芡,淋明油,出勺装盘即可。

特色:土豆金黄,软绵鲜香。

糖熘土豆丸

原料:土豆 500 克,猪油 1000 克。

调料:鸡蛋 1 个,红枣 75 克,白糖 3 汤勺,玫瑰糖 2 茶匙,面粉半汤匙。

做法:

1.将土豆洗净,入笼蒸熟后去皮,压成泥;将鸡蛋加粉面一起揉匀,挤成直径为 2 厘米的丸子。

2.将红枣煮烂(或蒸烂)去皮、去核,加白糖半汤匙、玫瑰糖半汤匙,用熟猪油半汤匙下锅炒成泥,用手将土豆丸捏成圆形的窝,逐个包入枣泥,再搓成圆形待用。

3.将炒锅置旺火上,放猪油烧至六成热,将土豆丸入锅炸成金黄色,倒入漏勺沥干油;将剩余的白糖、玫瑰糖对冷水 1 汤匙入锅炒成糖汁,倒入土豆丸,颠几下起锅装盘即成。

特色:外焦内软,色黄香甜。

鱼翅烩燕窝

原料:鱼翅 50 克,燕窝 2 个,猪瘦肉 150 克,光鸡 150 克,火腿适量。

调料:根据自己口味配制。

做法:

鱼翅入锅内烧沸 2 次,沥干水分,抽去翅骨;燕窝用温水泡涨,夹去毛;猪肉、光鸡、火腿分别煮熟后,同鱼翅上笼蒸 2~3 小时;燕窝另蒸半小时,然后烧热汤,下油及调料,将鱼翅、燕窝、猪肉、光鸡、火腿全部入锅烩熟即可。

特色:开胃,补五脏,益气血。

四喜吉庆

原料:净莴笋 300 克,土豆 300 克,白萝卜 300 克,胡萝卜 300 克。

调料:猪化油 50 克,鸡化油 20 克,盐 3 克,味精 1 克,湿淀粉 15 克,姜 20 克,大葱 25 克,鸡汤 400 克,胡椒粉 1 克。

做法:

1.将莴笋、土豆、胡萝卜、白萝卜分别改成 3 厘米见方的块,先用花刀剞棱,再经六刀切割成"吉庆"形,每种原料切 15 个,共 60 个。

2.炒锅中下清水烧沸,将四种主料分别下锅,焯水后捞出沥水。

3.炒锅烧热放入猪化油,再放入姜片、葱节煸出香味,掺入鸡汤烧沸约 1 分钟,撇去汤面浮沫,捞出姜、葱不用,将四色吉庆入锅,加盐、胡椒粉、味精烧约 2 分钟,再放入湿淀粉勾成清二流芡,加入鸡化油起锅装盘即成。

要点:勾二流芡时,湿淀粉下锅后,边晃锅,边用手勺轻推,让淀粉熟透,做到明汁亮芡,切勿急搅。

特色:汤清味鲜,清口解腻。

炒豆腐脑

原料:鲜豆腐 250 克。

调料:盐 15 克,味精 5 克,清汤 100 克,葱、姜各 10 克,绍酒 10 克,熟猪油 25 克,玉米粉 15 克,鸡油 10 克。

做法:

1.将葱、姜切成碎末,豆腐清水洗净沥干水分。

2.炒锅烧热,倒入熟猪油,至四五成热时放入葱、姜末稍炒,随即将豆腐放在锅中搅碎,炒二三分钟,并用铁勺不断地搅动,加盐、酒、清汤 100 克、味精,搅成羹状,用湿玉米粉勾芡,淋上鸡油即成。

要点:必须用嫩豆腐为原料,用鲜汤,文火烹饪制成,以保持豆腐软嫩的特色。

特色:豆腐滑嫩,口味鲜香。

金玉豆腐

原料:豆腐 500 克,猪精肉丝 40 克,油发肉皮丝 40 克,水发黑木耳丝

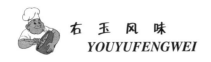

25 克,熟笋丝 20 克,虾米 5 克,水发黄花菜 25 克。

调料:酱油 10 克,精盐 5 克,胡椒 10 克,葱、姜末各 10 克,料酒 15 克,猪油 10 克,水淀粉 15 克,鲜汤 30 克,青红辣椒丝适量。

做法:

1.豆腐放入蒸笼里蒸片刻晾凉,大部分豆腐切成火柴棍式的 6 厘米细丝;剩余切成大薄片,下热油锅煎成金黄色,也切成细丝;虾米洗净。

2.炒锅烧热,下猪油烧热将肉丝煸散后,用水淀粉勾芡,淋入明油,撒上胡椒粉即成。

要点:豆腐下锅一片一片煎至金黄色,防止粘破碎。勾芡后用大火烧开汁芡,起浓泡即可。

特色:色泽美观,软嫩热烫,味香鲜浓。

沙锅海米白菜

原料:大白菜心 500 克,水发海米 50 克。

调料:盐 8 克,味精 3 克,熟猪油 30 克,姜片 30 克,料酒 5 克,奶汤 500 克,葱段 30 克,花椒油 10 克。

做法:

1.白菜心洗净,用刀顺剖为两半,放入沸水锅内煮约 3 分钟取出,用刀削去根,再顺长切成 1.5 厘米宽的长条。

2.炒勺内加油 30 克烧热,放入葱段、姜片炸出香味,取出葱、姜不用,然后投入白菜略炒,加海米、奶汤烧开。

3.取沙锅 1 个,倒入烧开的奶汤、白菜及海米,用小火炖透至汁成浓白色时加入盐、味精、料酒,淋上花椒油,原锅上桌即成。

要点:青口大白菜质嫩易熟,不宜久烫、久煮,应保持其鲜嫩、味美的特色。此菜为冬令美味,沙锅上桌,下垫底盘,趁热而食。

特色:菜色金黄,汤汁洁白,料酥香醇,原汁原味,清鲜爽口。

酿　豆　腐

原料:豆腐 1000 克,猪肉 400 克,水发冬菇 100 克。

调料:精盐 30 克,酱油 15 克,味精 5 克,上汤 250 克,葱 100 克,猪油 100 克,胡椒粉 5 克,淀粉 75 克,香油 50 克。

做法:

1.豆腐用筷子搅成泥,加盐15克搅匀,用净粗眼白布沥去水分,猪肉剁成泥,葱切成碎末。冬菇去蒂,洗净,挤干水分,剁成泥。

2.将猪肉泥加冬菇泥、葱末、淀粉40克、盐5克、酱油10克、胡椒粉2.5克、猪油25克搅成胶状馅。

3.取豆腐泥10克放在手心上,再取馅7.5克放在豆腐泥中央,包成丸子,如此逐一做好。

4.炒锅置中火,加猪油25克,烧至七成热,将豆腐丸子逐个放入锅中煎呈金黄色,再加猪油25克,翻煎另一面。

5.另锅放入上汤、味精、精盐、酱油、猪油煮沸,将煎好的丸子放入煮5分钟,至汤汁略干,出锅,丸子排放于碗内,倒入原汁,上屉用猛火蒸5分钟,取出扣在盘内。

6.将蒸丸子的汤汁滗在锅内,加水淀粉勾芡,浇在丸子上,再淋上香油,撒上胡椒粉即成。

要点:豆腐泥与馅心的比例为2:1,此菜先煎后蒸再勾芡,为北方名菜。

特色:汤汁醇厚,鲜嫩滑润,口味鲜美。

沙锅炖豆腐

原料:豆腐块1000克,猪肉片50克,水发香菇片25克。

调料:精制盐3克,味精2克,肉汤500克,熟猪油50克,葱末5克。

做法:

沙锅里放肉汤置中火上烧沸,下肉片划散后放香菇片、豆腐块、盐、味精、熟猪油烧沸,盖上砂锅盖,用小火炖几分钟至豆腐浮起,加葱末,上桌即可。

特色:汤汁醇厚,鲜咸味香。

熘 鸽 蛋

原料:鸽蛋12个,鲜笋、水发口蘑、番茄、菜心各适量。

调料:精盐、味精、猪油、高汤、水淀粉、干粉各适量。

做法:

1.将鸽蛋分别打入12个小碟中,碟底事先抹上少许猪油,上笼蒸10

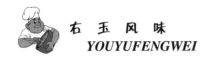
分钟,取出后晾凉,从中间纵切成两半,再逐个涂上干粉,然后下入油锅中炸呈金黄色捞出。

2.炒锅加入猪油烧热,放入鲜笋片、口蘑片、番茄瓣、菜心颠炒,加高汤、盐,用水淀粉勾芡,待汁变浓后加入味精,再将鸽蛋下入锅内颠炒几下即成。

特色:焦香味美,清淡适口。

鸳 鸯 蛋

原料:鸡蛋3个,水发黑木耳25克,猪中腰肉250克,荸荠25克,水发香菇20克,冬笋片25克,干淀粉25克,湿淀粉25克。

调料:精盐5克,酱油30克,白糖1克,味精3克,面粉10克,胡椒粉2克,葱花2克,黄酒3克,姜末2克,熟猪油1000克(约耗150克),高汤400克,老卤汁1000克。

做法:

1.将鸡蛋10个煮熟去壳,入卤汁中卤至入味捞出。猪肉剁成泥。荸荠丁、香菇丁、姜末、葱段、黄酒、味精2克、胡椒粉1克、鸡蛋1个、干淀粉5克,边搅拌,边加入适量水,直至上劲成肉茸馅。

2.将卤好的鸡蛋剖成两瓣,将肉茸馅酿入每个半边的鸡蛋,用手抹成半个鸡蛋形,与另半个鸡蛋合成整个鸳鸯蛋生胚。生鸡蛋2个磕入碗内,加适量水和盐0.5克、干淀粉、面粉搅拌成全蛋糊。

3.炒锅置旺火上,烧至六成热,将鸳鸯蛋生胚逐个蘸上蛋糊入锅炸至金黄色捞出,整齐地码入碗中,加高汤、酱油、盐、味精、白糖入笼,以旺火沸水蒸10分钟取出。

4.炒锅置旺火上,将蒸好的鸳鸯蛋和汤汁下入锅中,加黑木耳、冬笋片,待汤沸后,用湿淀粉勾流芡,淋入熟猪油,撒上葱段和胡椒粉即成。

要点:猪肉肥三瘦七,剁茸去筋,愈细愈好,清水打馅,顺一个方向搅拌上劲。亦可用茶叶卤蛋为之,清香扑鼻。

特色:味道鲜美,营养丰富。

烩 八 宝

原料:糯米1500克,莲子750克,红枣1250克,薏仁米500克,蜜冬瓜条500克,蜜樱桃250克,糖桂花250克,蜜橘饼250克。

调料:白糖1500克,湿淀粉25克,熟猪油150克。

做法:

1.将莲子去皮捅莲心;薏仁米淘洗干净分别蒸熟;红枣蒸熟去核;蜜冬瓜条、蜜橘饼切碎;糯米入水中浸泡洗净,捞出沥干,蒸熟,加白糖1000克,熟猪油100克拌匀。

2.将莲子、红枣、薏仁米、蜜橘饼、蜜冬瓜条、糖桂花分别放在10个碗中,把拌好糖的熟糯米盖在上面,入笼蒸透成八宝坯。

3.炒锅置中火上,放入清水、白糖,下入八宝坯一起拌和烧沸,待白糖溶化,加入熟猪油50克反复推动,最后加少许湿淀粉勾薄芡,盛入盘中,撒上蜜樱桃,以橘瓣装饰菜的周围即成。

特色:色彩艳丽,清香甜润,爽口宜人。

干煸鲜蘑

原料:罐头鲜蘑250克,猪肉(瘦多肥少)200克,冬菜100克,扁豆100克,核桃仁50克。

调料:精盐1克,酱油50克,白糖40克,味精5克,葱末50克,绍酒50克,芝麻油25克,花生油750克(约耗200克)。

做法:

1.将鲜蘑去根,在顶部剞上十字花刀;猪肉、冬菜分别剁成末;核桃仁用水泡透,剥去黄皮;扁豆择去两角,去筋洗净,切成长2.3厘米的段。

2.炒锅内加花生油,用旺火烧到八成热,下入鲜蘑炸呈浅黄色时捞出;再将核桃仁放入油中炸酥,捞在盘中;然后将扁豆炸成碧绿色(约六成熟)捞出。

3.炒锅内留底油125克,烧至八成热,放入肉末煸干水分。再下入绍酒、精盐和炸好的鲜蘑、扁豆,煸出香味,最后加入冬菜末、酱油、白糖、葱末、味精,稍加翻炒,淋上芝麻油,盛在盘中,将炸好的核桃仁摆在菜的周围即成。

特色:鲜蘑脆嫩,扁豆清鲜,桃仁酥香,咸中带甜,清口解腻。

酱炒黄瓜

原料:嫩黄瓜150克,瘦猪肉150克。

调料:精盐0.5克,酱油5克,味精1.5克,姜末1克,绍酒5克,黄酱7.5克,湿淀粉5克,芝麻油15克,葱末1克,熟猪油30克。

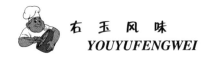
做法:

1.将黄瓜洗净,选用尾端籽少的部分切成 0.66 厘米见方的丁,用精盐拌匀,腌出黄瓜的水分,滗出不要;瘦猪肉也切成 0.66 厘米见方的丁。

2.炒锅内倒入熟猪油,置于旺火上烧热,放入肉丁煸炒,待肉丁内的水分已尽,旺火炒 3 ~ 4 分钟,直到肉的颜色由深变浅。再加入葱末、姜末和黄酱炒 2 ~ 3 分钟,待酱味浸到肉中后,放入黄瓜丁、绍酒、酱油、味精略炒。用湿淀粉勾芡,再淋芝麻油,翻炒几下即成。

要点:黄瓜要选用质地细嫩、味道鲜美,并带有自然的、本身特有味道的,炒时要不断地翻、推、搅、拌,如锅内汁干,可加入少许猪骨汤或水,以防糊锅。

特色:呈深棕色,肉嫩酱香,黄瓜清脆。

鱼香炒圆白菜

原料:圆白菜 200 克,猪瘦肉 50 克,水发木耳 30 克,胡萝卜 30 克,青椒 30 克,泡辣椒 15 克。

调料:豆瓣酱 15 克,精盐 1 克,酱油 10 克,醋 10 克,白糖 20 克,味精 2 克,料酒 10 克,清汤 20 克,湿淀粉 15 克,油 50 克,香油 10 克,葱、姜丝各 10 克。

做法:

1.将圆白菜洗净,沥干水,切成均匀的丝;将肉、木耳、胡萝卜、青椒、泡辣椒分别洗净,切成均匀的丝;将豆瓣酱剁碎。

2.将白糖、醋、酱油、精盐、味精、料酒、青汤、湿淀粉兑成味汁。

3.锅内加油烧热,放入肉丝炒散,再放入泡辣椒丝、葱丝、姜丝、豆瓣酱炒出红油,放入圆白菜丝、木耳丝、胡萝卜丝、青椒丝,煸炒至微熟,倒入味汁颠翻均匀,淋入香油出锅装盘即成。

特色:色泽美观,五味俱全。

黄豆芽炖豆腐

原料:黄豆芽 250 克,豆腐 250 克。

调料:精盐 5 克,酱油 1 汤匙,葱段 5 克,姜片 5 克,猪油 50 克,清汤 500 毫升。

做法:

1.将黄豆芽洗净,放沸水中烫至半熟捞出沥干水分;豆腐切成 1.3 厘米长、0.4厘米宽的片,先用热水汆一下,再用凉水淘凉捞出。

2.炒锅置旺火上,加入猪肉,油热时将葱、姜下锅爆香,再下入豆腐煸炒,然后添清汤500毫升,加盖炖几分钟,再加入豆芽、酱油、盐,再炖至豆瓣发软、汁浓即可。

特点:汁浓菜烂,醇香适口。

烩什锦豆腐

原料:豆腐250克,熟猪肉100克,水发海参25克,熟鸡肉25克,熟肚25克,发好的鱼肚25克,水发香菇25克,水发玉兰片25克,黄瓜50克,鸡蛋2个。

调料:精盐4.5克,酱油25克,味精2克,料酒15克,葱花10克,湿淀粉25克,鲜汤适量,精制油500克(实耗60克)。

做法:

1.将豆腐切成1.5厘米的方丁,用开水浸烫一下;鸡蛋搅开,将蛋清、蛋黄分放在两个碗内,各加入少许鲜汤和精盐搅匀,上笼蒸熟成黄、白蛋羹,取出切成1厘米见方的丁;水发玉兰片、水发香菇、黄瓜洗净,均匀切成小丁。

2.锅内放精制油烧至七八成热,投入豆腐丁,炸至金黄色,倒入漏勺,沥去油。

3.锅留少许底油,烧至七八成热,投入葱花、姜末炝锅,爆出香味后,立即放入豆腐丁外的各种丁,煸炒片刻,先放入酱油、鲜汤,浇沸,烩炖3~5分钟,加入精盐、料酒、味精,烧沸后,用湿淀粉勾稀芡即成。

尖椒干豆腐

原料:猪瘦肉150克,干豆腐200克。

调料:尖椒50克,精盐、酱油、味精、绍酒、水淀粉、食油、葱末、姜末各适量。

做法:

1.将猪肉切成5厘米长、2~3毫米粗的丝;干豆腐切成6厘米长、4毫米粗的丝;尖椒洗净,去蒂、籽,也切成相应的丝备用。

2.锅内加适量底油,下肉丝煸炒至变色,下葱末、姜末炒出香味,烹绍酒,加酱油、添汤,再下干豆腐丝煨焖至软,加精盐、味精适量,最后下尖椒煸炒,用水淀粉勾芡、淋明油,出锅装盘即可。

特色:咸香辣软,鲜嫩爽口。

家常豆腐

原料:鲜豆腐 4 块,猪肉(肥瘦各半)150 克。

调料:精盐 1 克,酱油 10 克,味精 2.5 克,青蒜段 100 克,豆瓣辣酱 50 克,豆豉 10 克,姜片 1.5 克,葱段 1 克,二合油(熟猪油、花生油各半)100 克,花生油 50 克。

做法:

1.将豆腐切成长 4 厘米、宽 3.3 厘米,厚 0.5 厘米的片,平入在盘中,撒上精盐腌一下,然后用热花生油将两面煎成焦黄色,猪肉去皮切成长 3.3 厘米的片。

2.将"二合油"放入锅内,用旺火烧到八成热,下入葱段、姜片、肉片煸炒几下,鸡汤和煎好的豆腐改用微火烤 7～8 分钟,待汤汁剩 1/3 时,再改用旺火,淋入调稀的湿淀粉芡,随之下青蒜、味精,把豆腐盛入盘中,撒上花椒粉即成。

特色:质地嫩软,鲜辣麻咸,色泽红润。

牛肉系列

土豆炖牛肉

原料:牛肉 500 克,土豆 250 克。

调料:精盐 7 克,味精 3 克,料酒 10 克,鲜姜 15 克,葱 10 克,花椒 3 克,大料 5 克。

做法:

1.将牛肉切成块,用开水焯一下捞出。

2.土豆去皮切成块,用清水浸泡备用。

3.姜切片,葱切段。

4.锅内加水,放入牛肉块烧开后撇去浮沫,转用小火烧至八成熟时,再放入土豆块,烧至土豆入味并酥烂即好。

特色:牛肉酥烂,土豆入味,汤浓味醇。

酱 牛 肉

原料:牛腱子肉 500 克。

调料:精盐 2 克,酱油 100 克,白糖 15 克,甜面酱 50 克,料酒 10 克,大葱 50 克,鲜姜 50 克,蒜 10 瓣,香油 25 克,肉料 35 克。

做法:

1.将牛腱子肉顺纹切成拳头大小的块,用开水焯透,去净血沫后捞出。

2.将大葱、姜切成块,与蒜、精盐、酱油、面酱、白糖、料酒、香油、肉料一起放入锅中,加入牛肉汤烧开煮酱汤。

3.将牛肉放入酱汤锅中,汤漫过牛肉煮 5~10 分钟后改文火煮 2~3 小时(保持汤微开冒泡),要勤翻动牛肉,使之受热均匀,待汤汁渐浓,牛肉用竹筷子可以扦透时捞出,晾凉后切成薄片,即可装盘食用。

要点:肉料有花椒 50 克、大料 10 克、桂皮 10 克、丁香 2 克、陈皮 5 克、白芷 5 克、砂仁 5 克、豆蔻 5 克、大茴香 2 克、小茴香 2 克。制作本菜用以上肉料的 1/3,用纱布包好,料酒宜用绍兴黄酒。将剩余的汤卤汁撇去浮油,用豆包布过滤一下,留待酱其他东西时使用。牛肉要焯透而不宜煮透。

特色:风味独特,酱香味美。

酱炒牛肉

原料:生牛肉 300 克,玉兰笋 50 克。

调料:酱油 20 克,味精 1 克,干辣椒 10 克,鲜汤 25 克,生姜 10 克,干淀粉 15 克,葱 15 克,料酒 10 克,蛋清 1 个,植物油 250 克,香油 6 克,胡椒粉 1 克,豆豉 1.5 克。

做法:

1.将牛肉切成 3 厘米长、1.5 厘米宽的薄片。玉兰笋也同样切成片。生姜切成末,干辣椒切成小段,葱切成 3 厘米长的段。

2.用料酒 5 克、淀粉 5 克、蛋清 1 个、盐 1 克将牛肉腌一下。

3.把锅放在旺火上,倒入清油 75 克,烧至三成热,把玉兰片、干辣椒、葱、姜、豆豉、酱油、料酒放入炒香,加鲜汤 25 克,随即用水淀粉勾浓芡,把牛肉放入,翻拌,挂芡,淋香油、胡椒粉,装盘即可。

要点:酱牛肉时,加少量盐水和小苏打,入冰箱冷冻半小时,质嫩。玉兰片可提前用水焯熟,同牛肉一起下锅。

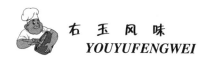

特色:味咸带辣,熘汁抱欠,口感软嫩。

清炖牛肉(一)

原料:生牛肉 500 克。

调料:味精 2.5 克,大葱 50 克,盐 40 克,姜 25 克,桂皮 10 克,大茴 1 个,花椒少许,料酒 15 克。

做法:

1.将牛肉洗净,切成 2 厘米见方的块,放入开水锅煮,去净血沫,牛肉收缩变色捞出。

2.将煮过的牛肉放入沙锅内,添入清水 1000 克,放入葱、大茴、桂皮、花椒,盖严盖,用旺火烧开,换文火炖至牛肉酥烂。然后,放入盐、味精,再炖几分钟,取出葱、姜、大茴、桂皮、花椒,盛入碗内即可。

特色:汤汁清浓,鲜香醇厚。

清炖牛肉(二)

原料:牛颈肉 750 克。

调料:精盐 3 克,味精 0.5 克,料酒 50 克,大蒜(切片)10 克,豌豆 20 克,白胡椒粉 0.5 克,大料 1 克,葱 10 克,姜 10 克。

做法:

1.将牛肉用冷水洗净,切成四大块,同冷水一同下锅,煮到四成熟时取出,再切成 4 厘米长、1 厘米宽、1 厘米厚的长条,葱切段,姜切片,大蒜切片。

2.蒸钵用箅子垫底,倒入牛肉,加入大料、料酒、葱、姜、盐、豌豆、清水,在旺火上烧沸,改用小火炖烂。

3.去掉大料、葱、姜、大蒜,放入味精、白胡椒粉即可。

特色:汤鲜肉烂,滋补佳肴。

西红柿炖牛肉

原料:牛肉 500 克,西红柿 300 克,冬笋 25 克。

调料:精盐 2 克,白糖 2 克,味精 1 克,番茄酱(西红柿酱)10 克,胡椒 5 粒,姜 5 克,料酒 3 克。

做法:

1.将牛肉切成 2 厘米见方的块,西红柿切成橘瓣块,冬笋切 3 毫米厚的片,姜切片。

2.炒勺内添上水烧开,然后放入牛肉焯一下捞出。

3.炒勺内加底油,放入番茄酱稍炒,再添入汤,放入牛肉、冬笋、加热,炖至牛肉酥烂时(约 45 分钟),放入西红柿酱。

4.待西红柿软烂时,加入味精即可。

特色:汤汁红润,味鲜略酸,牛肉酥烂味醇。

沙锅炖牛肉

原料:牛肋条肉 750 克。

调料:食盐 7.5 克,酱油 50 克,味精 2 克,植物油 50 克,葱段 15 克,花椒 15 粒,料酒 15 克,姜片 7.5 克,胡椒粉 2 克。

做法:

1.将牛肋条肉洗净,切成 3 厘米见方的块放入锅内,加入清水,上火烧开,撇去浮沫,略煮一会儿,即捞入温水盆中。

2.把牛肉汤放置一旁澄清,把煮过的牛肉块洗去沫,放入沙锅中,然后把澄清的牛肉汤倒入。

3.炒勺内加植物油烧热,投入葱段、姜片和花椒粒煸炒出香味,然后冲入料酒、酱油和少量牛肉汤。汤烧开后,即调入食盐、胡椒粉、味精,使其成为咸鲜味。再倒入沙锅,用旺火烧开,移至小火上,盖严锅盖,用微火炖约 2 小时,肉烂汁浓即成。

要点:牛肉先用水煮,再洗净血沫;煮牛肉汤,撇净沫,澄清再用;大火烧开,小火慢煮。此乃本菜成功的三要诀。如汤汁过多,不可大火收汁,可去掉一些。若汤汁过少,可以添加一些。

特色:入口即化,汤菜合一,味道浓厚,鲜美可口。

粉丝煨牛肉丝

原料:牛肋条肉 1000 克,粉丝 125 克。

调料:精盐 20 克,糖 12 克,黑胡椒粉 2.5 克,葱(切碎)240 克,芝麻油 40 克,辣椒粉 2 克,鸡蛋(稍打散)100 克。

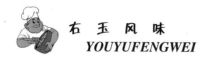
做法：

1.把整块牛肉同盐和胡椒粉一起放进锅里,加水,淹没牛肉,盖上盖,用文火煨至牛肉熟烂为止。

2.冷却后,把牛肉撕成丝,再放进锅里,加葱、糖煨10分钟。煨的时候,把粉丝放在热水里泡10分钟,滗干,放入煨牛肉的锅里,再将香油、辣椒粉和其余调料一起都放入。

3.待红色的油滚到上面,把打好的鸡蛋慢慢倒入搅匀,使鸡蛋与肉丝相互缠上即成。

特色:味道微辣,牛肉香嫩。

干煸牛肉丝

原料:嫩瘦牛肉500克,芹菜50克。

调料:青蒜段25克,精盐1.5克,酱油10克,醋5克,白糖7.5克,味精2.5克,豆瓣酱30克,辣椒粉5克,绍酒15克,姜丝5克,花椒粉1克,花生油125克。

做法:

1.将选好的牛肉片切成厚0.17厘米的薄片,再横着肉纹切成长6.6厘米的丝。芹菜择去根、叶(茎粗的要劈开),撕去筋,洗净后切成长2.6厘米的段。豆瓣酱剁成细泥。

2.炒锅置旺火上烧热,先用少许花生油涮一下锅,再倒进花生油,烧到六成热时,放入牛肉丝煸炒1分钟。接着,下入精盐,继续煸炒2分钟,把肉丝煸酥呈枣红色时,即下入豆瓣酱和辣椒粉,颠翻几下。然后,依次下入酱油、白糖、绍酒、味精翻炒均匀,再放入芹菜段、青蒜段和姜丝,约炒30秒。芹菜熟后,烹入醋,颠翻几下盛入盘中,撒上花椒粉即成。

特色:香咸麻辣。

炖 牛 肝

原料:牛肝250克。

调料:精盐少许,葱段、姜片、绍酒各适量。

做法:

1.将牛肝洗净,去筋膜,切成薄片,放入炖盅内,同时放入葱段、姜片、绍酒和适量清水,盖上炖盅盖,放入锅中隔水炖3小时左右。

2.炖熟牛肝后,离火加少许盐即成。

特色:强身健体,防止贫血。

炖 牛 排

原料:牛排 1500 克。

调料:酱油 30 克,白糖 60 克,芝麻油 16 克,植物油 20 克,葱(切碎)30 克,蒜泥 2 瓣,生姜(剁碎)5 克,料酒 30 克,芝麻面(焙好)3 克,热水 250 克,玉米粉 10 克,凉水 15 克,大葱(装饰用)几根。

做法:

1.把牛排骨剁成 5 厘米长的块,再切成两边带肉的条。

2.锅内加油,烧热后放入牛排骨翻炒,再放入其他调料(不包括玉米粉和凉水)烧开,盖上盖,焖 40～45 分钟。

3.玉米粉用凉水调匀,慢慢倒进锅里,直到汤变稠为止,把牛排骨盛在碗里,撒上葱丝即成。

要点:葱切细丝后,放冰水里,使其打卷会更美观些。

特色:味香汁浓,色美肉烂。

卤 煮 牛 肠

原料:牛直肠 1000 克,油炸豆腐片 500 克。

调料:精盐 10 克,酱油 100 克,大葱 1 根,姜片 30 克,大料、花椒各 5 克,酱腐乳 5 块,腐乳汁 20 克,蒜泥 10 克,香菜 30 克,老汤 1000 克。

做法:

1.洗净牛肠,入沸水汆紧,捞出洗净后,再放入清水锅中,加葱、姜、大料、花椒,精盐 5 克,煮至九成熟。

2.锅内注老汤,放酱油、精盐、酱油、腐乳及汁,用旺火烧开,再放入炸豆腐片,继续煮到豆腐松胀;将牛肠切成半厘米宽的大圈码放锅内,文火炖煮 3～5 分钟装碗,点蒜泥、撒香菜即成。

特色:牛肠柔韧,别具风味。

炖牛舌尾

原料:牛尾 1 根(约重 1500 克),黄牛舌头 1 个(约重 1000 克)。

调料：精盐 20 克，花椒 5 克，胡椒粉 5 克，草果 10 克，八角 10 克，姜 30 克，葱 20 克。

做法：

1.选用牛尾根部，漂洗干净，在每一骨节缝，切进约 2/3 深，不切断，再放入清水中漂洗干净，滤去水分。牛舌洗净下入沸水锅烫片刻，至牛舌表皮起泡捞出，撕去表皮。

2.锅上旺火，注入清水 4000 毫升，放牛尾、牛舌氽透，捞出，牛舌改条。

3.另用炒锅，放入牛尾、牛舌，注入清水，置旺火上煮沸，撇去浮沫，放入草果、八角、花椒、葱、姜，改用小火炖软。撇去牛尾骨头，上桌时再放精盐和胡椒粉，装入汤碗即可上桌。

特点：味美汤清，风味别致。

菊花牛鞭

原料：鲜牛鞭 600 克，青豆(鲜豌豆最佳)50 克，灯笼椒 25 克。

调料：精盐、生姜、大葱、料酒、鸡精、水淀粉、色拉油各适量。

做法：

1.将牛鞭去皮，去尿道，从中间顺刀切成两半，改十字花刀切成菊花状。生姜一份，切成 0.2 厘米的小粒，另一份切片；葱切片；灯笼椒切成象眼片备用。

2.锅内注清水烧开，将牛鞭放入，大火氽一下捞出。再放清汤、生姜、盐、料酒，将牛鞭用文火炖熟捞出。

3.炒锅放底油烧热，放姜粒、葱片炝锅，再放入青豆、灯笼椒炒熟，放牛鞭翻炒，勾芡，装盘即可。

特色：口味咸鲜，色泽丰润，并有补肾、壮阳之功效。

虫草炖牛鞭

原料：水发牛鞭 500 克，虫草 20 克。

调料：精盐 2 克，味精 2 克，牛肉清汤 100 克，枸杞子 10 克，葱、姜各 20 克，绍酒 20 克，香油 10 克，白胡椒粉少许。

做法：

1.将水发牛鞭用刀剞成若干朵菊花状，用牛清汤反复焯，至牛鞭无腥味。

2.将牛鞭放盆内，倒入清汤，上笼蒸 1 小时，再加入氽制过的虫草、枸

杞和葱、姜、绍酒,再蒸1小时,至牛鞭绵软、虫草糯化、枸杞味溢,滗出汤汁,倒入汤盘中。

3.炒锅上火,放入牛肉清汤,加盐、味精、胡椒粉、香油,调好味,浇入汤盘即成。

特色:汤汁鲜醇,健体明目,滋补佳品。

麻辣豆腐

原料:豆腐2块(约100克),牛肉末100克。

调料:酱油15克,大油75克,豆瓣酱50克,辣椒面10克,豆豉10克,葱、姜、蒜末共25克,水团粉40克,花椒面少许,盐适量。

做法:

1.豆腐切中指大小的方丁,用开水焯一下,倒在漏勺里,控净水分,牛肉剁成细末。

2.锅加入大油烧热,下牛肉末,炒至松散,继下辣椒面、豆瓣酱,炒至酥散出红油,再下豆豉、葱、姜、蒜、酱油、盐、高汤、豆腐,开锅后,移文火稍炖入味,用水团粉勾芡,出锅撒上花椒面即成。

特色:色红,有麻、辣、咸、烫之口感。

海鲜系列

炖 乌 龟

原料:乌龟1~2只。

调料:盐、葱、椒各适量。

做法:

1.先将龟用清水喂养数日,每日换水1次,入菜油数滴使其肠内积污排尽。

2.将龟移另一盆内,冲入热水,使之排尿。并将龟壳刷洗干净,宰杀去内脏。

3.龟入锅内,加水适量,旺火煮沸,去浮沫,继续用小火炖至肉壳分离,去壳取肉切成片入汤,加葱、椒、盐调味即可。

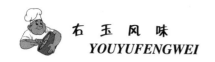
玉米须炖龟肉

原料:活乌龟 1 只,玉米须 100 克。

调料:精盐、葱白、姜片、黄酒各适量。

做法:

将活乌龟放入冷水锅中,盖好锅盖,用大火烧沸后捞出,去龟甲,除内脏,斩头、脚,剥皮去尾,切成小块。玉米须洗净,装入纱布袋,扎紧袋口,与龟肉一同放入沙锅内,加入黄酒、精盐、葱白、姜片和清水适量,用大火烧沸后,再用小火煨 2 小时左右,待龟肉熟烂后离火,去纱布袋即可。

特色:滋阴补肾,生津润燥。

白煮鲤鱼

原料:鲤鱼 1 条。

调料:食盐、葱、姜、黄酒各适量,陈皮 30 克。

做法:

1.将鲤鱼刮鳞,去除内脏后用清水冲洗干净。

2.鱼入锅,加陈皮、葱、姜、黄酒、食盐及适量清水,煮沸后去掉汤面上的血沫和浮污,加盖继续炖煮至鱼肉熟烂,汤汁呈乳白色即成。

特色:理气消食。

鲤鱼煮枣汤

原料:鲤鱼 1 条(约重 500 克),大枣 30 克。

调料:精盐、料酒、熟猪油各适量。

做法:

1.将大枣去核,用清水冲洗干净;鲤鱼去鳞、去鳃,除去内脏,将鱼身内外洗净。

2.锅上火,加清水 1600 克左右,将鱼、大枣、盐、料酒放入,煮至鱼肉熟烂,加入熟猪油即成。

特色:补中益气,开胃健脾,催乳康体。

清炖鲤鱼

原料： 鲜鲤鱼 1 条（1500 克左右），熟火腿 300 克，雪菜 100 克。

调料： 精盐 6 克，老陈醋 3 克，花椒 10 粒，葱、姜丝各 15 克，料酒 20 克，蒜片 10 克，香菜 10 克，鸡汤 1000 克，色拉油适量。

做法：

1.将鱼宰杀，刮鳞、除鳃、去腥线，两面切月牙花刀。用花椒、葱、姜丝、料酒、精盐 2 克腌渍 30 分钟。熟火腿切长方片。雪菜洗净，切成 1 厘米长小段。

2.锅内注色拉油（1500 克左右），烧至八成热，提鱼抖尽调料渣，下油炸制呈金黄色，出锅沥油。

3.锅内注鸡汤，放炸好的鱼和熟火腿片、雪菜段、精盐、老陈醋。旺火烧开，改中火炖熟，放蒜片和香菜即成。

焦熘鲤鱼

原料： 鲜鲤鱼 1 条（约 75 克）。

调料： 精盐 2.5 克，酱油 15 克，醋 75 克，白糖 250 克，葱花 5 克，鸡蛋 1 个，湿淀粉 50 克，绍酒 15 克，姜汁 25 克，花生油适量，白面粉 15 克。

做法：

1.将初步加工好的鲤鱼剁去 1/3 的胸鳍和脊鳍，尾鳍边修整齐，洗干净，两面剪成瓦垄花纹。鸡蛋磕碗内，加入白面粉 15 克、湿淀粉 40 克、花生油 25 克，搅成酥糊，均匀地抹在鱼上。

2.炒锅内加入花生油至六成热，将鱼挂糊后下锅炸至金黄色出锅沥油，并用勺背轻将挂糊敲松。

3.炒锅内加清水 250 克，并依次下入白糖、醋、葱花、精盐、绍酒、酱油，烧开后放入湿淀粉 10 克勾流水芡。待汁沸后，加入适量热油，并用旺火把汁烘起浇在鱼身上即可。

糖醋鲤鱼

原料： 活鲤鱼 1 条。

调料： 葱末 5 克，姜末 5 克，蒜末 5 克，盐 2 克，酱油 10 克，米醋 100

克,白糖 100 克,水芡粉 30 克,熟清油 1500 克(实耗 150 克),干淀粉 75 克。

做法:

1.鲤鱼处理干净,两面鱼肉锲成牡丹片,放入干淀粉里滚满粉面(刀缝中均要粘满)。

2.炒锅置旺火上,下熟清油烧至 7 成热,手拎鱼尾入油锅炸至里外均熟捞出,待油温升至八成热时,将鱼回锅复炸片刻,视外皮脆酥捞出,沥去油,装入大鱼盘里。

3.锅里留底油,下葱姜末炒香,加水 300 克,再加入白糖、酱油、盐烧沸后,加入米醋,并随即下水芡粉推匀,加热油 50 克,推开,盛出浇在鱼身上。

特色:外脆里嫩,酸甜适口,稍有咸味。

五 香 鱼

原料:鲤鱼 500 克。

调料:食盐 20 克,酱油 50 克,食醋 150 克,白糖 10 克,味精 10 克,花椒 10 克,大料 10 克,桂皮 10 克,料酒 100 克,葱 50 克,姜 50 克,香油 50 克。

做法:

1.将鱼刮鳞、去头、去鳍、去尾,取内脏,冲洗干净待用。

2.用刀顺鱼脊取下净肉,再斜刀改成小块,用盐、葱、姜、醋、酱油、料酒腌 30 分钟入味。

3.锅中放油,油热后先下大料、桂皮、花椒煸炒片刻,再加入葱、姜,煸炒后依次加入适量酱油、料酒、醋、盐、糖、味精(稍后放),最后下鱼、加水,水量以稍低于鱼块为宜。先用小火烧开,然后改用小火烤,直至汁浓味厚,取出鱼放于盘中。锅内浓汁内放明油,淋在鱼上面即可。

要点:鱼块宜炸稍硬,煨烤时成形不碎。武火烧开,文火慢烤,味汁大部分收入肉内,酥透为止。

特色:口味咸鲜,五香浓郁。

彩熘鱼丸

原料:净鲤鱼肉 500 克,鲜番茄 5 个,水发木耳 50 克,菠菜 40 克。

调料:盐 6 克,味精 0.4 克,生姜 2 克,鸡蛋清 5 个,湿淀粉 40 克,葱 10 克,猪化油 50 克,胡椒面 0.2 克,料酒 85 克。

做法:

1.将净鱼肉除骨,用刀背砸成泥,放碗内,加料酒15克,将蛋清分三次加入,逐次顺一个方向搅稠,加淀粉20克、猪化油20克,搅匀制成鱼茸。

2.番茄烫后去皮去籽,切小块;菠菜洗净切寸段。木耳摘净撕成大朵;葱切丁,姜切末。

3.锅内加水烧开,将鱼茸挤成直径1.5厘米的大丸子,下入水中余熟,捞出待用。

4.锅放火上,用油滑锅后,再加油50克,用姜、葱炝锅,加料酒10克,放入菠菜、番茄、木耳,加清汤150克,调入胡椒粉、味精,加盐3克,并用湿淀粉勾芡,再倒入鱼丸,推匀即成。

要点:挤鱼丸,冷水下锅,鱼丸挤毕,再用中火余熟,受热均匀,质地油润。

特色:色彩美观,鲜嫩可口。

鸳鸯红鲤鱼

原料:鲤鱼1尾(约1250克),熟瘦火腿15克,玉兰片25克,水发香菇15克。

调料:精盐2克,白糖50克,味精2克,原汁汤100克,面粉50克,姜末1克,干淀粉50克,番茄酱75克,葱段25克,绍酒50克,猪油1000克(实耗100克),胡麻油50克,鸡蛋2个,香菜25克。

做法:

1.将鱼处理干净,从鱼脊背下刀剖成2片,拉成双尾,去掉脊骨,成为头部相连,身、尾分开的两条鱼状。盛入盘中,用绍酒、精盐拌匀腌渍5分钟。

2.玉兰片、香菇、瘦火腿分别切成小丁。

3.鸡蛋磕入碗中,加干淀粉、面粉各适量用水拌匀,取2/3抹在鱼皮上,1/3抹遍鱼肉中。

4.锅置旺火上放猪油烧至八成热,将鱼下锅炸至外黄里熟捞出,腹朝上置入盘中。

5.原锅留底油25克,烧至六成热,下入玉兰片、姜末、香菇、精盐、火腿丁、味精、葱段、原汁汤烧沸,湿淀粉调稀勾白芡浇在一片鱼腹上。原锅再放油25克烧至六成热,下番茄酱、白糖、葱段烧开后,用淀粉勾芡,浇在另一片鱼腹上,鱼两面淋上胡麻油,用香菜拼放两条鱼腹中间即成。

要点:原汁汤属毛汤类,是一般的鲜汤,又称什汤,汤色混白,常用作一般调味和余汤用。炸鱼时,要将鱼的头部相连处翘起,身尾分开,形似两条

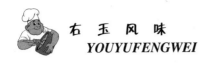
鱼。配料炒好后,火腿、香菇丁卤汁浇一面鱼腹上,冬笋、葱白白卤汁浇另一面的鱼腹腔上,红、白相映。

特色:色泽鲜艳,红白相映。

五丝熘鱼

原料:活鲤鱼一尾(约 400 克),竹笋肉 30 克,香菇 30 克。

调料:辣椒 10 克,生姜 15 克,葱、味精、料酒、盐、湿淀粉、食用油各适量。

做法:

1.鲤鱼去鳞、鳃、肝杂,处理干净;生姜 15 克,刮去衣;辣椒 10 克,去蒂及籽;竹笋肉 30 克,洗净;香菇 30 克,温水浸发,去蒂。

2.鱼切去头、尾及脊骨,切成段;生姜、笋肉、香菇、辣椒、葱均切细丝待用。

3.先将鱼段入锅,放入葱、生姜片、料酒及盐少许,加水没过鱼肉,急火煮沸 5～10 分钟,鱼熟即可。去葱、姜,将鱼装入盘中。

4.另起油锅,待八成热煸炒五丝,香气出,加盐、味精及原汁适量煮沸,湿淀粉勾芡,将汁浇鱼即成。

特色:温中散寒,健脾美容。

炖熬鲢鱼

原料:鲜白鲢鱼 1 条(1500 克左右),猪肥瘦肉 100 克,豆腐 300 克。

调料:精盐 5 克,酱油 20 克,陈醋 5 克,葱段 20 克,姜片 15 克,大料 2 克,花椒 2 克,料酒 20 克,蒜片 10 克,羊骨汤 1000 克,香油 10 克,香菜末 10 克。

做法:

1.将白鲢鱼宰杀,刮鳞、除鳃,开膛、去脏,冲洗干净,斩三大段。猪肉切片。豆腐切骨牌块,入凉水锅烧开余 2 分钟捞出,投入凉水中除去卤味。葱段 10 克切丝。

2.锅内注入色拉油(1000 克左右),烧至九成热,将白鲢鱼段下油锅炸至皮焦黄,捞出滤油。

3.锅留底油烧热,放入葱段、姜片炝锅;再将猪肉片投入煸炒,同时放入大料、花椒,继续煸炒片刻;烹入料酒、酱油和陈醋,放入炸好的鱼段改中火,鱼身两面各烧一分钟左右后注入羊骨汤旺火烧开, 改文火炖熬 10 分钟;放豆腐块和蒜片,投盐调好口味;淋香油、撒香菜末即成。

特色:汤菜各半,口味鲜美。

烩鲢鱼头

原料:花鲢鱼头 1 条(约 750 克),笋片 60 克,水发香菇 50 克,虾籽 5 克,豆腐片 100 克,熟火腿片 50 克。

调料:盐、糖、味精、猪油、料酒、胡椒粉、水生粉、姜、葱各适量。

做法:

1.花鲢鱼头去鳃,洗净,劈成两片,放入开水锅中焯一下,除去表皮白色黏液,放入清水锅中煮烧,待肉骨分离时捞出,去骨。

2.烧热锅放入猪油,加入姜、葱,煸炒出香味,加入煮鱼头的汤,烧开后,拣去葱、姜,下笋片、香菇、虾籽,烧片刻,放入去骨的鱼头和豆腐片,加入料酒、盐、味精及少量的糖,继续烧煮入味后,加入胡椒粉,用水生粉勾芡,撒上熟火腿片,起锅装盘。

特色:红白相映,味道鲜美,营养丰富。

烩鱿鱼丝

原料:水发鱿鱼 500 克,水发木耳 25 克,水发香菇 30 克。

调料:精盐、味精、花生油、香油、淀粉、葱、姜、蒜、料酒、水淀粉、清汤各适量,花椒 4 粒。

做法:

1.将鱿鱼去头、皮,洗净后切成 3.3 厘米长的丝,放入加有 4 粒花椒的沸水中,焯一下捞出。

2.花生油入锅,烧至冒烟时,投入姜末、葱花、蒜片、鱿鱼丝,翻炒数下后,放木耳、香菇丝、盐和料酒,炒匀,再加少许清汤和味精,汤开后下水淀粉勾芡,出锅时淋上香油即成。

特色:补血养气,健脑益智。

荷包蛋炖鲶鱼

原料:鲶鱼 750 克,鸡蛋 6 个,冬笋 10 克,油菜心 25 克,清菇 2 克。

调料:酱油 10 克,盐适量,味精 1 克,香菜 3 克,葱 5 克,姜 3 克,胡椒粉 2 克,料酒 2 克。

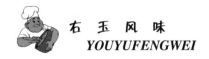
做法:

1.将鲶鱼收拾干净,剁成8厘米长的段,用清水浸泡10分钟左右。

2.冬笋切片,油菜心一切两半,然后用开水烫一下捞出,葱、姜分别切丝。

3.炒勺内加底油烧热,将鸡蛋逐个煎成荷包蛋取出备用。

4.炒勺内加入底油烧热,然后放入葱、姜丝炸出香味,加入鲜汤,放入鲶鱼和调料(汤要淹过鲶鱼),烧开后放入煎好的荷包蛋,再烧开后撇去浮沫,用小火加热。

5.待鱼熟透,汤汁味浓厚时,放入冬笋片和油菜心,烧开后加入味精和胡椒面,装在汤碗内,撒上香菜段即可。

特色:汤清味鲜,鱼肉鲜嫩,荷包蛋味浓。

清炖甲鱼

原料:带骨甲鱼肉500克,鸡腿肉250克,冬菇20克,冬笋20克。

调料:精盐3克,味精2克,料酒3克,葱5克,姜5克,花椒粒2克。

做法:

1.将甲鱼清洗干净剁成块。鸡腿洗净剁成块。然后将甲鱼块、鸡块用开水焯一下捞出。

2.冬笋切片,冬菇洗净去根,葱切段,姜切片。

3.炒勺内加入汤、调料、甲鱼、鸡块、冬笋和冬菇,用旺火烧开后撇去浮沫,改用小火炖至甲鱼、鸡块酥烂时,拣去姜片、葱段、花椒粒即好。

特色:汤清色白,肉质酥烂,口味鲜美。

红烧甲鱼

原料:甲鱼1250克,水发香菇25克,熟冬笋50克,猪里脊100克。

调料:酱油25克,冰糖15克,味精3.5克,葱白25克,姜片2克,湿淀粉10克,绍酒150克,蒜瓣50克,肉清汤500克,芝麻油1克,花生油750克(约耗50克)。

做法:

1.将甲鱼头剁掉,沥尽血,从腿下剖时,去壳膜及内脏后洗净,切成3.3厘米见方的块,甲鱼裙留下待用。猪里脊切成3.3厘米长、2厘米宽、0.3厘米厚的片。蒜瓣切除头尾,葱白切段。

2.锅置旺火上,下花生油烧至七成热时,将甲鱼块、猪里脊片、蒜瓣、冬笋片一并下锅炸至六成熟,倒进漏勺沥去油。

3.锅置微火上,倒入肉清汤,铺上竹箅,摆入过油的甲鱼块、猪里脊片、冬笋片、蒜瓣以及甲鱼裙、香菇、葱段、姜片,加酱油、绍酒、味精、冰糖、芝麻油煨至熟烂,拣去葱、姜、猪里脊片。

4.将甲鱼块等料捞起,装入汤盘,锅中煨汁用湿淀粉勾芡成黏汁,浇在甲鱼块等料上即成。

特色:荤香醇美,营养丰富。

炸熘黄花鱼

原料:大黄花鱼1条(重600克)。

调料:精盐150克,酱油25克,醋40克,白糖60克,鸡蛋1个,料酒30克,荸荠(去皮)15克,干淀粉60克,水淀粉15克,葱白8克,姜末3克,蒜末3克,豆油500克(实耗100克),青豆15克。

做法:

1.将黄花鱼去鳞,开膛、去内脏,洗净,剁去胸鳍和背鳍,在鱼身两侧各剞上牡丹花刀,用精盐、料酒稍腌后,抹上鸡蛋液,撒上干淀粉。荸荠切片。

2.将炒锅置旺火上,放入豆油,烧至七成热,下入黄花鱼炸至外皮香脆,捞入大鱼盘内。

3.另将炒锅置火上,放入熟油20克,下入葱、姜、蒜及青豆、荸荠片煸炒几下,加入料酒、酱油、白糖和沸水120克,烧沸后,用醋调匀水淀粉勾芡倒入。再烧沸加入沸油搅匀,冒大泡时迅速浇在鱼的上面即成。

软熘草鱼

原料:草鱼1条(700克)。

调料:盐少许,酱油85克,醋100克,白糖75克,葱2根,姜片1片,大蒜头2瓣,胡椒粉少许,黄酒20克,菱粉30克,胡麻油20克,清汤300克。

做法:

1.将鱼剖开,去鳞及内脏、头尾、脊背,只留中段肚膛两块(约300克)清洗。

2.锅内加两碗开水烧开,将鱼放入,加整葱(1根)、姜和黄酒,盖紧锅盖,用文火烧约2分钟后,将鱼取出,去皮,去骨,整齐地覆在盘中,撒上胡椒粉。

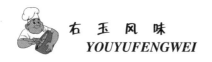
3.锅内放猪油烧热,将蒜头放入爆黄,再加葱末、盐、酱油、白糖、醋、清汤烧沸,下菱粉勾好薄芡,浇在鱼的上面,再淋上胡麻油即好。

醋熘鱼片

原料:草鱼肉 200 克,冬瓜 50 克,水发黑木耳 30 克。

调料:精盐、酱油、米醋、味精各适量,葱 10 克,姜 10 克,蒜 10 克,高汤 100 毫升,芝麻油、湿淀粉、料酒、植物油各适量。

做法:

1.将草鱼肉切成 4 厘米长、3 厘米宽、1 厘米厚的片,加精盐、味精、料酒抓均匀,加入湿淀粉上浆。

2.冬瓜洗净,切成薄片;黑木耳切片;葱、姜、蒜切末。

3.炒锅内加植物油烧至四成热时,放入葱、姜、蒜末炝锅,出香味时烹入米醋,加高汤、精盐、酱油烧开,分散下入鱼片滑熟,再下入冬瓜片、黑木耳烧开,用湿淀粉勾芡,淋上芝麻油即成。

特色:涤肠清肺。

奶汤炖鱼肚

原料:发好的鱼肚 500 克,火腿 2 片,冬笋 2 片,菜心 2 棵,水发香菇 1 个。

调料:精盐 5 克,味精 4 克,绍酒 5 克,奶汤 1500 克,熟猪油 50 克。

做法:

1.将鱼肚用卧刀片成约 8 厘米长、0.3 厘米厚的大片。火腿、冬笋片刻成如意形。香菇切成蝴蝶形。菜心用开水焯一下,备用。

2.炒锅放旺火上,下入熟猪油烧热,添入奶汤,将鱼肚和冬笋下锅烧热装盘,把火腿和菜心围在周围即成。

特色:肚白如玉,汤浓似乳,鲜香醇厚,滑而不腻。

西凤酒炖水鱼

原料:水鱼 2 只(约 900 克),水发冬菇 150 克,瘦猪肉 150 克。

调料:盐、糖、西凤酒、鸡油、胡椒粉、葱、老姜、蒜、烹调油各适量,上汤 1200 克。

做法：

1.水鱼洗净斩成方形，入水锅煮透，捞出用温水洗过，抠除黄色鱼油。

2.炒锅上火加油烧热，加葱段、姜片与蒜片爆香，加水鱼，烹西凤酒，炒匀后滤除汁水。

3.锅内加油烧热，再加水鱼翻炸片刻。

4.冬菇洗净挤去水入碗，加盐、糖与熟鸡油拌渍。

5.取大炖盅落水鱼、猪瘦肉、葱段、老姜片、盐、胡椒粉，加入西凤酒，再加入上汤，盖盅盖入锅，隔炖3小时取出，拣除葱、姜与猪肉，滗出原汤滤过，加冬菇伴水鱼，再倒入原汤调好味盖盅盖，上笼蒸15分钟即好。

特色：汤清鱼鲜，酒香扑鼻。

凤翅炖鳝段

原料：大鳝鱼750克，猪排骨块250克，仔鸡翅膀12个。

调料：精盐5克，冰糖5克，味精2克，姜块10克，绍酒5克，红樱桃11粒，葱结10克，香菜5克，肉汤400克，大蒜5克，熟猪油400克（约耗50克）。

做法：

1.将鳝鱼宰杀，切成5厘米长的段，用筷子捅出内脏洗净，入开水中烫一下，捞出擦去外层黏液。鸡翅膀剁去翅尖，猪排骨块、鸡翅膀分别焯水，捞出洗净沥干水分。

2.锅置旺火烧热，加熟猪油，烧至七成热，放入鳝段稍炸，捞出沥净油。取沙锅，将猪排骨放在锅底，中间摆放鸡翅，鳝段放在上层，放入精盐、冰糖、绍酒、葱结、姜块(拍松)、蒜瓣(稍拍)和肉汤，加盖好，以大火炖沸，转小火炖至鳝段、鸡翅酥烂。

3.将炖好的鳝段整齐地排放在碗中稍压，覆扣在大圆盘中央，将鸡翅排围在鳝段四周(排骨拣出可作他用)，鸡翅间隙各放一枝香菜叶，香菜叶上点缀一粒樱桃，然后将沙锅中的汤缓浇入盘中即成。

要点：鳝炖好，置碗中，按顺序排放好，覆扣在大盘中央呈拱圆形，鸡翅排在周围，用香菜、红樱桃点缀，此品再现徽菜注重造型技法。

特色：肉质细嫩，滋味醇厚。

豆腐鲫鱼

原料：鲫鱼500克，豆腐400克。

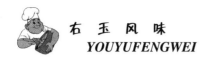
调料:盐 3 克,酱油 25 克,味精 2 克,熟菜籽油 125 克,姜片 10 克,醪糟汁 30 克,蒜片 10 克,马耳朵葱 10 克,甜面酱 10 克,豆瓣酱 10 克,湿淀粉 15 克,肉汤 750 克。

做法:

1.将净鱼鱼身两面各剞两刀(刀深 0.3 厘米),抹盐 1 克,浸渍入味。

2.豆腐切成 5 厘米长、3.5 厘米宽、1.5 厘米厚的块,在沸水锅中煮约 5 分钟,滗去水,加入肉汤 500 克、适量盐,放在小火上煨。

3.炒锅置旺火上,下油烧至七成热,放入鲫鱼煎至两面呈浅黄色,把锅放斜,将鱼拨在一边,下豆瓣酱(剁细)炒出香味,再加入姜、蒜炒匀,加肉汤和鱼同烧,然后下入沥干水的豆腐块,小火烧约 10 分钟后,放入甜面酱、酱油、醪糟汁。再烧 3 分钟,先将鱼盛入盘内,再用湿淀粉勾芡,加味精、葱浇在鱼身上即可。

要点:豆腐片不要太薄,原味调料(盐、酱油、豆瓣酱、面酱)用时要谨慎。火不宜大,汤不宜多,用汤以刚淹过主配料为度。成菜明油亮汁,汁多于油,用芡宜薄。

特色:色泽红亮,味浓质嫩,荤素交融。

抓炒鱼片

原料:鱼肉 150 克。

调料:酱油 10 克,醋 5 克,白糖 15 克,味精 1.5 克,湿淀粉 100 克,葱末 2.5 克,姜末 2.5 克,绍酒 7.5 克,熟猪油 30 克,花生油 500 克。

做法:

1.把鱼肉去净皮和刺,片成长 3.3 厘米、宽 2.6 厘米、厚 0.5 厘米的片,用湿淀粉 85 克浆好。

2.将花生油倒入炒锅中,置于旺火上烧至冒青烟时,将浆好的鱼片逐片放入炒锅里炸,这样可避免鱼片粘在一起或淀粉与鱼片脱开,炸至皮焦黄时,捞出。

3.把酱油、醋、白糖、绍酒、味精和湿淀粉 15 克一起调成芡汁。炒锅内倒入熟猪油 20 克,置于旺火上烧热,加入葱末、姜末稍炒一下,再倒入调好的芡汁,待炒成稠糊状后,放入炸好的鱼片翻炒几下即成。

要点:1.主料一定要用新鲜的鱼片,使汁挂在鱼片上,再淋上熟猪油 10 克即成。在正常油温下,鱼片炸 2~3 分钟,即可炸熟炸透。炸熟的标准为:鱼片发挺,呈金黄色,浮上油面,此时用手勺搅油,发响声,即是鱼肉熟透。

2.抓炒鱼片的调味是酸甜咸鲜,兑汁时糖、醋、酱油比例为6:3:2。翻勺不能用手勺或手铲,否则,鱼易碎,不能保证完整的造型。

特色:色泽金黄,外脆里嫩,明油亮芡,入口香脆,外挂黏汁,无骨无刺,酸甜咸鲜。

熘 鱼 片

原料:净鲜鱼肉,胡萝卜适量。

调料:鸡蛋清、盐、醋、白糖、味精、淀粉、猪油、香油、料酒、葱、蒜片、姜末各适量。

做法:

1.将鱼肉去皮,再片成片,装碗内,放入蛋清、水淀粉,抓匀浆好。

2.胡萝卜洗净,切象眼片,水焯后投凉,控净水。

3.碗内加盐、味精、白糖、醋、水淀粉、汤(少许)兑汁待用。

4.炒勺放适量猪油烧至六成热时,将浆好的鱼片入油中滑散,鱼片呈乳白色时倒入漏勺,控净油。

5.原勺留底油,用葱、姜、蒜炝锅,放入鱼片、胡萝卜片,烹料酒少许,再倒上兑好的汁翻勺,熘匀,淋香油少许,出勺装盘即可。

特色:色泽乳白,鲜香软嫩。

油菜熘鱼片

原料:净鱼肉 250 克,烫好的油菜 100 克,火腿 5 克,鸡蛋清 1 个。

调料:精盐、味精、料酒、葱、姜、蒜、清汤、花椒油各适量,豆油 54 克,水淀粉少许。

做法:

1.把鱼肉先切成 3 厘米长的段,再片成片,放入蛋清糊中,抓拌均匀。

2.把油菜洗净,切成 3 厘米长的段。火腿切成象眼片,葱切段,蒜切片,姜切末。

3.锅上火加豆油,烧至五六成热时,将鱼片逐一投入油中,用手勺轻轻翻动,待鱼片浮起时,捞出,控净油备用。

4.锅内留底油烧热,用葱、姜、蒜炝锅,下入油菜和火腿片,加入精盐、料酒和清汤,待汤沸时,用水淀粉勾芡,再将鱼片下入锅内,轻轻滑动一下,撒入味精,淋入花椒油,出锅即成。

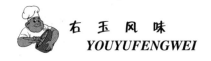
特色:钙质丰富。

烩鱼骨两丁

原料:水发鱼骨 250 克,猪肥瘦肉 400 克。

调料:精盐 4 克,酱油 10 克,味精 10 克,鸡汤 1 千克,香菜末 50 克,料酒 15 克,毛姜水 20 克,鸡油 20 克,湿淀粉 50 克,葱段 50 克,姜块 50 克。

做法:

1.把鱼骨切成骰子丁,在开水锅中氽透捞出,沥净水。

2.起锅放入 1.5 千克清水,加入葱、姜(拍松)、猪肉,煮至八成熟,捞出晾凉。再将煮好的白肉切成骰子丁。

3.再起锅放入 250 克鸡汤、5 克味精、10 克毛姜水、1 克精盐,把鱼骨丁和白肉丁放汤内,烧开撇去浮沫,用湿淀粉勾成稀流芡,淋入鸡油,盛入大海碗中,香菜末撒入碗内两边即成。

特色:清鲜爽口,鱼骨脆香。

炸熘鲜蟹腿

原料:鲜海蟹(头蟹)腿肉 250 克。

调料:精盐 10 克,鸡蛋 50 克,醋 10 克,白糖 15 克,味精 1.5 克,芝麻油 10 克,鲜汤 100 克,豆油 1000 克,淀粉 30 克,葱 10 克,姜 10 克,蒜 10 克,绍酒 15 克。

做法:

1.将蟹腿肉整理好,取一中碗,磕入鸡蛋,淀粉和水调成浆糊,把蟹腿肉放入浆好。另用一碗,放入精盐、味精、绍酒、白糖、醋、鲜汤和适量淀粉,兑制汁卤,葱、姜切末,蒜切片。

2.炒勺加宽油,烧至六成热时,将浆好的蟹腿入勺炸透捞出。大勺留少许底油烧热,用葱、姜、蒜炝锅,出香味时,把蟹腿肉下勺翻炒,随即泼入卤汁,淋芝麻油出勺,装盘即成。

要点:剥制蟹腿肉时,要用锤子轻轻地砸,使蟹腿肉完整不碎。油温要掌握好,以保证菜肴鲜嫩。

特色:肉质细嫩,味道鲜美。

蟹 黄 白 菜

原料:净蟹黄 25 克,大白菜 3 棵。

调料:精盐 5 克,姜汁 15 克,味精 1 克,清汤 1000 克,葱姜油 75 克,绿豆淀粉 4 克。

做法:

1.大白菜去掉外帮,取菜心长约 20 厘米为佳,用刀纵劈成四瓣,洗净,用水焯后晾凉置于 30℃~35℃ 的温汤中浸两小时。

2.炒勺加葱姜油 75 克,用小火煸蟹黄,加少许盐,待油清、色黄红、出香味时,盛入碗中备用。

3.将白菜心置汤勺中,加 350 克浸菜清汤上火烧开,加入精盐 3 克后,用小火煨 3~5 分钟。然后,用筷子将其摆入特制的淡绿色盘中,呈白菜形。汤勺加蟹黄少许,上火沏入清汤 100 克,加精盐 2 克、味精 1 克,搅入绿豆淀粉 4 克,成"米汤芡"淋在白菜上,再用炒勺将蟹黄油汁煸热后,覆于菜上即成。

要点:要在汤微沸时勾芡。白菜要用新鲜的青口白或包头白。

特色:白中透绿,蟹味鲜香,油红芡亮。

油 焖 大 虾

原料:对虾 500 克。

调料:精盐 1.5 克,白糖 20 克,味精 2 克,青蒜 5 克,鸡汤 100 克,葱末 7.5 克,熟猪油 50 克,姜末 7.5 克,芝麻油 30 克,绍酒 15 克。

做法:

1.将新鲜对虾用凉水洗净,剪去虾腿、虾须和尾,由头部开一小口取出沙包,再将虾背劐开,抽出沙线,切成 3 段(小虾可切成 2 段)。青蒜去根洗净,切成 3.3 厘米长的段。

2.将熟猪油倒入炒锅内,置于旺火上烧至五六成热,下入姜末、葱末和对虾段,煸炒几下,加入绍酒、精盐、白糖、鸡汤、芝麻油、味精。待汤开后,盖上盖,移到微火上焖约 5 分钟,再改用旺火焖,当汤汁已浓时,撒上青蒜段即成。

要点:大虾下勺,颠炒数下,然后用手勺轻按虾头,挤出虾脑,成菜时红润油亮。掌握火候,熟透为止,不可焖得时间过长,防止虾肉质柴汤老。

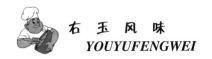
特色:红艳油亮,鲜香甜咸。

罗汉大虾

原料:对虾 1250 克,猪肥膘肉 75 克,净虾肉 150 克,湿淀粉 50 克,鸡汤 150 克,罐头荸荠 75 克。

调料:精盐 7 克,白糖 20 克,葱白段 150 克,黑芝麻 25 克,姜片 50 克,鸡蛋清 2 个,芝麻油 75 克,花生油 1000 克(约耗 75 克),番茄酱、绍酒各 25 克。

做法:

1.将对虾洗净,剪去足、须,再从脊背剪开,去掉头部沙包和背部沙线,从中腰切成两段。前半部分备用,后半部分剥去外壳,保留虾尾。用刀从脊背部横着片开(但不片断),使腹部相连成扇形。在片开的虾肉里侧轻轻剞上交叉花刀后,放在盘内,用食盐 3 克、绍酒 5 克、葱白段 25 克、姜片 25 克拌腌入味。

2.将净虾肉片去表面的红膜,同猪肥膘肉一起,用刀背砸成虾肉泥。荸荠用刀拍后剁成末。葱白段 125 克、姜片 25 克切成细丝。黑芝麻洗净,沥净水。鸡蛋清打散,放入虾肉泥、荸荠末、精盐 2 克、绍酒 5 克,顺一个方向搅拌上劲。

3.将腌过的后半部分虾段逐个平放在砧板上,先用净布揾干虾段表面的水,再将虾肉泥均匀地分摊在上面抹匀,中间要凸起一些,成膨肚状。然后撒上黑芝麻,用手轻轻按实。

4.将炒锅置于火上烧热,倒入花生油 100 克,把前半部分虾段放入炒锅内,用中火把两面煎一下,接着下入葱丝、姜丝、精盐 2 克、白糖、绍酒 15 克、番茄酱、鸡汤,改用微火烤,待虾烤透后,逐个取出并整齐地码在椭圆形盘的一端,用锅里留下的汤汁勾芡,淋上芝麻油,浇在虾上。

5.另将炒锅置于旺火上,倒入花生油 900 克,烧至七成热,放入瓤好的另半部分虾段炸透,当外部呈金黄色时捞出,沥去油,码在盘的另一端即成。

要点:选用每 500 克 4 至 5 头的新鲜大虾的前半部,用手勺轻压虾头,挤出虾脑,成菜色红油润;炸虾的后半部,外部呈嫩黄色时捞出,不可重油,避免炸老。

特色:甜咸适口,酥香鲜嫩。

番茄熘虾仁

原料:虾仁200克,玉兰片15克,冬菇15克,胡萝卜15克,青豌豆(青豆)10粒,洋葱15克。

调料:白糖15克,番茄酱50克,汤15克,胡椒面15克,料酒15克,食油75克,鸡蛋清半个,淀粉50克,椒油、精盐、味精各少许。

做法:

1.将虾仁洗净,放入蛋清糊中抓拌均匀;玉兰片、胡萝卜切成象眼片;冬菇洗净,去根切块;洋葱剥去外皮,切丝。

2.锅内放入食油,烧至五六成热时,把虾仁投入油中,用筷子轻轻推动,待浮起时,将番茄酱倒入,翻炒几下,放入玉兰片、冬菇、洋葱、胡萝卜、胡椒面翻炒,待汤沸时调好口味,用湿淀粉勾芡。再将虾片下锅颠翻几下,淋入椒油即成。

特色:颜色红艳,味道鲜香,口感嫩脆。

熘大虾片

原料:大虾200克(净),玉兰片、黄瓜各少许。

调料:盐、味精、鲜姜、团粉、大油、香油各少量,蛋白半个。

做法:

1.把大虾洗净,顺长片成莆片装进碗里,把蛋白和少许湿团粉与虾片一起抓匀。

2.玉兰片、黄瓜均切成象眼片,鲜姜切细丝。

3.取一小碗,放盐、味精、适量团粉和半手勺汤,兑成白汁。

4.炒勺里放油烧至六七成热,把虾片、玉兰片、黄瓜片同时推进勺里,用筷子划散,待虾片变色时,把油倒出。

5.回勺,放姜丝和过油的主配料,并把兑好的白汁倒进煸炒,汁熟时,淋香油出勺即可。

菊 花 虾

原料:大虾16只,净鱼肉200克,水发香菇16个。

调料:精盐4克,白糖2克,鸡蛋2个,葱末2.5克,姜末2.5克,干淀粉

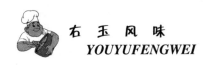

10 克,湿淀粉 5 克,鸡汤 100 克,熟猪油 40 克。

做法:

1.选大小一致的香菇撒匀湿淀粉。鸡蛋磕开,蛋清和蛋黄分放在两个碗里。鱼肉剁成泥,加入鸡蛋清、盐(3 克)、葱末、姜末、白糖和水(50 克),搅拌成馅,做成 16 个元子分别放在 16 个香菇上,并稍微捺扁,成厚饼状。

2.将鸡蛋黄搅匀,上笼蒸熟,取出切成米粒状,放在鱼饼的四周。虾去头壳、身壳,留尾壳,每个虾插在一个鱼饼中间,露出虾尾,然后逐个整齐地放在盘中(盘中先抹上一层熟猪油),上笼用旺火蒸 6 分钟左右取出,将盘中汤汁滗在锅中,加入鸡汤、盐(1 克),在旺火上烧开,用湿淀粉调稀勾薄芡,浇在虾鱼元子上即成。

特色:质嫩味鲜,营养丰富。

金鱼大虾

原料:大虾 12 只,鸡茸 200 克(用鸡脯肉 140 克与肥膘 60 克捶成茸泥),水发银耳 10 克,红樱桃 12 个,胡萝卜 1 根,发菜少许。

调料:盐 8 克,味精 5 克,鸡清汤 300 克,葱姜汁 5 克,鸡蛋清 4 个,绍酒 30 克,鸡油 30 克,干淀粉 50 克,湿淀粉 20 克,老蛋黄糕、老蛋白糕各100 克。

做法:

1.将 12 只虾去头留尾,剥去外壳沙袋和虾肠,从脊背切一刀(不切断),翻开成琵琶形,再轻轻划"十"字刀入盘;入绍酒、盐 2 克、味精 2 克,腌渍入味。胡萝卜、老蛋白糕、老蛋黄糕切成小圆形鱼鳞片。

2.鸡茸入碗,放葱姜汁、蛋清,搅打起劲,加盐 4 克、味精 1 克,与鸡茸拌匀。将琵琶形的虾粘上干淀粉,置在鸡茸做成的"金鱼"身上;樱桃切成两半做眼;头顶放银耳;用胡萝卜、老蛋黄糕、老蛋白糕片分别粘在"鱼身"作鳞,入盘,用发菜做水草,入笼蒸 8 分钟取出。

3.锅内加入鸡汤烧沸,入盐 2 克、味精 2 克,用湿淀粉勾芡,淋入鸡油,浇在"金鱼"上即成。

特色:清淡可口。

珍珠虾仁

原料:生鲜虾 1000 克,净冬笋 150 克,荸荠 100 克,火腿肉 25 克,香菇

10克。

调料:精盐10克,醋5克,白糖5克,味精2克,蛋清2个,淀粉30克,姜末10克,葱5克,大油1000克,料酒5克。

做法:

1.将鲜虾洗净,剥皮取虾仁,再洗净捞起沥净水。

2.将香菇、冬笋、荸荠、火腿切成0.3厘米见方的小丁。

3.虾仁装碗内,放入蛋清和淀粉10克拌匀。

4.炒锅置中火上,舀入猪油烧至八成热,将虾仁下锅过油,待虾仁微红,用漏勺捞起沥净油。

5.锅内留底油60克,将冬笋、香菇、荸荠、火腿、白糖、香醋、姜末入锅煸炒,倒入虾仁、料酒、精盐和鲜汤100克,用手勺推炒匀,待沸后,用水淀粉勾芡,淋明油装盘,撒上黄花即成。

要点:将虾肚朝上,一手掐头,一手掐尾,两手轻轻往中间一挤,虾仁即出虾过油,时间不可过长,油温稍高,待虾仁微红,即可捞出。

特色:鲜嫩脆爽,雅致悦目。

鸡肉系列

原汁炖家鸡

原料:母鸡1只(约1250克)。

调料:精盐7克,绍酒10克,葱10克,姜10克,头汤1500克。

做法:

1.母鸡宰杀、煺毛,从尾脊部下刀开至前肩骨处,去内脏,冲洗干净,剔去膀骨,剁去膀尖和嘴尖,劈开鸡头,用刀背将脖骨砸断(皮要连着),再将腿骨和鸡爪骨剔出,剁去2/3的鸡爪。

2.将鸡在开汤锅内烫透,用温水洗净,放沙锅中添入头汤,放葱、姜,旺火炖七八成熟,下入绍酒和精盐,炖至肉烂离骨即成。

特色:鸡肉烂软,汁鲜味醇,老少皆宜。

黄 焖 鸡

原料:农家鸡1500克。

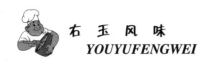

调料：精盐、花椒、鲜姜、味精、大葱、蒜、胡麻油、红辣椒、大料各适量。

做法：

1.将宰杀后处理干净的鸡，剁成鸡块放入温水中浸泡。

2.锅内加胡麻油150克，烧至六七成热，投入花椒、鲜姜、葱片、蒜片炝锅，炝出香味。

3.将沥净水的鸡块放入锅中煸炒一下，放入红辣椒、大料并加入适量的水，盖锅用文火慢煮，使鸡熟汤微干。

4.揭开锅后，加入精盐、葱花翻炒收锅。

特色：味厚汤浓，鸡香扑鼻。

土 豆 煨 鸡

原料：土豆30克，乌骨仔鸡1只（约1300克）。

调料：精盐9克，味精2克，绍酒15克，葱结5克，姜片5克。

做法：

1.将鸡宰杀，去毛及内脏，洗净，斩成大块。土豆洗净，削去皮，切成滚刀块。

2.沙锅上火，加入鸡块、清水，烧沸，撇净血污浮沫，加姜片、葱结、绍酒，移至中火上烧一会儿，再加入土豆块烧沸后，移至小火上煨至鸡肉软烂、土豆熟透，加入精盐、味精，调好口味，连同沙锅上桌即成。

要点：煨鸡时一定要撇尽汤中血污浮沫，否则汤汁混浊。

特色：鸡肉软烂，汤汁香浓。

炖 全 鸡

原料：净仔母鸡1只（约1000克）。

调料：精盐5克，醋25克，冰糖50克，白糖25克，八角5克，白胡椒10粒，桂皮5克，柚子皮5克，植物油1000克（约耗75克），胡椒粉1.5克。

做法：

将鸡洗净沥干。将精盐2.5克、冰糖和香料包填入鸡腹后盛入炖盆内，加清水浸没鸡身，再加精盐、白糖、醋入笼炖45分钟出笼，取出香料包即成。

特色：肉嫩骨脱，汤味醇美，香味扑鼻。

清炖全鸡

原料:肥母鸡1只(约1000克),水发香菇15克。

调料:精盐6克,姜片2克,绍酒20克。

做法:

1.鸡宰杀煺毛,从背部剖开,掏出内脏洗净,在沸水锅中烫过;鸡腹部向上,头屈向身旁,剁去爪,屈于内侧;放入炖钵内,背上放香菇,加入精盐、味精、清水(500克)与少许绍酒,用棉纸或牛皮纸将炖盅封严,上蒸笼用旺火蒸20分钟后,改中火蒸2小时取出,移入汤碗即成。

要点:炖盅封严,保持原汁原味。

特色:汤清汁鲜,不油不腻,香醇味美。

一品炖鸡

原料:鸡肉375克,蹄筋75克,猪肚113克,刺参150克,香菇38克,竹笋150克,干贝38克,白菜375克,火腿适量。

调料:盐1/2茶匙,味精1/2茶匙,米酒1大匙,高汤375克。

做法:

1.猪肚煮熟,香菇泡发,备用。

2.鸡肉切块,猪肚切片,蹄筋切段,香菇去蒂切片,刺参切段,竹笋、火腿及白菜切片。

3.将上述原料及干贝整齐地放入碗里,再均匀加入味精、米酒、高汤,用大火蒸1小时后取出,倒扣进盘内即可。

蘑菇炖鸡

原料:鸡1只(750克),鲜蘑菇500克。

调料:精盐8克,味精2克,葱25克,姜片25克,八角1粒,花椒10克,丁香1粒,草果1粒,料酒15克,骨头汤1500克,花生油40克。

做法:

1.将鸡剁成3厘米见方的块,放入开水锅中煮2分钟,捞出用清水冲洗。蘑菇撕成大块。

2.炒勺置旺火上,加油烧至六成热,放葱、姜,加入汤、鸡块、料酒、八角

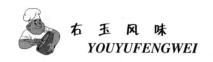
等调料,加盖,文火炖至酥烂,加蘑菇炖 5 分钟放味精,装入大汤碗内即成。

要点:亦可猪肉、排骨、鸭子等料代替鸡块。

特色:汤汁奶白,鸡烂肉醇,蘑菇鲜香。

米酒蒸鸡

原料:黄母鸡 1 只(约 1000 克),水发冬笋 10 克,水发冬菇 50 克。

调料:精盐 10 克,味精 5 克,香葱 10 克,湿淀粉 25 克,生姜 10 克,植物油 25 克,米酒 150 克。

做法:

1.将母鸡宰杀洗净,冬菇、冬笋洗净切片。

2.将鸡整理定型,下沸水锅中焯 2 分钟捞出,先将鸡身内外抹上精盐 5 克,再抹上米酒 75 克。生姜 7 克拍松,香葱 9 克结成葱把一起放入鸡肚内腌渍入味,剩余的生姜切末,香葱切段。

3.将腌好的鸡入笼以旺火沸水蒸 1 小时 30 分钟,至鸡肉软烂时取出放入盘中定好型。

4.炒锅置旺火上烧热,倒入植物油 15 克,下姜末、冬菇、冬笋煸炒片刻,随即倒入蒸鸡的汁,再加入剩余的米酒和精盐、味精调好味。烧沸后用湿淀粉勾芡,撒上葱段,起锅浇在鸡身上,淋入少许明油即成。

要点:米酒腌渍时要不断翻动,使酒味渗入鸡内。装盘时注意造型。

特色:酒汁甘甜,香味浓郁,入口鲜美。

香酥油鸡

原料:嫩母鸡 1 只(约 1250 克)。

调料:精盐 5 克,酱油 75 克,白糖 7.35 克,橘皮 2.5 克,五香粉 2.5 克,绍酒 15 克,芝麻油 10 克,丁香 2.5 克,蔻仁 2.5 克,葱段 5 克,桂皮 2.5 克,花生油 1000 克(约耗 100 克),姜块 5 克,白芷 2.5 克。

做法:

1.在母鸡胸下部竖开一小口,取出内脏并将眼睛挖出。洗净后,用刀背把翅膀和大腿骨砸断(要骨断肉连),并用手错开下腿骨的断缝,顺大骨向里推,使腿骨缩短,再用剪刀从开膛的地方插入鸡胸骨的两侧,把胸骨拧断,使胸骨凸起部分朝下(因鸡胸凸起部分肉薄,遇高温油皮易裂开),并用刀将胸部压扁,再将鸡身侧放,也用刀压一下,使肉离骨,腌时才能入味。

盐上锅炒干待用。

2.将鸡的里外用炒干的盐搓匀,再用五香粉均匀地撒入鸡腹中,放在瓷盆内,倒入酱油、芝麻油 5 克、绍酒、白糖、葱段、姜块和丁香等,稍拌一下,腌 8 小时(腌时可翻转一两次)。然后,取一张白纸用水浸湿,盖在瓷盆上,把口封严(使香味不致外溢),上火蒸 3 ~ 4 小时(蒸烂为止,汤不要)取出,沥净膛内水,拣去鸡身上的葱段、姜块和香料。

3.将花生油倒入炒锅里,置于旺火上烧到八成热后,端离火口,放入蒸好的鸡。再把炒锅放在旺火上,翻转着炸,炸 2 ~ 3 分钟,浇上热芝麻油 5 克即成。

要点:腌鸡要入味,蒸至熟烂,炸要火候得当。

特色:赤黄油亮,皮酥肉烂。

八 宝 鸡

原料:宰好的嫩母鸡 1 只(约 1500 克),原鸡的胗、肝各 1 个,水发香菇 25 克,水发玉兰片 125 克(切片),熟火腿 75 克。

调料:干贝 5 克,熟莲子 50 克,糯米 50 克,薏仁米 50 克,青笋 25 克,精盐 1.5 克,酱油 100 克,白糖 25 克,味精 4 克,绍酒 50 克,湿淀粉 15 克,葱 30 克,姜 15 克,熟猪油 25 克。

做法:

1.将母鸡从脖子根处(鸡背一面)开长 6.6 厘米的口,割断颈骨,取出嗉囊,剔去翅膀大骨、胸骨(不要剔破鸡皮)和大腿骨,取出内脏,将鸡身内外洗净。然后,把鸡皮翻到里面(鸡肉向外),在开水锅中烫一下,翻过来再在开水中烫一下,以去除血腥味。

2.将熟莲子、糯米、薏仁米洗净,干贝去掉硬筋,加入凉水少许,上屉蒸 30 分钟取出。熟火腿、玉兰片 100 克,香菇 15 克,鸡胗、鸡肝、青笋洗净,均切成 0.66 厘米见方的小丁,在开水中烫一下捞出,加入绍酒 15 克、精盐 2 克,连同莲子、糯米、薏仁、干贝一起搅拌均匀,装入鸡腹内,用线将开口缝合。

3.在大沙锅中放一小瓷盘,把鸡放在小瓷盘上(防止糊底),加入葱、姜、绍酒(35 克)、酱油,以及水 1000 克,用旺火烧开后,撇净浮沫,移到微火上煨 2 小时。然后,翻转鸡身,加入玉兰片 25 克,香菇切片 10 克,再煨 1 个多小时,滗去原汤,把鸡取出,鸡脯向上放在大盘里,去掉缝口的线和葱、姜。

4.再将炒锅放在旺火上,放入原汤、白糖和味精,并用调稀的湿淀粉勾

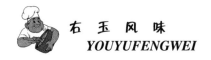
茭,使汤变成红色稠汁,淋上熟猪油,浇在鸡身上即成。

特色:软烂味浓,白红褐绿,糯嫩脆绵,别具特色。

去骨酥鸡

原料:老母鸡1只,冬笋肉50克,鸡蛋2个,水发黑木耳25克。

调料:精盐1克,酱油25克,白糖10克,味精1克,淀粉25克,猪油50克,葱段15克,面粉50克,植物油1000克(约耗100克),姜片15克,五香粉5克,胡椒粉1克,鸡汤200克。

做法:

1.将母鸡宰杀处理洗净,斩去头、脚、尾尖,剔去骨。将肉、颈拍松切块盛钵,磕入鸡蛋,加入五香粉、精盐、面粉、淀粉拌匀,腌渍2分钟。

2.冬笋切成薄片,木耳去蒂洗净。炒锅置旺火上,倒入植物油烧至七成热,将腌好的鸡块放入锅内炸至金黄色捞出。

3.将炸好的鸡块入碗内,加鸡汤100克,放上葱段、姜片,上笼蒸1小时左右,再用中火蒸至鸡块酥烂时取出,翻扣入盘。

4.锅置旺火上,下猪油25克,将蒸鸡原汁滗入锅内,放入冬笋、黑木耳、酱油、精盐(0.5克)、白糖烹煮片刻,加味精1克,用淀粉调稀勾芡,淋入猪油25克,起锅浇在盘内鸡块上面,撒上胡椒粉即成。

要点:鸡宰杀、去毛、剖腹、去内脏,切1.6厘米见方的块,腌渍时需要加盐0.5克、淀粉15克,旺火沸水蒸约1.5小时,蒸鸡原汤用于挂卤的浇汁内,既增鲜,又能保持原汁原味。

霸王别姬

原料:仔母鸡1只(约重750克),甲鱼1只(约重750克)。

调料:精盐1.5克,酱油50克,糖色2克,小葱段10克,姜块10克,八角1个,桂皮5克,黑胡椒1.5克,黄酒25克,鸡清汤750克,熟猪油1000克(约耗100克)。

做法:

1.将鸡宰杀,去毛、去内脏,洗净,剁去嘴尖、蹄爪,待鸡皮略干后,将糖色抹遍鸡身,将锅上火,放入熟猪油烧至七成热时,将鸡投入油中炸至上色,待用。

2.将甲鱼宰杀、洗净,用九成热的水洗烫去皮膜,剁去爪、尾,从腹部开

"十"字刀,去掉内脏洗净,再将葱、姜各5克拍松,放入甲鱼腹中,加黄酒10克腌渍半小时,待用。

3.将锅放在旺火上,放入熟猪油40克,烧热后,将拍松的葱段、姜块,以及桂皮、八角、黑胡椒投入锅中炸出香味,加入鸡清汤(垫上锅垫),把鸡、甲鱼同时放入锅内,加入酱油、精盐、黄酒烧开后,移到小火上,炖焖2小时左右,至酥烂后取出,装入盘中即成。

特色:汤稠色浓,两味渗透,鲜醇酥糯,美不胜收。

信 丰 鸡

原料:仔鸡1只,水发香菇20克,豆苗25克,水发木耳25克。

调料:精盐5克,酱油10克,葱10克,姜10克,肉汤100克,湿淀粉20克,料酒25克,熟猪油500克。

做法:

1.将鸡宰杀,放净血煺毛,去内脏洗净。

2.鸡胗剖开,撕去内膜洗净,鸡肠剖开,冲去污物并用碱反复抓洗,再用清水反复冲洗干净;肝洗净。将胗、肝、心切成薄片,肠切成段,姜切指甲片,葱切段,香菇、木耳改成片待用。

3.用盐、料酒把鸡腌一下,入笼蒸熟,取出斩成3.3厘米条块,置盘中码放整齐。

4.将洗净切好的鸡胗、肝、心、肠用盐稍腌一下,上糊。炒锅置火上,放入猪油,烧至七成热时,把胗、肝、心过油滑熟,倒入漏勺沥去油。

5.锅留底油,放入香菇、木耳、葱、豆苗煸炒几下,放汤,加盐、味精、酱油,用湿淀粉勾芡,放入适量明油,迅速放入过油的胗、肝、心等颠翻,盛在鸡上即可。

要点:鸡要洗净,蒸熟改刀要整齐,以便码盘,鸡胗、鸡肝、鸡心要漂洗干净,特别是鸡肠要用食用碱反复搓洗,净水漂净,不能有腥膻味。胗、肝、心片和肠过油时要掌握好火候,不宜滑得太老,以免失去脆感。

特色:原汁原味,干蒸味鲜,脆嫩爽口。

炸熘仔鸡

原料:光仔鸡1只(约750克),青辣椒2个。

调料:酱油1汤匙,醋、白糖各0.5汤匙,湿淀粉1汤匙,蒜瓣8个,熟

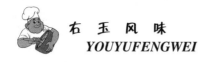
猪油 750 克。

做法:

1.将仔鸡剖腹去内脏(留肫、肝)洗净,剔去大骨,剁成 3 厘米见方的块,肫、肝切成小块,放在碗内,加入酱油 0.5 汤匙,湿淀粉的一半,浆拌均匀。

2.青辣椒洗净,切成片,蒜瓣拍碎。

3.取碗一个,放入酱油 0.5 汤匙,醋、白糖、湿淀粉的一半,调成卤汁。

4.炒锅内放入熟猪油烧至七成热时,下浆好的鸡块,炸至黄色时捞起。待油温升至八成热时,将鸡块下锅复炸至金红色,倒入漏勺沥油。

5.原锅内留余油少许,烧热下蒜瓣,青辣椒煸炒,当有香味时,倒入卤汁烧开,加入鸡块,颠翻几下,淋上熟猪油 0.5 汤匙,起锅即成。

特色:口味鲜醇,酸中带甜。

口蘑烩鸡丝

原料:鸡脯肉 150 克,水发口蘑 50 克。

调料:精盐 2.5 克,味精 1 克,料酒 5 克,清汤 250 克,湿淀粉 258 克,鸡油 5 克,猪油 500 克(约耗 20 克),鸡蛋清 1/2 个,青豆 20 粒。

做法:

1.将鸡脯肉片成薄片,再切成细丝,盛在碗内,加入鸡蛋清、湿淀粉,抓匀。口蘑用刀切成薄片。

2.勺内放上猪油烧至四成热时,将抓好的鸡丝放入油内,用筷子滑散后(火不要太大)倒入漏勺内。勺内放入清汤,加上口蘑、盐、味精、料酒、鸡丝、青豆,烧开撇去浮沫,用湿淀粉勾芡,淋上鸡油搅匀,盛入汤盘中即成。

特色:色白油亮,质感细嫩,入口鲜香。

烩金银丝

原料:鸡脯肉 150 克,熟火腿 75 克。

调料:精盐 3 克,味精 1.5 克,绍酒 15 克,湿淀粉 30 克,熟鸡油 15 克,熟猪油 500 克(约耗 50 克),清汤 300 克,豌豆苗 5 克,鸡蛋清 1 个。

做法:

1.将鸡脯肉均匀地切成细丝,放在碗内,用精盐 1.5 克稍腌,加入鸡蛋清和湿淀粉 10 克上浆。熟火腿切成细丝,豌豆苗洗净焯熟。

2.炒锅置中火,下入熟猪油,烧至三成热,倒入鸡丝,炒至色呈玉白,捞

出沥去油。

3.炒锅留底油 10 克,回置火上,加入清汤、绍酒、精盐 1.5 克、味精,用湿淀粉 10 克勾薄芡。然后,再将熟鸡丝、熟火腿丝一起倒入,用手勺推搅几下,放上豌豆苗,淋上熟鸡油即成。

要点:烩菜要先调好口味,再用水淀粉勾芡,汤与主料相等或略多于主料。勾好芡是烹制烩菜的关键,芡汁要浓淡适度,切不可出疙瘩和粉块。鸡肉不可久煮,汤开即可勾芡,以保持鲜嫩。

特色:清香味醇,鲜嫩软滑。

三丝鸡茸蛋

原料:鸡脯肉 125 克,熟猪肥膘肉 75 克,鸡蛋清 6 个,熟瘦火腿 15 克,熟笋 15 克,香菇适量。

调料:精盐 3.5 克,味精 0.5 克,葱姜汁 10 克,绍酒 15 克,湿淀粉 5 克,鸡汤 100 克,熟鸡油 5 克,熟猪油 750 克(约耗 75 克),豌豆苗 15 克。

做法:

1.鸡脯肉剔去筋膜,剁成细泥,加葱姜汁和绍酒搅匀,徐徐加入打泡的鸡蛋清,边加入边用筷子搅拌。然后,将熟猪肥膘肉切成末,放入鸡泥内,加盐(1.5 克)搅拌成糊状。笋、香菇、火腿均匀切成丝。

2.取汤匙 12 把,抹上熟猪油,各填满鸡糊,中间凸起如蛋形。锅置中火上,放入熟猪油,烧至三成热时,将填好鸡糊的汤匙一道下锅稍浸炸,待鸡茸蛋漂浮在油面上,拣去汤匙,再换用小火炸 1 分钟左右至熟,倒进漏勺沥去油。

3.在原锅余油中放入火腿丝、香菇丝、笋丝、豌豆苗煸炒后,加鸡汤和盐(2 克)、味精,烧开后用湿淀粉调稀勾芡,再将鸡茸蛋倒入颠翻两下,淋上熟鸡油,起锅装盘即成。

特色:色白软嫩,清鲜爽口,绚丽悦目。

滑炒鸡片

原料:鸡脯肉 300 克,冬笋 15 克,豌豆 15 克。

调料:精盐、味精、猪油、绍酒、蛋清、苏打、淀粉、葱、姜各适量。

做法:

1.将鸡脯肉用斜刀法斩成抹刀片,放入碗里,加凉水和少许苏打浸泡 5

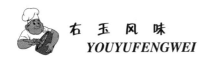
分钟,再用清水投洗干净,沥干水分,放在碗内加精盐、味精、蛋清、淀粉搅拌均匀。

2.冬笋切菱形片,葱、姜切末,小碗放精盐、味精、绍酒、水淀粉、鲜汤调成芡汁备用。

3.锅上火烧热,加猪油,烧至三成热时,下拌好的鸡片,滑散滑透倒入漏勺,沥净油分,锅内留少许底油,下葱末、姜末、冬笋片和豌豆煸炒,再下滑好的鸡片,勾入兑好的芡汁,翻炒均匀,淋香油,出勺装盘即可。

特色:嫩软滑润,鲜香可口。

莲蓬豌豆

原料:鸡脯肉 100 克,鲜豌豆 90 粒,鸡蛋清 6 个。

调料:精盐 3 克,味精 1 克,熟猪油 50 克,火腿 10 克,油菜叶 1 片,菠菜 250 克,料酒 5 克,面粉 10 克,干淀粉 5 克。

做法:

1.将鸡脯肉洗净后斩成肉泥,装入碗内。另取 1 小碗,加入鸡蛋清搅打成泡沫状,再加入面粉和干淀粉搅匀。油菜叶洗净后切成细丝。豌豆煮熟,捞出投凉。菠菜剁碎,用净布将汁挤在碗中。火腿切末。

2.将鸡泥碗内加入料酒、精盐、味精、猪油和菠菜汁搅成糊,再分 3 次加入蛋清糊内搅匀。

3.取直径为 4 厘米的酒盅 14 个,盅内每个都抹上猪油,将鸡糊分别装在 14 个酒盅内,并在每盅鸡糊上嵌入 7 粒豌豆,再点缀上火腿末和油菜丝。

4.将做好的"莲蓬豌豆"上屉蒸 5~6 分钟,熟后取出,用小勺逐个地将其从酒盅取出来,放在大汤碗内。勺内加入鲜汤 750 克,烧开加入精盐、味精调好口味,浇入汤碗中即好。

特色:形如莲蓬,色泽美观,软嫩清鲜。

酱爆鸡丁

原料:鸡脯肉 150 克。

调料:白糖 20 克,姜汁 2.5 克,鸡蛋清 0.5 个,绍酒 7.5 克,黄酱 25 克,熟猪油 500 克(约耗 40 克),湿淀粉 7.5 克,芝麻油 15 克。

做法:

1.将鸡脯肉用凉水泡 1 小时后,去掉脂皮和白筋,切成 0.8 厘米见方的丁,加入鸡蛋清、湿淀粉和 5 克清水,拌匀浆好。

2.将熟猪油倒入炒锅内,用微火烧至四成热时,放入浆好的鸡丁,迅速用筷子拨散,滑到六成熟,倒在漏勺里沥去油。

3.将熟猪油 15 克和芝麻油倒入炒锅内,用旺火烧热,随即下入黄酱炒干酱里水分(酱一下锅就发出哗哗的响声,等响声变得极其微小时,水分就基本上炒干了),再加入白糖。待糖熔化后,加入绍酒和姜汁,炒成糊状时再倒入鸡丁,继续炒约 5 秒钟即成。

要点:此菜特别注重火候,火大了酱易糊、发苦,火小了酱又挂不到肉上,做到食后盘内只有油无酱,是这一名菜的特点。

特色:颜色深黄,质地细腻,滋味咸香。

熏鸡烩腐皮

原料:熏鸡肉 150 克,鲜腐皮 150 克。

调料:精盐 1 克,酱油 1 克,味精 1 克,绍酒 1 克,湿淀粉 2 克,食碱 1 克,清汤 1000 克。

做法:

1.将熏鸡肉切成长 4 厘米,宽、厚各 0.33 厘米的粗丝。腐皮切成长 4 厘米、宽 0.2 厘米的条,用食碱将腐皮搅匀,停约 1 分钟,连续换水一直洗至无碱味为止,再添入开水浸泡。

2.炒锅放旺火上,添入清汤,下入精盐、绍酒、酱油待汤沸,湿淀粉勾芡,放入腐皮,再沸,下入鸡丝,起锅即成。

要点:勾二流芡,要求明汁亮芡,食时撒少许胡椒粉,味道更佳。

特色:鸡丝熏香四溢,腐皮爽滑细嫩,汤味醇厚。

炸 熘 鸡

原料:净鸡腿肉 250 克,鸡蛋 1 个。

调料:精盐 0.5 克,酱油 3 克,醋 40 克,白糖 150 克,湿淀粉 50 克,葱花 15 克,姜汁 100 克,花生油 750 克(约耗 125 克)。

做法:

1.将鸡腿肉洗净,排斩一遍后(肉相连,不切断),剁成 1.3 厘米见方的块。鸡蛋、45 克湿淀粉搅成糊,放入鸡块拌匀。白糖、醋、精盐、酱油、湿淀粉 5 克、葱花兑成汁。

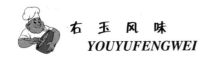
2.炒锅置旺火上添入花生油,至六成热下入鸡块,炸成柿黄色捞出沥油。

3.炒锅内留底油 40 克,倒入兑好的汁。汁沸,再下热油将汁烘起,下入鸡块,翻几个身装盘即成。

特色:红黄油亮,外焦里嫩,甜酸可口。

鸡丝烩豌豆(一)

原料:鸡肉 100 克,鲜嫩豌豆 150 克。

调料:精盐、酱油、味精、豆油、葱末、姜末、淀粉、鲜汤各适量。

做法:

1.鸡肉洗净切丝,用葱、姜、黄酒、精盐调汁,豌豆洗净。

2.油锅烧热,倒入豌豆略炒,再放入鸡丝煸炒片刻,放入鲜汤适量烧沸,用水淀粉勾芡,烩熟即成。

特色:补血益气,降压去脂。

鸡丝烩豌豆(二)

原料:鸡胸肉、鲜豌豆各 75 克。

调料:葱、姜末、食盐、味精、料酒、淀粉、植物油、鸡汤、鸡蛋清各适量。

做法:

1.将鸡肉切丝,蛋清、淀粉与鸡丝抓匀。

2.锅内加植物油,中火加热到三成热,下鸡丝滑散,捞出沥油。

3.锅留底油少许,投入葱、姜末煸出香味,再放入鸡丝、豌豆、料酒、食盐翻炒,下味精、勾芡即成。

特色:增进食欲,补充营养。

玉带鸡卷

原料:鸡脯肉 300 克,水发香菇 50 克,熟火腿 50 克,熟冬笋 50 克。

调料:精盐 30 克,味精 1 克,料酒 10 克,鲜生姜 30 克,湿淀粉 20 克,葱 3 根,肉汤 100 克,大油 500 克,鸡蛋清 1 个。

做法:

1.将鸡脯肉片成 3.6 厘米长、3 厘米宽的片,用精盐、料酒腌片刻。香菇、火腿、冬笋、生姜均切丝,鸡蛋清用湿淀粉调成蛋清浆,香葱洗净在沸水中稍烫一下,捞起。

2.取一片腌好的鸡脯肉,平铺在砧墩上,然后抹上蛋清糊,放上香菇、火腿、冬笋、姜丝,卷成筒,外用香葱捆扎好,然后放在抹有油的平盘上,照此逐个做好。

3.炒锅置中火上烧热,加入大油,烧至五成热时,将鸡卷推入锅中过油至熟,倒入漏勺。原锅上火,舀入肉汤 100 克,调入精盐、味精,用湿淀粉勾芡,放入鸡卷颠锅数下,使鸡卷粘满芡汁,盛盘即成。

要点:鸡脯肉改切长方块后,在冰箱冻半小时,切片效果好。炒锅和油要洁净,菜品色泽才洁白。

特色:鸡卷玉白,葱条碧绿,色彩艳丽,肉质滑嫩,口味鲜香。

翡 翠 羹

原料:菠菜叶(或油菜叶)100 克,鸡脯肉 50 克,鸡蛋清 6 个。

调料:湿淀粉 15 克,鸡汤 400 克,精盐 1.5 克,白糖 1 克,味精 2.5 克,绍酒 10 克,姜末 0.5 克,熟猪油 100 克。

做法:

1.将菠菜叶洗净,剁成细泥;鸡脯肉砸成泥。

2.将熟猪油 40 克倒入炒锅中,用旺火烧热,将菠菜泥、精盐 0.5 克、味精 1.5 克、湿淀粉 10 克,搅打成泡沫,再加入凉鸡汤 200 克搅打起沫,即为鸡茸。将熟猪油 60 克倒入另一炒锅中,用旺火烧热(不要冒烟),倒入鸡茸,用手勺不断地搅成稠羹,倒在汤盘即成。

特色:清淡嫩鲜,绿白分明。

蘑 菇 炖 鸡

原料:鸡 1 只(750 克),鲜蘑菇 500 克。

调料:精盐 8 克,味精 2 克,葱 25 克,姜片 25 克,八角 1 粒,花椒 10 克,丁香 1 粒,草果 1 粒,料酒 15 克,骨头汤 1500 克,花生油 40 克。

做法:

1.将鸡肉剁成 3 厘米见方的块,放入开水锅中煮 2 分钟,捞出用清水冲洗。蘑菇撕成大块。

2.炒勺置旺火上,加油烧至六成热,放葱、姜煸炒出香味,加入汤、鸡块、料酒、八角等调料,加盖,文火炖至酥烂,加蘑菇炖 5 分钟放味精,装入

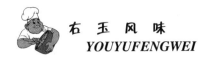

大汤碗内即成。

要点: 亦可以猪肉、排骨、鸭子等料代替鸡块。

特色: 汤汁奶白,鸡烂肉醇,蘑菇鲜香。

清炖母鸡

原料: 活母鸡1只(约2000克),火腿爪100克。

调料: 精盐5克,葱白段5克,绍酒50克,姜片5克。

做法:

1.将鸡洗净,焯水待用。将火腿爪刮洗干净焯水。

2.把鸡、火腿爪一起放入有竹算垫底的沙锅里,舀入清水1500克,加入葱段、姜片。加盖,先置中火上烧沸,加绍酒,撇去浮沫,再移至微火上炖约2小时,拣去火腿爪、竹垫、葱段、姜片,加入精盐,烧至微沸,离火即成。

要点: 火腿爪用明火将肉皮烧焦,再用清水刮洗干净,炖后肉皮酥软,十分可口。此菜为清炖菜式,不可加酱油。

特色: 皮白光亮,鸡味浓郁。

氽荔枝小鸡

原料: 鸡肉200克,熟火腿片10克,水发玉兰片10克,水发冬菇10克,青菜心10克。

调料: 精盐2克,味精2克,绍酒5克,清汤1000克。

做法:

1.鸡肉洗净,剞荔枝花纹(肉厚处用刀斩平),切成边长为1.5厘米的三角形块,放碗内用冷水浸泡。

2.炒锅置旺火上,添入清汤,八成热时将鸡块放入焯透,捞出用水洗净。

3.炒锅内再添上浸泡鸡块时的凉水,用勺搅动,汤沸撇沫,放进火腿片、玉兰片、冬菇、菜心、精盐、味精、绍酒,再煮沸后,将火腿片、玉兰片、冬菇、菜心捞在碗内,鸡块亦放碗内。汤重新煮沸,起锅倒碗中即可。

特色: 鸡肉脆嫩,汤清味鲜。

沙参枸杞炖乌鸡

原料：沙参30克，枸杞子20克，乌骨鸡1只（约1000克）。

调料：盐3克，料酒10克，姜5克，葱10克，鸡精2克，鸡油30克。

做法：

1.将沙参润透，切3厘米长的段。枸杞去杂质洗净。乌鸡宰杀后，去毛、内脏及爪。姜拍松，葱切段。

2.将沙参、枸杞子、乌鸡、料酒、姜、葱同放炖锅内，加入清水2800毫升，置旺火烧沸，再用小火炖煮35分钟，加入盐、鸡精、鸡油即成。

特色：滋阴补肾，调节血糖。

炖雌乌鸡

原料：雌乌骨鸡1只（选购时，观鸡舌黑者，则知骨俱黑）。

调料：豆蔻30克，草果2枚，调料适量。

做法：

1.将雌乌骨鸡宰杀，煺毛，剖肚去肠杂，洗净备用。

2.将豆蔻、草果炒好，装入纱布袋中，扎紧袋口，填入鸡腹内，用线缝口。

3.锅内放清水，煮鸡至熟烂为止。

4.去药袋，调味即成。

特色：养阴退热，补中止渴，行气暖胃。

熘桃仁乌鸡卷

原料：乌鸡脯肉400克，核桃仁、生菜各250克。

调料：食醋2克，白糖10克，味精5克，料酒5克，鸡蛋清3个，水淀粉50克，姜10克，蒜10克，葱末10克，清汤150克。

做法：

1.将鸡脯肉片去筋皮洗净，切成3厘米宽、4厘米长的薄片。核桃仁用开水略泡片刻，剥去外皮。葱、姜、蒜洗净都剁成末，生菜洗净，切成4厘米见方的片。

2.蛋清加水淀粉、盐调成糊。

3.桃仁用温油炸呈金黄色捞起，晾凉。

4.把鸡片放在蛋糊里拖匀，摊在案板上，每一片鸡片上放一个桃仁，然

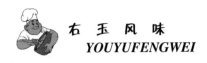
后卷成枣形卷。

5.用料酒、酱油、白糖、味精、水淀粉、清汤兑成汁。

6.锅烧热,舀入植物油,待油稍热,将鸡卷下入锅内滑透,倒入漏勺内。

7.原锅上火,放少许底油,先下葱、姜、蒜,再倒入兑好的汁,用手勺推匀,待汁起泡时,把鸡卷投入,加入香油、醋翻炒均匀,盛入盘内的半边。

8.另用锅舀入植物油少许,放少许葱花炝锅,炒出香味,放入生菜,加盐、味精稍炒,起锅放在盘的另一边即成。

特色:补肾强身,润发美发。

凤炖牡丹

原料:光母鸡 1000 克,猪肚半个,火腿片 50 克。

调料:精盐 15 克,冰糖 15 克,小葱结 15 克,姜片 15 克。

做法:

1.将鸡洗净置冷水锅中烧开后取出。猪肚洗净,放汤锅中煮至四成熟捞出,将鸡和猪肚一起放在沙锅中加水淹没用旺火烧开,撇去浮沫,转用小火炖至鸡六成熟时,放精盐、姜片、冰糖和火腿片继续炖。

2.待鸡、猪肚炖至九成熟时捞出,剔去鸡的硬骨(外皮不能剔破),放在大汤碗的一边,鸡头朝向碗的中心。另将猪肚切成 0.3 厘米宽的条,放在汤碗的另一边,摆成"牡丹花"形状,中间放火腿片作花蕊。

3.将原汁倒入盛有鸡、猪肚的汤碗中,加葱结,上笼蒸 5 分钟左右取出,拣出葱结即成。

要点:将猪肚用醋 5 克和明矾搓洗后,用水漂洗干净,放入开水锅里汆一下捞出。用小刀刮去脏物,加盐 5 克搓揉去黏液,再用温水洗净。炖鸡时不可先放盐,因为蛋白质在酸、碱、盐条件下发生变性,鸡不易煮烂。

特色:汤色奶白,鸡酥味鲜,营养佳品。

汆 鸡 片

原料:鸡脯肉 300 克,鸡蛋清 2 个,夜来香 50 克。

调料:精盐 5 克,味精 3 克,鸡清汤 1500 克。

做法:

1.将鸡脯肉片成柳叶片,放入碗内,用精盐 2 克、鸡蛋清拌匀上浆。夜来香花朵去蒂洗净,下入沸水锅中略焯,用漏勺捞入盘中,倒去锅内汤汁。

2.炒锅置于火上,舀入鸡清汤 500 克烧沸,放入鸡片,随即用手勺轻轻地推动,待鸡片散开呈乳白色时捞起,放入汤碗内,倒去锅内原汤。

3.炒锅重置火上,舀入鸡清汤 1000 克烧沸,放精盐 3 克、味精,倒入汤碗,放上夜来香花瓣即成。

鸡脯素菜心

原料:油菜心 250 克,豌豆苗 3 棵,鸡蛋清 1 个,鸡脯肉 250 克,干淀粉 50 克,金华火腿末 50 克。

调料:精盐 5 克,鸡汤 250 克,绍酒 10 克,熟鸡油 10 克。

做法:

1.将油菜心洗净,在每棵菜心根部劈一个"十"字花刀,放入开水中焯一下(水中加精盐 1.5 克)捞出,逐棵粘上干淀粉(共需 40 克)摆在盘中。

2.将鸡脯肉砸成泥,用凉鸡汤 100 克溶开,再加入鸡蛋清、精盐 2.5 克、绍酒 5 克和熟鸡油 5 克,拌成稠糊,用手挤成一个个半圆球形,分别镶在每棵菜心根部,上面用豌豆苗和火腿末适当点缀。然后,上屉用旺火蒸熟。

3.炒锅放入鸡汤 150 克烧开,加绍酒 5 克、精盐 1 克,用余下的干淀粉调稀勾薄欠,淋上熟鸡油 5 克,浇在油菜心上即成。

要点:鸡泥子用力顺一方向打上劲,挤成小拇指大小的丸子。丸子也可以先蒸,后再镶入菜心。

特色:白绿相映,清雅大方,半荤半素,咸鲜可口,味道清淡。

家常炖边鸡

原料:边鸡一只。

调料:生姜 10 克,精盐 5 克,味精 3 克,清水 2000 克。

做法:

1.将边鸡宰杀,煺毛、去内脏,剁去爪尖。鸡剁成块,洗净,用沸水氽透后捞出。

2.将生姜切片。

3.将边鸡块、姜片放入锅内,加入清水 2000 克,先用大火爆烧,然后改用中火炖至边鸡肉八成熟,再加入精盐、味精继续炖至边鸡肉熟烂收浓汤汁。

特色:味道纯正,香嫩可口。

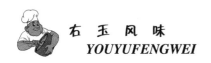
清炖野鸡汤

原料: 野鸡 1 只(约 1000 克),火腿片 50 克,冬笋片 100 克,香菇片 100 克。

调料: 精盐 2.5 克,味精 2 克,胡椒粉 1 克,葱结 25 克,姜块 25 克,鸡汤 1000 克,熟鸡油 25 克。

做法:

1.将野鸡宰杀洗净,下沸水锅中焯水后沥干。

2.将沥干的野鸡置炖盆中,加鸡汤、火腿片、冬笋片、香菇片、葱结、姜块、精盐后,再将炖盆放沸水锅中,隔水清炖 4 小时,待鸡炖烂脱骨后,加味精,拣出姜块,撒入胡椒粉,淋上熟鸡油即成。

特色: 汤汁鲜美,味香诱人,肉质酥软。

月宫鸡腰

原料: 鸡腰 12 个(大小一致),鸡鱼茸 400 克(用鸡脯肉 200 克与桂鱼肉 100 克、猪肥膘 100 克,捶成茸),水发鱼翅,韭菜薹 40 克,香菜 40 克,竹笋 1 根,莴笋 50 克,老蛋黄糕 30 克,熟火腿 30 克,水发冬菇 30 克,熟鹌鹑蛋 1 个。

调料: 精盐 20 克,味精 6 克,发菜 6 克,胡椒粉 4 克,鸡清汤 100 毫升,葱姜汁 10 克,鸡蛋清 2 个,芝麻油 2 克,湿淀粉 20 克。

做法:

1.将鸡腰洗净,入沸水中余后撕去皮,均匀地切成两半,用盐 10 克、味精 2 克,腌渍。韭菜薹焯水断生。用冷水将发菜发透。用清水将竹笋泡 10 小时(每小时换一次清水),除去泥沙。香菜、莴笋剔净洗好。鹌鹑蛋做小兔一只。

2.鸡鱼茸入碗,加上蛋清搅打后,入葱姜汁、盐 8 克、味精 2 克、胡椒粉 3 克,打匀后入盘,摊成月亮形状。将老蛋黄糕、莴笋、冬菇、韭菜薹、熟火腿分别切成 5 厘米长的粗丝(莴笋丝焯水后漂凉),将这些丝镶在月亮的周围,呈光芒状。当中镶上鸡腰,放上白兔,竹笋做成树干,香菜做树叶,鱼翅、发菜做枝条,拼成图案,上笼蒸 30 分钟。

3.料锅上火,入鸡清汤;沸后,入盐 2 克、味精 2 克、胡椒粉 1 克,用湿淀粉勾清芡,淋麻油,起锅浇在月亮上即成。

特色:肉质滋嫩,味道鲜美。

卤鸡三件

原料:鸡翅膀6个,鸡肫6个,鸡爪8个。

调料:味精1克,香油15克,卤汤适量。

做法:

1.鸡翅膀去净毛,鸡肫撕去黄皮和油筋,鸡爪去净毛,剁去爪洗净,一齐放入开水锅余过,捞出再洗净,然后放入卤汤锅内,用小火煨到酥烂,能去骨为止(不宜太烂)。

2.鸡翅膀去骨,鸡爪用刀拍松去骨,鸡肫切片,分别扣入碗内,放入卤汁。

3.食用时,翻扣盘内,淋香油即成。

特色:酥烂鲜香,适于下酒。

八宝豆腐

原料:嫩豆腐300克,熟鸡肉30克,熟火腿25克,油余松仁末15克,蘑菇末15克,虾米末15克,瓜子仁末2.5克,水发香菇15克。

调料:盐10克,味精1克,料酒10克,胡椒粉0.5克,猪油50克,熟鸡油15克,湿淀粉50克,鸡汤150克。

做法:

1.先将豆腐用清水洗净,去边,切成小方块放入碗内。虾米末加料酒少浸。将熟鸡肉、火腿切成末待用。

2.炒锅烧热,用油滑锅后,下猪油,将鸡汤和豆腐块同时倒入锅内,翻炒,加虾米末、盐烧开后,再加鸡肉末、香菇末、蘑菇末、瓜子仁末,小火稍烩后,旺火收紧汤汁,加湿淀粉勾芡,加味精出锅,装汤碗内,撒上熟火腿末、胡椒粉,淋入熟鸡油即成。

要点:豆腐丁可先用沸水焯过,可除去异味,又保持形整不碎。选用嫩豆腐,必须用纯鸡汤煨煮,火候要掌握恰当,当豆腐下锅加汤接近烧沸时,即移小火烩,切勿滚烧,要做到豆腐熟而光洁,不起泡,不起蜂孔,嫩而入味。

特色:洁白细嫩,配料飘香,润滑如脂,滋味鲜美。

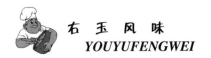
鸡脯烩土豆

原料:土豆 400 克,枸杞子、鸡脯肉各少许。

调料:盐、味精、葱花、胡椒末适量,枸杞子 20 克。

做法:

1.鲜土豆洗净去皮,切滚刀块;枸杞子 20 克,加水浸 20 分钟;鸡脯肉 50 克,温水洗净,切成 1 厘米见方的小丁。

2.将土豆在沸水中焯一下,捞起,滤干水分。

3.炒锅加油烧至六成热,炒土豆后倒入煲中,加枸杞子、鸡肉丁及高汤,小火上煮 30 分钟,熟后加盐、味精、葱花、胡椒末即可。

鸡汤烩海参

原料:水发海参 600 克,鸡汤 500 克。

调料:精盐 2.5 克,酱油 5 克,味精 4 克,料酒 25 克,熟猪油 25 克,净葱 25 克。

做法:

1.将海参洗净片成片,放入开水锅中烫透,捞出控去水分。葱切成丝。

2.起锅放入熟猪油,投入葱丝稍炒,烹入料酒和酱油,加入精盐、味精和鸡汤。把海参片放入汤内,开锅撇去浮沫,盛入汤碗内即成。

特色:制法简便,汤色金黄,味道鲜美。

玉米烩鸡腰

原料:鲜玉米 150 克,鸡腰 4 个,鲜豌豆粒 10 克,鸭掌 8 个,罐头鲜蘑 10 克,净冬笋 10 克,熟鸡皮 15 克,水发鱼骨 10 克,油发鱼肚 5 克。

调料:精盐 1 克,味精 2.5 克,葱段 2.5 克,鸡汤 500 克,姜片 2.5 克,姜汁 1 克,碱 2 克,牛奶 125 克,熟鸡油 50 克,绍酒 5 克,湿淀粉 7.5 克。

做法:

1.将鸡腰、鸭掌洗净,煮熟。鸡腰去掉脂皮,大个的破成两半。鸭掌去筋去骨,每个切成 3 块,熟鸡皮切成与鸭掌同样大小的块。水发鱼骨洗净,切成 1.65 厘米见方的片。油发鱼肚切成长 3.3 厘米、宽 1 厘米的条,用温水洗净。鲜蘑大个的切成 3 块。冬笋切成长 2.6 厘米、宽 1 厘米、厚 0.5 厘米的片。

2.上述原料用开水余过捞出,沥去水分。用开水将碱溶化,放入鲜豌豆焯一下捞出,放在凉水中泡凉。

3.炒锅上火,放入熟鸡油,旺火烧至七成热,下入葱段、姜片炸成金黄色,烹入绍酒,倒入鸡汤,约煮 20 秒,捞出葱段、姜片不用,随即将余过的鸡腰、鸭掌、鸡皮、鱼骨、鱼肚、鲜蘑和冬笋放入勺中。约烩 20 秒钟,再下入豌豆、玉米、牛奶和精盐。烧开后,用湿淀粉调稀勾芡,加姜汁和味精调味即成。

特色:汤汁乳白,鲜嫩清香,滋味醇厚。

蘑菇烩黄瓜

原料:黄瓜 200 克,蘑菇 20 克。

调料:盐、酱油、味精、鸡汤各适量,香油 5 克。

做法:

先将蘑菇温水泡发,去根部,切成小块;黄瓜洗净,对剖,切半月片;炒锅中放入鸡汤、香油、酱油、味精及盐,再放蘑菇一起烧开后,再放入黄瓜,翻动炒烩至黄瓜熟即可。

特色:健胃,防癌,抗癌。

鲜蘑菜心

原料:油菜心 200 克,鲜蘑 200 克。

调料:精盐 6 克,白糖 10 克,味精 2 克,料酒 10 克,鲜汤 20 克,鸡油 10 克,湿淀粉 15 克,葱、姜、蒜末各 10 克,油 60 克。

做法:

1.将油菜心洗净,在根部剞上“十”字花刀;鲜蘑洗净,面上剞“十”字花刀。

2.锅加油 30 克烧热,放入葱、姜末各 5 克炸香,下入菜心,用小火煸炒,再加入精盐 2 克、白糖 5 克、鲜汤稍炒,放鲜蘑炒至断生,倒入漏勺。

3.锅另加油烧热,放入葱、姜、蒜末炝锅,烹入料酒,倒入鲜蘑、菜心,加白糖、精盐、味精,用湿淀粉勾芡,淋入鸡油,出锅装盘即成。

特色:色泽清雅,质地脆嫩,咸鲜爽口。

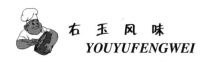
鹅、鸭肉系列

醋熘鹅块

原料:鹅肉 500 克,鸡蛋 2 个。

调料:精盐、酱油、食醋、胡椒粉、黄酒、面粉、葱段、肉汤、笋片、花椒油、水淀粉各适量,食用油 100 毫升(实耗 50 毫升)。

做法:

1.将鸡蛋磕入碗中打散,加面粉适量搅成糊。

2.鹅肉洗净剁成小块,加精盐、胡椒粉、黄酒腌渍入味,用鸡蛋面粉糊挂糊,入热锅炸至金黄色时捞出。

3.锅内留底油,下葱段煸香,烹入食醋、肉汤、酱油、味精、黄酒,再加入笋片,烧沸后用水淀粉勾芡,沸时淋入花椒油,倒入炸好的鹅块,翻炒数次出锅即可。

特色:滋阴补肾,和胃止渴。

鲜蘑烩鹅脯

原料:鲜蘑 75 克,鹅脯肉 250 克。

调料:酱油 10 克,米醋适量,葱 5 克,姜片 5 克,色拉油 50 克,水淀粉适量,食盐少许。

做法:

1.鲜蘑洗净切成粗条,鹅脯肉切成小片。

2.炒勺注入色拉油烧热,下葱、姜片炒出香味,放入鹅肉片、鲜蘑、食盐,烹入酱油、米醋及少许清汤烩熟。

3.放入水淀粉勾芡,炒几下即可。

特色:补虚抗老。

清 炖 鸭

原料:隔年肥鸭 1 只(约 1000 克),火腿 50 克,干贝、香菇适量。

调料: 盐水 25 克,味精 1 克,葱段 25 克,姜片 10 克,鲜汤 1500 克。

做法:

将处理干净的鸭子剁成大核桃块,放入汤锅里焯透,捞在添有鲜汤的沙锅内,加葱、姜、火腿片、干贝、香菇,放文火上炖至酥烂即可。

特色: 汁浓肉香,美味可口。

烤炖全鸭

原料: 嫩母鸭 1 只(约 1750 克),熟冬笋 50 克,水发香菇 20 克,熟火腿 50 克。

调料: 精盐 15 克,味精 1 克,葱结 10 克,绍酒 25 克,饴糖 50 克,猪肉汤 1500 克,姜片 10 克。

做法:

1.将鸭斩去脚和小翅,在右腋下划长约 3 厘米的小口,掏去内脏。用 10 厘米长的木撑一根,从刀口插入,撑住胸背,放入沸水中烫一下。用洁布揩干鸭身,均匀地涂满一层饴糖,再用长约 5 厘米的木棒 2 根,把鸭的双翅撑开,用鸭毛管对折插入肛门(使腹腔内水分沥出),挂在通风阴凉处晾约 24 小时取下,抽去鸭毛管,取出腹内木撑,用木塞塞住肛门,然后从刀口处灌满沸水。

2.在烤炉内把黄豆秸烧成火灰后,将鸭子挂入炉内烤约 20 分钟(保持鸭身受热均匀)至皮色金黄时取出。

3.拔掉塞在鸭子肛门处的木塞,流尽腹腔内的水。斩下鸭骚、鸭颈,放入大沙锅中垫底,上放鸭身(胸脯朝上)。再将火腿片、香菇、笋片整齐地放在鸭胸脯上,加绍酒、精盐、味精、葱结、姜片、猪肉汤,盖上锅盖,上笼用旺火蒸约 2 小时至酥烂,拣去葱、姜即可。

要点: 自制烤鸭要符合质量标准,亦可用市售嫩鸭;用沙锅加工必须加盖,避免蒸气溢出。

特色: 汤浓味鲜,风味独特。

金针炖鸭子

原料: 鸭子 1 只,黄花菜 75 克。

调料: 食盐 7.5 克,大香粉 5 克,酱油 10 克,白糖 10 克,香葱段 10 克,鲜姜末 5 克,花椒粉 10 克,料酒 25 克,熟猪油 50 克,蒜瓣 50 克,胡椒粉 1

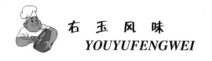
克,香油 25 克,水淀粉 25 克。

做法:

1.将黄花菜用水泡透洗净,切成3厘米长的段,扎成五根一把的小捆,入油锅炸后,直立装入大盘四周。

2.将鸭子宰杀去毛和内脏,用清水漂洗干净,先入沸水中煮四成熟捞出,抹上酱油,再煮六七成熟,入热油锅内炸过,捞在大盘内拆骨。骨垫在装黄花菜的大盘底下,肉装在大盘中间。另碗装入煮鸭子的原汤 500 克,用葱段、姜末、花椒粉、大香粉、酱油、料酒、胡椒粉、白糖、食盐兑汤汁浇在鸭肉上,上笼蒸约 3 小时,下笼扣圆盘内。

3.炒勺置火上烧热,投入熟猪油 50 克,用剩余的葱、姜和蒜炝锅,再加入鸭子汤烧沸,用水淀粉勾芡,淋香油,浇大盘内即可食用。

要点:此菜汤汁较多,宜勾"末汤芡",要求芡汁稀而透明。

特色:色泽金黄,清香味鲜。

炸熘鸭片

原料:熟鸭脯肉 400 克。

调料:酱油 15 克,醋 15 克,白糖 10 克,香油 1 克,料酒 15 克,胡椒粉 1 克,干淀粉 50 克,湿淀粉 3 克,辣椒末 2 克,蒜末 5 克,花生油 500 克(实耗 70 克)。

做法:

1.将熟鸭脯肉切成 4 块,放入碗内,先用料酒、酱油稍腌,再加入干淀粉拌匀。炒锅置旺火上,放入花生油,烧至八成热,下入鸭块翻匀炸酥,捞起切成薄片装盘。

2.将料酒、酱油、醋、白糖、清汤、水淀粉、香油放入碗内,调成芡汁。

3.炒锅置旺火上,放入花生油 30 克,烧至四成热,下入辣椒末、蒜末煸炒出味,再倒入调好芡汁勾芡熘沸,起锅摇晃一下淋在鸭片上,撒上胡椒粉即可。

软熘鸭肝

原料:鸭肝 150 克,玉兰片 100 克。

调料:酱油 10 克,米醋适量,葱 5 克,姜片 5 克,水淀粉适量,食盐少许,色拉油 500 克(约耗 50 克)。

做法：

1.将鸭肝洗净,控干水分,玉兰片洗净,切成小片,分别放盘中待用。

2.炒锅上火,注入色拉油,烧至五成热,下鸭肝滑透,倒入漏勺。

3.锅内留少许底油,下葱、姜末、食盐,烹入酱油、米醋,加入玉兰片、鸭肝,炒熟,再加入水淀粉勾薄芡,炒匀即可。

特色：滋阴养血。

清炖鸭汤

原料：青头鸭一只(约 1500 克)。

调料：精盐适量,草果 5 克,赤豆 250 克,葱白 25 克。

做法：

1.将青头鸭宰杀后去内脏,洗净。

2.将草果、赤豆洗净放入鸭腹内,缝住切口,放入锅中,加水适量,用大火烧沸后改为中火烧至七成熟,放入葱白和精盐,炖熟即可。

特色：和肝理气,健脾开胃,利尿消肿,扶正祛邪。

鸽肉系列

红煨乳鸽

原料：乳鸽 3 只,熟胡萝卜 25 克,熟青豆 15 克。

调料：精盐 0.5 克,酱油 20 克,白糖 5 克,味精 1.5 克,白面粉 15 克,湿淀粉 15 克,姜块(拍松)5 克,芝麻油 10 克,熟菜籽油 500 克(约耗 50 克),绍酒 15 克。

做法：

1.将乳鸽闷杀,拔净羽毛,剖腹挖出内脏,斩去头、爪。放在沸水锅中氽一下,捞出洗净,每只切成 8 块,用面粉和精盐拌匀。胡萝卜和大葱均切成同样大小的滚刀块。

2.炒锅置旺火,下入熟菜籽油,烧至七成热,把鸽块入锅,炸约 1 分钟,

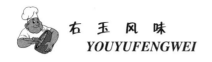
倒进漏勺,沥去油。

3.锅内留底油15克,回置火上,投入大葱煸出香味,放入鸽块、胡萝卜块,加入绍酒、白糖、酱油、姜和200克清水,盖上锅盖,改用中火煨3分钟,拣去姜块,放入青豆和味精,用湿淀粉勾芡,淋上芝麻油即可。

要点:鸽肉细嫩,先炸后烧,水不可多加,烧的时间不能过长,大火烧开,中火烤煨,5分钟之内即可。

特色:色泽红艳,汤汁稠浓,肉质鲜嫩,香味浓厚。

清炖火鸽

原料:活鸽2只(约700克),熟火腿200克,冬笋100克。

调料:香菜25克,绍酒、葱、姜、上汤、芝麻油各适量。

做法:

1.将活鸽用酒呛死,处理干净,入沸水焯过,捞出洗净开背。

2.将熟火腿切洗干净入碗加水,上笼蒸好取出。

3.将冬笋切骨牌片入净盅,鸽入盅置笋上,腹朝下,火腿置鸽上,加绍酒、葱段、姜片、上汤,取小碟压住,用绵纸封严盅口,入锅隔水炖约2小时取出,拣去葱、姜,撇除浮油,撒香菜叶,淋入芝麻油,原盅上桌即可。

虫草炖鸽王

原料:鸽2只(约900克),冬虫夏草15克,熟火腿10克,瘦猪肉25克。

调料:陈皮1小块,姜片、绍酒各适量。

做法:

1.将鸽洗净开背,敲断翼骨与腿骨。瘦猪肉切大粒。熟火腿切小粒。

2.鸽入沸水稍焯后捞入炖盅。猪肉粒入沸水焯过捞入鸽盅,放熟火腿粒,加陈皮、姜与绍酒,再加清水入锅。

3.冬虫夏草洗净入小盅,加少量清水入锅。

4.鸽盅与冬虫夏草盅共同隔水炖约3小时取出。

5.捞起鸽,拆除腔骨、翼骨与腿骨。原汤汁滤过再倒回盅内,鸽放回盅内,冬虫夏草连汤倒入鸽盅,加盖入锅,重炖30分钟即可。

特色:汤清肉烂,冬虫夏草清香。

清炖鸽子

原料:鸽脯肉 150 克,净冬笋尖 25 克,水发口蘑 25 克。

调料:精盐 2.5 克,味精 5 克,清汤 750 克,鸡蛋清 25 克,湿淀粉 50 克,毛姜水 15 克。

做法:

1.将鸽脯肉片成薄片,用鸡蛋清、毛姜水、精盐和湿淀粉浆好。冬笋片成片,口蘑洗净切成片。

2.起锅放入清汤,将浆好的鸽肉片逐片放入汤内,再把冬笋片和口蘑片放入汤内,汤烧开撇去浮沫,加入精盐、味精和 10 克毛姜水,调好口味,盛入汤碗中即成。

石鸡系列

精炖石鸡

原料:活石鸡 4 只,猪中腰肉 100 克,水发香菇 50 克。

调料:精盐 4 克,味精 1 克,姜片 1 克,葱白 15 克,鲜汤 250 克,鸡油 1 克。

做法:

1.将石鸡切去头盖,剖腹去内脏,斩去爪,洗净晾干。中腰肉切成 3.6 厘米长、0.6 厘米宽的长条。

2.将猪肉条放在钵中间,上面盖上香菇,4 只石鸡背朝上,放在猪肉四周,浇入鲜汤,加精盐、姜片、葱白、味精,入笼上旺火蒸至酥烂。取出,拣去姜片、葱白,淋上鸡油即可。

要点:此菜采用炖蒸技法,加热时间要长,上气后用中小火。蒸前可适当放些鲜水果于布袋中,成菜后取出,效果更佳。

特色:肉嫩酥烂,汤清味鲜。

麻雀肉系列

茴香炖雀肉

原料:麻雀 12 只。

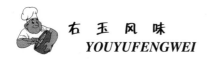
调料:小茴香9克,胡椒5克,砂仁10克,肉桂3克,其他调料适量。

做法:

1.麻雀剖洗干净。

2.取茴香、胡椒、砂仁、肉桂洗净,打成粗末,拌均匀。

3.将药末放入麻雀肚内,用线缝合,再放入炖盅内,加开水适量,炖盅加盖,小火隔水炖3小时,调味后即可。

特色:温肾散寒,行气止痛。

狗肉系列

盐炖罐子狗

原料:黄狗1只(净肉约8000克),腊肉1000克。

调料:精盐100克(不含导热用盐),姜30克,绍酒30克,草果30克,橘子皮30克。

做法:

1.将腊肉放入淡碱水中刮洗干净,除去表皮变质部分,切成块。姜刮去皮,洗净,拍松。将狗肉放入沸水中漂净,剁成块,装入陶罐内,加腊肉块、盐、草果、姜块、橘子皮、绍酒和适量清水。

2.大铁锅上旺火,锅内放上一层盐,烧至盐变色,放上盛有狗肉的陶瓦罐,罐口放一盛满冷水的碗盖住,接合处用面糊糊严,防止漏气,炖10分钟,改用小火连续炖五六小时。在整个操作过程中,要不断向碗内添加开水。

特色:味醇喷香,原汁原味。

清炖狗肉

原料:鲜狗肉1000克。

调料:精盐20克,味精少许,料酒30克,植物油60克,葱(剁碎)40克,姜(片)15克,胡椒面2.5克,芝麻面10克。

做法:

1.将狗肉洗净,剁成1厘米见方的块,放入锅里,加水烧开捞出,再用清水冲洗3次,控干水分。

2.将油倒入锅里烧热,放入狗肉,用旺火煸炒三四分钟,加入料酒,待水分炒干后,加入生姜、葱、盐和 1000 克左右的水,烧开后用小火炖烂,加入味精、胡椒面和芝麻面即可。

特色:汤清味香。

清炖狗脸

原料:狗脸肉 2000 克。

调料:精盐 40 克,料酒 20 克,葱段 30 克,姜片 5 克。

做法:

1.将狗肉切成骨片状,放在清水中漂洗血污。

2.用风炉烧好炭火,放上水沙锅,注入清水,将小铝锅放入沙锅内加入清水(以淹没狗肉为宜),放入狗肉、姜片、葱段、料酒,待沙锅水沸,加盖,隔水蒸炖约 3 小时,上桌前 10 分钟加入盐即成。

要点:此菜在蒸炖过程中,不能提早加入盐,因为那样会使狗肉中的蛋白质凝固,肉质发紧,不易炖烂,故在即将上桌前 10 分钟加盐最为适宜。

特色:肉质鲜美,香味扑鼻。

驴肉系列

炖 驴 肉

原料:驴肉 250 克,冬笋 25 克,火腿 15 克。

调料:精盐 10 克,粗盐 750 克,食用碱 10 克,湿淀粉 350 克,绍酒 5 克,鸡蛋 1 个,葱油 50 克,清汤 750 克,花生油 500 克,口蘑 10 克,姜汁 5 克,奶汤 750 克。

做法:

1.将驴肉埋于炒过晾凉的粗盐中,放入炒锅内,在小火上煨炒,至驴肉膨胀如浅色油条时取出,放入盆内。将碱溶于八成热的水中,倒入驴肉盆内焖发,然后轻轻揉搓,揉至像一般油发鱼肚时为止,用清水洗净碱味。

2.将发好的驴肉切成长 4 厘米、宽 2 厘米、厚 1.5 厘米的块;火腿、冬笋均切成长 4 厘米、厚 0.2 厘米的片,分别放入开水中焯一下捞出;将鸡蛋同湿淀粉调成鸡蛋糊备用。

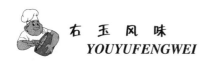

3.汤锅内加入清汤,放入驴肉,置小火上炖至开沸时,离火晾凉,再置火上烧沸,将汤滗出控干,挂好鸡蛋糊。炒锅置中火上,放入花生油,烧至七成热时,下入挂好糊的驴肉块,炸成黄色时捞出沥油。

4.炒锅内放入葱油,中火烧至八成热时,放入奶汤、精盐、绍酒、姜汁、驴肉,煮沸后,撇去浮沫,放入各种调料,煨炖5分钟,盛入汤盘内即成。

要点:若用鲜驴肉,风味更好,将驴肉切成3厘米左右宽的大片,锅内放水,下入驴肉片烧开,驴肉收缩后漂浮出来的油要随时撇出,这样第一次煮一个半小时左右。然后捞出放在温水内泡一个多小时,水凉后,再放入锅内水煮一个半小时捞出,再用温水泡一个多小时。待水凉之后,这时驴肉已煮烂,用时改切块即可。

特色:酥烂软糯,营养丰富。

驴肉火锅

原料:驴肉2000克,驴鞭200克,猪肉200克,蒜薹150克,海带200克,豆腐200克,香菇200克,粉条200克,土豆100克。

调料:精盐、酱油、味精、胡椒粉、料酒、葱各50克,糖蒜150克,冰糖40克,鲜汤1500克,桂皮10克,八角10克,山奈10克,白芷10克,丁香5克,草果10克。

做法:

1.将驴肉、驴鞭洗净,猪、驴肉切成大块,与驴鞭一同放入锅中加水烧开,撇去浮沫,加入精盐、汤、酱油、葱、姜及各种调料,用火炖煮4~5小时,捞出冷却后,驴肉切大薄片装盘,驴鞭横切圆片装盘。

2.将土豆洗净去皮切椭圆片,香菇洗净沥水,豆腐切片。

3.将锅中加入鲜汤、精盐、胡椒粉、料酒、味精烧沸后,随吃随涮。

驴肉炖山蘑菇

原料:驴肉500克,干山蘑菇20克,香菜、黄瓜各适量。

调料:胡椒粉、精盐、姜片、香油、味精各适量。

做法:

1.将驴肉切成2厘米的肉丁。

2.将黄瓜切成象眼片,香菜叶切段。

3.将干山蘑菇洗净沥干,用凉水发开。

4.锅内加入纯净水 3000 克,放入驴肉丁,再放入精盐、生姜片,用慢火炖至熟透,留汤 800 ~ 1000 克。

5.汤内加入胡椒粉和发透了的山蘑菇连同泡发的蘑菇水,再炖 20 分钟左右,装入汤盆或锅仔。

6.汤盆内加入黄瓜象眼片、香菜、香油、味精即可。

兔肉系列

炖 兔 肉

原料:兔肉 500 克,肥猪肉 150 克。

调料:精盐 5 克,姜 5 克,葱 15 克,蒜 10 克,酱油 20 克,料酒 15 克,胡麻油 20 克。

做法:

1.将兔肉淘洗干净,用刀剁成 4 厘米见方的块,用开水余一下,捞入盆内待用;肥猪肉切薄片。

2.锅置火上,加入胡麻油、肥猪肉翻炒,下花椒、红椒、大料炝香,下入葱段、姜片、蒜,烹料酒和酱油。

3.将盆里兔肉倒入锅内,加水适量,旺火烧开后,改用文火炖至肉熟,旺火收汤出锅即可。

土豆炖兔肉

原料:兔肉 200 克,土豆 200 克。

调料:精盐 3 克,味精、八角各适量,葱 5 克,姜 5 克,黄酒 5 克,清汤 200 克,植物油 10 克。

做法:

1.土豆去皮、洗净,切成滚刀块。兔肉切成小块,葱、姜切片。

2.锅内加水烧开,放入兔肉、精盐、黄酒,焯去血污,捞出沥净水分。

3.炒勺内加植物油,烧至五成热时,加入葱、姜、八角,炒出香味,加入高汤、土豆和兔肉同炖,加黄酒、精盐,炖至熟烂即可。

特色:美味可口,补中益气,强身健体。

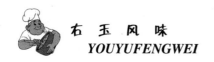
山楂炖兔肉

原料:兔肉 500 克,山楂 10 个。

调料:糖、姜、葱、作料各适量。

做法:

1.将兔肉洗净切块,放入沙锅内,加入山楂一起炖至兔肉熟烂。

2.再放入各种作料,烧至汁浓即可。

特色:补血益气,开胃消食,降脂减肥。

蘑菇烩兔丝

原料:兔肉 300 克,蘑菇 200 克,鸡蛋清 1 个。

调料:精盐、酱油、白糖、味精、黄酒、胡椒粉、猪油、水淀粉、葱丝、姜丝、麻油、素油各适量。

做法:

1.将蘑菇洗净、切丝,兔肉洗净、切丝,盛入碗中,加入鸡蛋清、水淀粉、黄酒、酱油拌匀。

2.锅烧热,放素油至五成热时,将兔丝下油锅推散、炒熟后捞出沥油。

3.原锅留少量底油,投入蘑菇丝、姜丝煸透后,放入黄酒,加入清水、精盐、味精、酱油、白糖、胡椒粉、胡麻油、兔肉丝,烧沸后用水淀粉勾薄芡,加入少量猪油混匀,撒入葱丝,盛入盘中即成。

特色:健脑益智,补中益气。

五香兔头（肉）

原料:兔头 20～25 个,清汤 3000 克,酱油 25 克,白酒 25 克,纯胡麻油 1000 克。

调料:精盐、白糖、味精、花椒、八角、小茴香、桂皮、丁香各适量,葱 30 克,鲜姜 20 克,紫皮蒜 50 克。

做法:

1.将精盐、白糖、味精、花椒、八角、小茴香、桂皮、丁香、葱、姜、蒜、酱油加水熬成五香水。

2.兔头码入小瓷缸内,将熬制的五香水倒入,漫过兔头腌制 10 小时左右。

3.油锅置火上,下入兔头,大火炸至金黄色时捞起。

4.清汤锅内放兔头,再加酱油、糖、精盐、八角、花椒、葱、姜、蒜,先置大火上,煮沸后置小火煮 1 小时左右。中火收汤,淋香油,起锅装盘即可。

鹿肉系列

烩 全 鹿

原料:鹿心 1 个,鹿肝 1 个,鹿肺 1 具,鹿肚 1 个,鹿肠 1 具。

调料:食盐、味精、料酒、胡椒粉、湿玉米粉、香菜、鸡油、清汤各适量。

做法:

1.鹿五脏洗净煮熟,待冷后用刀切成宽 1 厘米、长 3 厘米的片,混合成什锦片。

2.锅内加清汤 500 克烧开,下入什锦片,并加入味精、料酒、胡椒粉、食盐少许,然后再下玉米粉,待汤变浓稠时,撒入香菜段,淋上鸡油 15 克,起锅倒入碗中即成。

特色:补五脏,调血脉。

涮 三 鞭

原料:狗鞭 500 克,鹿鞭 500 克,牛鞭 500 克,肥牛肉 300 克,羊肉 500 克,鹿肉 500 克,猪腰子 250 克,边鸡肉 500 克,金针菇 100 克,羊肚菌 150 克,生菜 100 克,海带 150 克,土豆 200 克,细粉条 300 克。

调料:枸杞 50 克,红枣 8 粒,花椒 35 克,料酒 50 克,姜 30 克,牛骨汤 3000 克,精盐、味精、葱各 40 克,芝麻油、虾油各一小碟,黄瓜、红白萝卜各一小碟。

做法:

1.狗鞭、鹿鞭、牛鞭切成短节入水焯一下,捞出待用。将鸡肉、牛肉、羊肉、鹿肉片成薄片。

2.猪腰子片成薄片,土豆切成薄片,细粉条、金针菇、羊肚菌、生菜、海

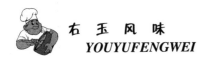

带洗净分装漏筐内。

3.锅置明火上加入牛骨汤、调味料、原料上桌。

4.据其各自嗜好,精盐、味精、芝麻油、虾油各取碟中调和,每人一份。

5.先涮三鞭,再涮羊肉、牛肉、鹿肉,其后涮其他食料。

特色:补阳益肾。

素 菜 类

麻辣茄条

原料：嫩茄子 250 克，熟芝麻 25 克，豆瓣辣酱 2 匙。

调料：细盐少许，白糖 1 匙，味精、花椒末各少许，水生粉 1 匙，红辣椒油、麻油各半勺，干生粉适量，生油 250 克（实耗 75 克）。

做法：

1.把茄子切成 0.6 厘米长、4.5 厘米宽的条，用细盐拌匀，立即撒上干生粉，似粘裹上一层粉糊，放入七成热的油锅中炸至起壳、炸熟捞出沥油。

2.原锅内留少许底油，放豆瓣酱煸出香味，加汤 1 匙，放白糖、味精，下水生粉勾芡，再把茄条倒入翻炒，同时撒上花椒粉、熟芝麻，淋上红辣椒油、麻油，装盆上桌即可。

特色：色泽金红，外脆里软，麻辣味香。

红油茄块

原料：茄子 500 克，青椒 50 克。

调料：酱油 25 克，白糖 5 克，味精 2.5 克，绍酒 5 克，葱、姜、蒜各适量，香油少许，红油 15 克，黄豆芽汤 100 克，淀粉 25 克，豆油 1 千克（约耗 75 克）。

做法：

1.将茄子、青椒洗干净，茄子去皮切滚刀块，青椒切成块。葱、姜、蒜切成末备用。

2.炒勺内添入 1 千克油，烧至七成热将茄块倒入，炸至金黄色时捞出。

3.勺中留少许底油，放入葱、姜、蒜末炝锅，随即加入酱油、绍酒、味精、白糖、黄豆芽汤烧开后，倒入茄子。再烧开后，改小火慢煨五分钟左右，放入青椒，用水淀粉勾芡，淋入红油、香油即可食用。

特色：茄子嫩烂，麻辣适口。

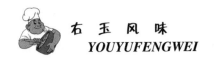

醋熘青椒

原料:青椒 350 克。

调料:芝麻油 6 克,精盐 4 克,食醋 25 克,菜籽油 50 克。

做法:

1.将青椒去蒂,去籽,洗净,切成大块,沥干水分。

2.将炒锅置火上烧热,放入青椒,干煸至起皱皮并显现焦斑时,倒入菜籽油,炒到干香,加入精盐,炒匀起锅装盘内,再滴入芝麻油、醋,拌匀即可。

特色:降脂减肥,消食化积。

熘玉米笋

原料:玉米笋 500 克,冬笋 100 克,小菠菜 10 棵。

调料:精盐 10 克,味精 6 克,老陈醋 5 克,料酒 15 克,葱姜油 10 克,香油 10 克,清汤 300 克。

做法:

1.将玉米笋用管刀切去心,入沸水汆透,捞出沥水。冬笋切成和玉米笋一样长,改成能穿入玉米笋空心的棍,入沸水汆透,捞出沥水。菠菜洗净,整棵入沸水汆熟,水内投凉挤去水,装容器,放入老陈醋 4 克、料酒 5 克、精盐 4 克、味精 2 克和葱姜油,拌匀、加盖,腌渍 20 分钟。

2.将汆好的冬笋棍挂水淀粉,依次穿入玉米笋空心,下要突出玉米笋外。

3.炒锅上火,注入清汤,放入料酒 10 克、老陈醋 1 克、味精 4 克。烧开后放入玉米笋,旺火煮熟,放入精盐,调好口味,用调稀的水淀粉淋芡,翻匀均匀,淋入香油,盛入盘中,用腌好的小菠菜围边即成。

特色:色艳味鲜,脆爽清香。

醋烩黄瓜

原料:黄瓜 400 克。

调料:精盐 3 克,酱油 15 克,醋 15 克,白糖 5 克,味精 2 克,干辣椒 10 克,花椒 10 多粒,鲜姜 5 克,香油 3 克。

做法:

1.将黄瓜去籽切成片(老黄瓜可去皮),干辣椒切成段或丝,鲜姜切丝。

2.炒勺内加入底油烧热,放入花椒粒,炸出香味后捞出去掉。

3.炒勺内放入辣椒炸一下,随后放入黄瓜片煸炒,再按顺序加入姜丝、醋、酱油、白糖、精盐、味精,快速煸炒,见黄瓜断生时,用湿淀粉勾米汤芡即可。

特色:脆嫩爽口,鲜咸、微辣带酸。

虾子腐竹

原料:腐竹400克,去皮熟荸荠7个,水发香菇25克,水发玉兰片25克,虾子1匙(约10克)。

调料:细盐、白糖各少许,酱油3匙,味精半匙,黄酒2匙,生油75克,胡麻油25克,葱段10克,姜丝10克,花椒1/3匙,水生粉2匙。

做法:

1.将腐竹用沸水泡软,放入沸水锅中煮透,离火焖发1小时,至柔软,挤干水分,切成长4厘米的段,再放入沸水锅中略煮,捞出、挤干。将水发香菇、水发玉兰片和去皮荸荠均切成片。

2.锅内加生油烧热,把花椒下锅炸出香味后去除,再下葱段、姜丝、虾子略煸,烹黄酒(去腥),加酱油、鲜汤1勺和腐竹、白糖、细盐、味精,烧沸后,转用小火略焖烧3~4分钟,再转用大火烧,下水生粉勾包芡,使卤汁稠黏,包裹在原料表面,淋胡麻油增香上光即成。

特色:色泽柿黄,汁浓味厚,鲜咸微甜,柔韧软嫩。

番茄烩青蒜

原料:清蒜300克,番茄2个。

调料:盐1/4茶匙,糖1茶匙,上汤(或水)1/4杯,茄汁1茶匙(随意),生抽1.5茶匙,胡麻油、胡椒粉各少许,生粉1茶匙,水2汤匙(勾芡用)。

做法:

1.番茄去籽、洗净、沥干,切粒待用。

2.先将青蒜除根、洗净,沥干,切成3~4寸长段待用。

3.烧热油约1.5汤匙,放入青蒜段爆炒,并下入调味料、青蒜,炒熟后排放在碟内。

4.将番茄加入汁料内煮熟,用生粉水勾薄芡,放青蒜即可。

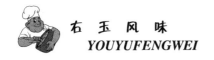
烩香菇菠菜

原料:香菇 100 克,菠菜 150 克。

调料:精盐、味精、湿淀粉、姜汁、清汤各适量。

做法:

1.香菇用水发好,入沸水中焯一下,捞出去根蒂,切片;菠菜洗净、切段,用沸水烫一下待用。

2.锅中加清汤适量,加姜汁、盐、香菇,稍烧入味后勾芡,放菠菜、味精即可出锅。

特色:补脾益胃,健脑益智。

醋熘白菜

原料:嫩白菜 300 克,青椒 50 克。

调料:精盐 3 克,米醋 30 克,白糖 25 克,味精 2 克,淀粉 15 克,大海米 25 克,葱 5 克,姜 5 克。

做法:

1.将白菜、青椒切成 2 厘米宽、5 厘米长的条,葱、姜切丝。

2.炒勺内加底油烧热,把白菜条放入,用急火煸炒,至白菜刚变软时,加入醋、姜丝、葱丝和海米(水发的)翻炒,随后加入半手勺鲜汤、醋、白糖、精盐、味精调好口味,再放入青椒条,煸炒至青菽断生时,用淀粉勾芡,淋入明油即可。

特色:口感脆嫩,鲜咸、带酸微甜。

熘红薯丝

原料:红薯 500 克。

调料:精盐 5 克,醋 30 克,植物油 50 克,葱、姜末共 15 克,花椒 7 粒。

做法:

1.将红薯洗净去皮,切成 4 厘米长、筷子粗细的丝,放入凉水内泡一会儿捞出,沥干水分。

2.将炒锅放入植物油,油热时,下入花椒,炸出香味后捞出,随即下入葱、姜末和红薯丝,用勺煸炒,加入醋、盐,翻几个身即成。

熘胡萝卜丸子

原料:胡萝卜 400 克,面粉 80 克。

调料:精盐 8 克,酱油 10 克,水淀粉 100 克,香菜末 25 克,五香粉 3 克,葱、姜末各 5 克,植物油 500 克(实耗约 75 克)。

做法:

1.将胡萝卜洗净,擦成丝,用刀稍剁几下,放入盆内,加入香菜末、五香粉、精盐、面粉、水淀粉拌匀,用八成热的油炸成丸子。

2.将原锅留油少许,下入葱、姜末炝锅,加入酱油、精盐、水 300 克,沸后勾芡,投入丸子搅拌均匀即成。

麻酱拌扁豆角

原料:扁豆角 500 克。

调料:精盐 10 克,味精 2.5 克,麻酱 50 克。

做法:

1.先把扁豆角去筋、洗净,切成两段。大勺放火上加水烧开,把切好的豆角焯水后投凉,控干水分,加少许精盐腌一下。

2.取一小碗,把麻酱放入,加适量的水、精盐搅拌均匀,浇在扁豆角上,撒上味精,调拌均匀即可食用。

特色:碧绿鲜嫩,清香适口。

熘豌豆芽

原料:豌豆芽 750 克。

调料:精盐 5 克,白醋 1 茶匙,白糖 5 克,味精 1 克,姜末 5 克,蒜片 10 克,葱丝 10 克、色拉油 3 汤匙。

做法:

1.摘去豌豆芽的根,漂洗干净,控水。

2.炒锅放油置旺火上,油热后将姜末、蒜片、葱丝、豌豆芽依次放入锅中煸炒几下,随即将盐、糖、白醋和味精倒入,快速翻炒几下即可。

特色:脆嫩酸甜,口感甚佳。

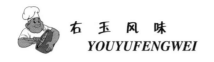
翡翠鸡片

原料:水发猴头蘑 200 克,青椒 25 克,胡萝卜 10 克。

调料:精盐 5 克,味精 10 克,姜丝 5 克,淀粉 25 克,鸡蛋清 1 个,鲜汤 100 克,花生油 300 克(约耗 150 克),料酒 10 克。

做法:

1.将猴头蘑洗净并挤干水分,切成片,放入碗内,加蛋清,用手拌均匀。青椒洗净、去核,切成抹刀片。胡萝卜洗净、削去皮,切成花斜刀片。

2.炒锅放底油,烧至七成热,下入姜丝、鲜汤、盐、料酒、味精烧开,淋入湿淀粉勾的芡,下入滑好的片料炒熟,淋入少许明油即成。

要点:将猴头蘑置于容器中,用热水泡上,水要宽些,用瓷盘压上使其全部浸入水中,待其胀足发透,用快刀削去发硬而老的根部(切不可碰坏头部的毛须)。再用清水漂洗数次,用凉水(水要多些)泡上即可待用。

特色:白绿相间,味鲜质嫩,清淡爽口。

熘土豆丝

原料:土豆 500 克。

调料:精盐 4 克,香醋 50 克,香油 50 克,葱丝 5 克,姜丝 5 克,蒜片 5 克,花椒 10 粒。

做法:

1.将土豆洗净去皮,切成 0.3 厘米厚的片,再切成丝放入盆内,用凉水淘几次,淘净淀粉,沥去余水,放在盘内。

2.将炒锅置火上,放入香油,下入花椒炸出香味捞出,再下入葱、姜、蒜炸一下,随即下入土豆丝翻炒,放精盐、醋,用勺搅动,见土豆脆嫩时翻两个身,盛入盘内即成。

熘土豆丸子

原料:土豆 400 克,胡萝卜 10 克,黄瓜 10 克,鸡蛋 1 个,淀粉 30 克,面粉 30 克。

调料:碘盐、酱油各 4 克,醋 3 克,白糖 10 克,味精 4 克,葱丁 2 克,姜末 2 克。

做法:

1.土豆洗净,蒸或煮熟,剥皮后,压成土豆泥,再加盐、味精、鸡蛋、淀粉、面粉,搅拌成稠稀适度的土豆泥炸成丸子;胡萝卜、黄瓜切成象眼片。

2.勺内放油,烧热,放入葱、姜末炝锅,再放入炸好的土豆丸子、胡萝卜片、黄瓜片,加酱油、盐、白糖、醋、味精和汤烧开,用湿淀粉勾芡,加少许明油即好。

要点:土豆泥稠稀适度,炸好的丸子表面要有一定硬度。

拔丝土豆

原料:土豆500克。

调料:桂花卤2克,冰糖75克,熟白芝麻5克,熟花生油1000克。

做法:

1.土豆去皮切滚刀块;冰糖碾碎成面儿;菜盘中涂上少许油。

2.勺内放油烧至五成热,放入土豆块,炸至金黄(皮脆里熟),倒入漏勺内。勺内留油少许,放入冰糖面儿和一调勺清水,加桂花酱熬糖,待糖汁表面的大气泡变小,糖色变成浅红色时,马上将炸好的土豆倒入勺中搅动,用糖汁将土豆包匀,倒入涂油的盘中,迅速上席即可。另上凉开水一小碗,以便蘸食。

特色:香甜可口。

拔丝苹果

原料:青香蕉苹果(或国光苹果去皮去核)净料300克,鸡蛋(用蛋清)2个。

调料:白糖100克,熟白芝麻半匙,干生粉半勺(约75克),生油250克,胡麻油1匙。

做法:

1.苹果去皮切成大滚刀块,先撒上薄薄一层干生粉起黏,然后用鸡蛋清、干生粉调成厚糊,放入苹果块,使糊浆包裹均匀,在七成热的油锅中炸至苹果外壳脆硬,倒出沥油。

2.烧热锅,用油滑锅后放白糖迅速拨炒,使白糖溶化起泡后转成胶水状,并开始变米黄色时,立即将苹果倒入,一边翻炒,一边撒芝麻,待糖汁全部包住苹果时,装盘即成。另上凉水一小碗,以便蘸食。

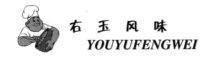

特色:外脆里软,甜香微酸。

拔丝樱桃

原料:樱桃罐头 300 克,白糖 120 克。

调料:香精 5 克,青红丝 4 克,熟花生油 500 克,干面粉 100 克。

做法:

1.樱桃冲洗干净,控水后,滚一层干面粉,再撒上一层水,滚上一层干面粉,然后滤去面粉渣。

2.炒勺内放油 500 克,烧至七成热时,将樱桃下入,炸呈金黄色时捞出,控净油分。

3.炒勺内留少许底油,加入白糖,用急火炒至出丝时,倒入樱桃,撒上青红丝,滴上香精翻勺,盛入涂油的盘内即可。

要点:熬糖时,要准确掌握火候。糖炒老,口味变苦;糖炒嫩,黏不住原料,且不出丝。以糖粒炒化后由稠变稀,气泡由大变小,颜色呈深黄色为宜。

特色:果实硬大,色红味美。

口蘑烩豆腐

原料:豆腐 1 块,口蘑 15 克,豌豆适量。

调料:盐、花椒粉、火腿末、豌豆各 10 克。

做法:

1.口蘑泡开后洗净,泡口蘑水澄清待用;豆腐切长条,用开水烫后捞出沥水。

2.锅内放鲜汤及泡蘑菇水烧开,放入口蘑、豆腐、火腿末、花椒粉、豌豆,加盐炖煮约 10 分钟,勾芡,调入味精,淋少许胡麻油。

特色:补气、健脾、益胃。

白菜烩豆腐

原料:白菜 200 克,豆腐 50 克。

调料:盐 10 克,味精 2.5 克,油 10 克,团粉 10 克。

做法:

1.将白菜洗净,切成 3.5 厘米的段;将豆腐切成小方块。

2.油锅烧热后放入白菜煸炒,半熟后加水没过白菜,煮开,然后将豆腐放入,并加入盐及味精,另将团粉加水调匀,放入略翻,煮沸即成。

特色:补气养血。

鲜蘑菇炖豆腐

原料:嫩豆腐 500 克,熟笋片 25 克,鲜蘑菇 100 克。

调料:精盐 2.5 克,酱油 10 克,味精 2.5 克,素汁汤 400 克,芝麻油 5 克,绍酒 5 克。

做法:

1.嫩豆腐放入盆中,加绍酒,上笼用旺火蒸 15 分钟取出,去掉边皮,切成 1.5 厘米见方的块,经沸水焯后,用漏勺捞出,鲜蘑菇入沸水锅煮 1 分钟,捞出,用清水漂凉,切成片。

2.沙锅内放入豆腐、笋片和精盐,加素汁汤至浸没豆腐,置中火上烧沸,改小火炖 15 分钟,放入蘑菇片,加酱油、味精,淋入芝麻油即成。

特色:蘑菇鲜香,豆腐松滑,汤汁清纯。

煎煮豆腐干

原料:豆腐干 3 块。

调料:盐、糖、生抽、老抽、上汤、红辣椒粉、麻油各适量。

做法:

1.豆腐干每块对半切开,再切小片,放入开水中煮 2 分钟,捞出沥净。

2.炒勺中下油 3 汤匙,放入豆腐干,煎至两面呈微黄色,加入调味料煮开,慢火继续煮,要时常翻动,使每 1 片豆腐干都能入味,煮至汁收干,加入半汤匙胡麻油和少许辣椒粉炒匀即可食用。

特色:美味适口。

酸菜煮豆腐干

原料:豆腐干 240 克,咸酸菜 240 克。

调料:盐、糖、姜、芫荽、胡椒粉、上汤、生粉、胡麻油各适量。

做法:

1.酸菜洗净,切片,用淡盐水浸 20 分钟,再用清水洗一洗,挤干水分。

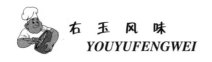

豆腐干洗净,撕小块。

2.炒锅下油 3 汤匙,爆香姜,下酸菜稍炒,加入调味料及豆腐干煮开,慢火再煮 10 分钟,勾芡,加入芫荽炒匀上碟即可。

特色:色鲜味美。

番茄煮豆腐

原料:番茄 240 克,板豆腐 2 块。

调料:茄汁 2 汤匙,盐、糖、胡麻油、胡椒粉、生抽、水、生粉各适量。

做法:

1.将番茄放入开水中浸 5 分钟,去皮、去核,切碎。

2.把水烧开,放入适量盐,下豆腐煮约 5 分钟,捞起沥干水分,切厚块。

3.炒勺内下油 4 汤匙,放入板豆腐煎黄,铲起。

4.把番茄放锅内炒香,下茄汁片刻,加调味料炒匀,下板豆腐煮约 5 分钟,勾芡上碟即可。

特色:口感清淡,余味无穷。

辣刨豆腐卤

原料:北豆腐 500 克,鲜豌豆 50 克。

调料:精盐 4 克,酱油 15 克,陈醋 10 克,料酒 30 克,葱丝 15 克,姜末 10 克,辣椒酱 20 克,蒜丝 15 克,干红辣椒 10 克,花椒油 10 克。

做法:

1.北豆腐切骨牌块,入沸水煮 2 分钟,捞出投入凉水中拔透,捞出沥水。豌豆入沸水汆熟。

2.炒锅上火注入色拉油 100 克,放入干红辣椒,炸出香味捞出。炝入姜末,煸透后放入辣椒酱炸透;再放入豆腐块,用手勺刨成松子般的碎丁,烹入陈醋、料酒、酱油、粗盐翻炒几下,加少许清水,放入豌豆。汤沸后,用调稀的水淀粉勾芡,淋入花椒油,锅离火撒葱、蒜丝,颠翻盛入大海碗中即可。

特色:红亮辣香,后味浓郁。

边鸡蛋炒西红柿

原料:西红柿 500 克,鸡蛋 200 克。

调料:葱末 5 克,姜末 5 克,白糖 5 克,香菜段 5 克,精盐 4 克,味精 2 克,胡麻油 60 克。

做法:

1.西红柿洗净切成 1.5 厘米见方的丁。

2.鸡蛋磕入碗中打散,炒锅内加入胡麻油 20 克左右烧热,放入鸡蛋液炒熟,滤净油。

3.锅内放入 30 克胡麻油烧至六七成热,放入葱末、姜末煸出香味,再放入西红柿丁和炒鸡蛋,翻炒几下,装入盘中,撒上香菜段即成。

西红柿鸡蛋卤

原料:西红柿 1000 克,鸡蛋 300 克。

调料:精盐 15 克,葱末 15 克,蒜片 20 克,料酒 15 克,香油 20 克。

做法:

1.西红柿用开水烫过顺势撕去皮,去硬蒂切碎丁,鸡蛋磕入碗中,加入葱末和料酒,打散抽匀。

2.炒锅上火烧热,注入色拉油 100 克,烧至七成热,倒入蛋液,用竹筷划炒成丝,出锅盛入碗中。

3.锅留底油,炝入蒜片,放入西红柿丁,加入精盐,旺火烧开,改文火烤至熟,倒入蛋丝搅匀,淋香油后盛入汤碗中。

特色:卤汁浓厚,色美味鲜。

卤 鸡 蛋

原料:鸡蛋 20 个。

调料:酱油 50 克,精盐 40 克,花椒 15 克,大茴香 25 克,葱 50 克,姜 25 克,草果 20 克,良姜 20 克。

做法:

1.锅内加 2000 克水,放入调料,待水开后滚 3 分钟,做成卤汤,备用。

2.鸡蛋煮熟,捞出放冷水里激一下,用筷子逐个把鸡蛋敲破,放入卤锅内煮开,离火用卤汤养住备用。上桌时切成月牙状,装盘后浇卤汤即可。

特色:营养丰富,味道鲜美。

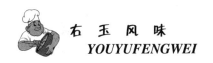

炸熘松花蛋

原料:松花蛋 250 克。

调料:酱油 15 克,精盐 3 克,米醋 15 克,味精 3 克,花生油 750 克,姜 10 克,香油 3 克,葱 10 克,湿淀粉 50 克,料酒 5 克,清汤 100 克,面粉 50 克。

做法:

1.松花蛋上笼蒸 10 分钟,取出剥皮。把松花蛋切成橘瓣块,裹上湿淀粉,粘匀面粉,放在盘内待用。

2.清汤加入料酒、米醋、味精、盐和 15 克湿淀粉兑成碗汁。

3.炒锅放入花生油烧至六成热,把粘匀面粉的松花蛋块推入油锅内,用手勺轻轻推动,炸 2 分钟至外皮发黄时,捞出滤油。

4.炒锅留底油烧热后,投入葱、姜丝炒出香味,烹入兑好的汁,再放入炸好的松花蛋块,颠翻几下,淋入香油即成。

要点:松花蛋蒸的时间不宜过长,烹入兑好的碗汁,等淀粉充分糊化后,再倒入炸好的主料,这样可增加菜肴的光泽。

特色:焦酥干香,酸甜细腻,口感舒适。

田园三色

原料:玉米棒 1 根,胡芦(金瓜)500 克,土豆 500 克,豆角 250 克。

调料:精盐 8 克,胡麻油、斋面面、葱花、小红辣椒各适量。

做法:

1.玉米棒掰去外皮,颗粒裸露,用刀将玉米棒剁成 3 厘米长的短节。

2.胡芦洗净外表,用刀刮去表面杂质,磕掉胡芦把子,一劈两半,去掉胡芦瓢子,然后将剩余部分切成 5 厘米长的三角状块。

3.土豆去皮,洗净沥干,切成滚刀块。

4.以上三种主料,加小红辣角、精盐放入锅内加热煮熟后,再放入焯过的豆角焖一会儿。

5.油烧热放入斋面面炝出香味,倒入锅内,再撒上葱花,装盘即可。

珍 珠 汤

原料:青嫩玉米棒 12 个。

调料:盐 7.5 克,糖 7.5 克,豆苗 100 克,清汤 1.5 千克。

做法：

1.将青嫩玉米剥去皮，用玉米尖部最嫩部分，择净须子，冷水洗，切成丁，下入开水锅内煮1~2分钟，捞出放在盘内，加清汤上笼蒸5~6分钟取出备用。

2.豆苗用沸汤烫一下，捞出备用。

3.将清汤调好味盛入汤碗中，加入蒸好的嫩玉米尖丁及豆苗即可。

要点：早年谭家制作此菜，只选用6厘米长的嫩玉米棒，超过9厘米不用。清汤是将净鸡或鸭加清水炖至六七成熟时盛出1/3的汤，此时汤比较清澈，故名清汤。

特色：汤清味鲜，玉米鲜香，微微发甜。

糖醋茄子

原料：鲜嫩茄子250克，边鸡蛋100克，黄萝卜5克，白糖25克，陈醋10克。

调料：面粉50克，干淀粉5克，胡麻油1000克，精盐5克，葱5克，姜5克，蒜5克，天香花6克。

做法：

1.茄子去皮，切成5厘米长、0.5厘米宽的长条，加精盐腌制片刻后，滚上面粉。

2.碗内加入面粉，磕入边鸡蛋，搅拌成全蛋糊。

3.锅内加入胡麻油，烧至七八成热时，茄条挂糊逐条入锅，炸至内熟外焦为好，捞出茄条摆入盘内。

4.锅内留少许底油，放入精盐、番茄酱、白糖、白醋、清汤适量，勾芡汁浇淋在盘中茄条上。

特色：香甜爽口，余味悠长。

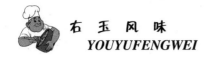
汤　类

鸡蛋菠菜豆腐汤

主料:豆腐300克,鸡蛋2个,西红柿25克,瘦肉50克,紫菜50克。
调料:精盐、酱油、鲜姜末、味精、淀粉、香油各适量。
做法:
1.先将瘦肉切成细丝,加淀粉搅拌均匀。
2.把鸡蛋磕在碗内打散待用。
3.豆腐切成小长条,用沸水汆一下,捞出沥水,菠菜切段。
4.西红柿切成薄片。
5.锅内加水,放入鲜豆腐片和瘦肉片略煮,放入西红柿、紫菜、酱油、姜末、精盐焖煮后,先将菠菜段放入,鸡蛋散淋汤内,加入味精,再浇上香油即成。

三鲜豆腐汤

原料:鲜豆腐200克,黄花菜20克,胡萝卜20克,鲜白菜20克。
调料:精盐、酱油、葱末、天香花、胡麻油各适量。
做法:
1.将豆腐切块(或长条),胡萝卜切薄片,白菜切细丝。
2.锅内放入豆腐块、萝卜片、白菜丝,倒入高汤,滴入酱油,再放入黄花菜。加盖,上火煎3～5分钟,撒上葱末、精盐,倒入油炝天香花即可。

牛肉丸子汤

主料:精牛肉100克,鸡蛋2个。
调料:精盐5克,干淀粉50克,味精3克,清汤2000克。
做法:
1.将牛肉去筋切成条,再切成薄片,放在砧板上,用刀背反复捶打至烂,加碱水再捶,再用刀剁1分钟左右。
2.将牛肉茸放入盆内打入鸡蛋。加入清水、淀粉搅拌,再加入精盐、味

精和牛肉茸一起向一个方向搅拌均匀,至起劲,成胶状。

　　3.将汤锅置火上烧开,将肉茸捏成牛肉丸子下入汤锅内,改用文火煮熟,撒入香菜段,滴入香油即可。

　　特色:汤鲜味香,爽滑可口。

牛肉萝卜汤

　　主料:牛肉 150 克,萝卜 250 克。

　　调料:精盐 4 克,葱 5 克,姜 5 克,酱油 10 克,香油 5 克,香菜末 10 克。

　　做法:

　　1.先将萝卜洗净切片。

　　2.牛肉洗净切成丝,放入碗内,加酱油、精盐、香油、葱、姜末入味。

　　3.将汤锅置火上,放入开水 1500 克,先下入萝卜片,汤沸后下牛肉丝稍煮,再下入精盐、香油、味精,起锅入汤碗中,撒上香菜末即可。

紫菜萝卜汤

　　主料:紫菜 50 克,萝卜 300 克。

　　调料:精盐 2.5 克,葱花 5 克,味精、胡椒粉、香油各适量。

　　做法:

　　1.将紫菜用清水泡好,萝卜洗净,切成 0.5 厘米薄片状。

　　2.将锅内加胡麻油烧熟,放入萝卜片、精盐焖炒片刻,加入清水、胡椒粉、味精,煮开放入紫菜,再继续煮开。

　　3.勺内加油少许,烧至六七成热,焖天香花后,倒入汤锅内即可。

小米绿豆粥

　　主料:小米 100 克,绿豆 100 克,红枣 10 枚,冰糖 100 克,清水 2000 克。

　　做法:

　　1.先将绿豆淘洗干净,用温水泡胀。

　　2.小米淘洗干净。

　　3.将以上小米、绿豆一同放入锅内,加清水,大火煮开。

　　4.将红枣、冰糖放入,移至小火慢熬至浓稠。

腌 菜 类

咸菜系列

腌白萝卜

原料:白萝卜,食盐,花椒。

做法:

选大小匀称、无虫眼、无伤疤、无黑心、新鲜的白萝卜,切去蒂缨,削掉须根洗净。可整腌,也可切成连圈片(注意不要切断)或鱼肚菱形,放在太阳光下晒一两天,待晒掉一些水分后,按18%~20%的食盐比例投料入缸。食盐、花椒一次撒在顶部,也可逐层撒。入缸后,第二天开始倒缸,连续倒缸五六次,使食盐充分溶解。再将淡盐水或凉水注入缸内淹住萝卜,加盖封缸。冬季放室内,天暖时可置于室外,但不要曝晒,两月左右即腌成;如家庭腌制,缸具缺少,不必连续倒缸。可待萝卜、食盐、花椒入缸后,随即将淡盐水或凉水注入淹没萝卜,上用压菜石压住。每天要搅动一次缸内盐水,使之不生白醭,两月以后即能食用。

注意事项:

1.萝卜含水分较大,腌前一定要晒几天,让其发蔫,但也不可晒得太干。

2.萝卜脆嫩,入缸后必须按时搅动或翻缸,直至食盐溶化,否则会因食盐沉淀而造成霉变。

3.菜缸和腌菜用的工具要卫生,腌前或使用前一定要清洗消毒。

4.要有防尘设备和防蝇纱罩。

5.秋天腌的萝卜,春天可蒸制。方法是:将萝卜捞出,洗去一些盐分,上笼蒸或煮20分钟左右,取出晾晒,使水分蒸发。如此反复蒸煮两三次,直到萝卜发酱红色即好。

腌胡萝卜

原料:鲜胡萝卜,食盐,花椒。

做法：

选无虫眼、无伤疤、均匀一致的胡萝卜，削去须根和蒂缨，洗净，捞出控干。或整腌，或一切两瓣。晒一两天，使其稍落水分。按每百斤胡萝卜，配食盐 15～18 斤，并放花椒少许。然后一层胡萝卜一层盐和花椒少许入缸。第二天开始倒缸，连续倒五六天，每天倒一至二次。连倒几天后，缸内菜缩小后并缸。并缸后，再倒五六次，让盐充分溶化。随即注入淡盐水或凉水淹没萝卜，加盖封缸。存放于阴凉干燥处，两月左右即成。如将胡萝卜和白萝卜混合腌制，红白相间，色彩鲜明，增加食欲。

腌水萝卜

原料：鲜水萝卜，食盐，花椒。

做法：

选皮红质嫩、无虫眼、无疤痕、不空心、不柴心的鲜嫩水萝卜。精选后削去须根，切掉蒂缨，用清水冲洗干净。然后按 18%～20% 的比例用盐，一层萝卜一层食盐和少许花椒入缸。翻缸方法同腌黄瓜。最后加足盐水封缸。放在阴凉处，切勿曝晒。腌一个月左右即成。腌好的萝卜切成细丝或粗条，都是佐酒饭的一种可口小菜。

另外一种简便腌法是：将优质水萝卜去毛根洗净，另将酱油、盐水、花椒、生姜等兑成腌汁，倒入小罐里。再将洗净的水萝卜一切两三瓣，腌入罐里，每天搅动一次，防止白醭。这种简便腌法，经济快捷，几天后就可以食用了。

注意事项：

1.水萝卜上市季节一般为春季，时间较短，要抓住时机，适时腌制。

2.讲究卫生对腌好水萝卜尤为重要。菜入缸前，一定要将缸具用开水冲洗消毒，缸盖要严实，防止灰尘落入。

3.按 20% 的盐腌制的水萝卜，一般咸味较重。食用时可用清水洗一遍，然后泡入凉白开水里浸泡一阵，咸味就会减轻一些。

4.食用时调些香油、醋，其味更鲜美。

腌青辣椒

原料：青辣椒，食盐，花椒。

做法：

选择鲜嫩、光洁的青辣椒，用清水洗净晾干。以每百斤辣椒，用盐 25

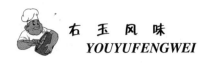

斤、清水 30 斤的比例,加少许花椒,兑成花椒盐水,将辣椒入缸,然后倒入花椒盐水腌制。第二天要搅动或倒缸,连续翻搅或倒缸七八次,使盐充分溶化被吸收,再加盖封缸。一般一月左右即可食用。

注意事项:

少量腌制也不用倒缸,只要勤加搅动即可。

腌 苗 子 白

原料:秋苗子白,食盐,花椒,辣椒少许。

做法:

将秋苗子白削根茎、剥去老叶,用水洗净后控干,用刀一切几瓣待用。每百斤苗子白用盐 15～18 斤。将食盐、辣椒、花椒(少许)用开水兑制成汁,晾冷后倒入腌缸里。再将切好的苗子白腌入,上压菜石,汤要淹没菜。腌几天后,调料入味即可食用,吃时凉拌或烹炒都可。

注意事项:

1.腌菜前一定要用开水冲洗、消毒缸具。

2.苗子白含水分较大,腌时不要太满,以防溢水。

3.腌后要勤搅动缸口,防止生白醭。

4.必须低温腌制。

腌 蔓 菁

原料:鲜蔓菁,食盐,花椒,茴香。

做法:

蔓菁别名芜菁、大头菜、诸葛菜。选匀称光净、无虫眼、无伤疤的蔓菁洗净晾干。纵刀切成五六瓣,注意不要切断。每百斤蔓菁用盐 20 斤,与蔓菁搅拌入缸,上压菜石。第二天开始倒缸,连续倒缸五六天,一周后取出晾晒,但不要晾干,然后加花椒、茴香搅拌均匀,再装入缸内,添足淡盐水封缸,半月左右即可食用。也可不加水干腌。

注意事项:

1.腌缸要清洗消毒。

2.腌菜缸要放到干燥通风处。

3.封盖要严实,既不要让香味跑出,也不能让灰尘、沙土落入缸内。

腌黄瓜

原料:嫩黄瓜,食盐。

做法:

选择鲜嫩、带刺、细条、无肚、无籽的黄瓜摘去花蒂,用清水洗净,晾干水分,然后以 25%～30%的食盐比例腌制。要一层黄瓜一层食盐撒开,直至装满缸。第二天开始倒缸,连续倒十多次,最后添足适量的盐水封缸。放置在阴凉处一月左右便成黄绿色了。食用时调入香油等。

如腌少量黄瓜,可利用玻璃、陶瓷小罐,放适量酱油,再把黄瓜泡进去,不论腌制时间长短,都可以随时食用。这种腌法尤其适宜人口少的家庭。

注意事项:

1.黄瓜系鲜嫩蔬菜,要特别注意黄瓜的质量,做到选料精细。

2.腌黄瓜更容易产生白醭,要特别注意缸具的清洁卫生。腌制前必须消毒处理。翻缸和搅动要使用专门工具,防止细菌感染。

3.腌缸要放在低温处。只要加足食盐,即使在冬天,也不会冻缸,温度过高会使黄瓜腐烂。

腌豆角

原料:菜豆角,食盐。

做法:

选无虫眼、无斑疤的嫩豆角,抽筋去蒂尖,用清水洗净,稍阴晾干(不要在太阳下曝晒,以免退去绿色),按 20%～25%的比例用盐。一层豆角一层盐下缸。第二天开始倒缸,每天一次,连续倒五六次,待盐溶化后并缸。之后,每隔两天倒缸一次,再倒两三次,才可加足盐水封缸。放于阴凉通风处,一月左右即成。

食用时切丁、丝、条均可,并调以酱油、醋、香油、葱花等,味道更鲜美。

注意事项:

1.不要腌老豆角。

2.入缸前缸具要清洗消毒,缸口要有防尘、防蝇设备。

3.食用时,腌豆角用凉水浸泡,拔去盐分,还可同其他鲜嫩蔬菜、肉类炒食。

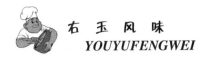
4.腌缸里豆角不满时,要用菜石压紧。

腌 芹 菜

原料:鲜芹菜,食盐,花椒。

做法:

选鲜嫩芹菜,去须根、摘叶子,用水洗净后控去水分,晾干。以25%的盐和少量花椒投料。入缸时,一层芹菜一层盐,撒少许花椒,直到缸满。第二天开始倒缸,每天倒缸一次,连续四五次。使盐充分溶化,最后加适量淡盐水,加盖封存,半月左右即可食用。

若用小罐腌制,可将芹菜切成小丁,与25%的食盐搅匀入罐,也可加入少量熟黄豆、胡萝卜丁一起腌制,一定要加足盐水。红、黄、绿三色相间,别具特色,半月左右便可食用。

注意事项:

1.芹菜最易发生未成熟就抽薹、空心等病,选择时不要将抽薹、空心芹菜选入。

2.摘叶洗净的芹菜,要放在阴凉处晾干。

3.腌缸、腌罐要用开水消毒。

4.封缸后要放在冷室内(温度以0℃左右为宜),温度过高,芹菜会变黄、发软,产生白醭,以致腐烂。

腌 芥 头

原料:芥头,食盐,花椒。

制法:

选择无虫眼、无伤疤、大小匀称的新鲜芥头,削去毛须后洗净,在芥头顶部切"十"字刀开口。按20%~22%的比例用盐。入缸时,一层芥头一层食盐,撒少许花椒。芥头下缸时要根朝下,尖朝上,最上一层要多撒一些食盐和花椒。第二天开始翻缸,每天翻缸一次。以后仍需连续翻缸四五次,让食盐充分溶化。最后将淡盐水加足,并加盖封缸。放于阴凉通风处,待两个月后翻缸即成。也可待芥头入缸两天后,向缸内注入清水,水要淹没芥头。腌一周左右,将芥头拿出晾四五个小时,再放入缸内继续腌制。这样可使芥头的辣气散发一部分,加快腌制进度,一月左右即可食用。

腌好的芥头切成丝、条、块均可。另调香油、醋、葱花,滋味咸香,别具

特色。

注意事项:

1.缸具要保持清洁卫生,腌菜时最好用开水冲洗消毒,然后擦干备用。

2.缸盖要严实,以防风沙和尘土落入。

3.一定要按时倒缸,使食盐均匀溶化,否则盐淡的地方芥头会腐烂。

酱菜系列

酱 黄 瓜

原料:腌黄瓜 20 斤,甜面酱 10 斤。

做法:

把腌黄瓜从缸内捞出,控去水分,切成片、条、块等形状。再用清水浸泡,降低咸度,口尝咸淡适口即好。然后,将泡好的腌黄瓜装入白纱布袋内(每袋装三五斤),放入甜面酱缸里,半月左右即成。

酱黄瓜色鲜味美,咸淡适口,酱香芬芳。

注意事项:

1.卫生要求和设备、温度同酱什锦、酱八宝菜相同。

2.装黄瓜的纱布袋质量要稀拉些,过于密的纱布渗透性能差,影响酱制时间。

酱水萝卜

原料:腌水萝卜 130 斤,甜面酱 70 斤。

做法:

先将腌水萝卜捞出,洗净,再切成半分厚薄片,浸泡在清水里 12 小时左右,使咸度降低,口尝咸淡适度即好。捞出控干水分,装入白纱布袋内(每袋可装三五斤),然后依次放入甜面酱缸里,每天按顺序上下倒换一次,使酱味均匀浸入袋里,上下连续倒换四至五天,一月左右即可食用。

注意事项:

1.酱缸要卫生,入缸前要用开水消毒。酱制时缸盖要严密,防止风沙和灰

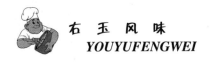

尘落入。

2.酱水萝卜的质量标准是:呈酱褐色,保持清香、脆嫩、咸淡适中,无异味、无杂质。

3.酱缸要放在阴凉通风处。

酱 银 丝

原料:腌白萝卜15斤,甜面酱4斤,味精10克,五香粉10克,糖精少许,熟芝麻仁1.5斤,辣椒粉适量。

做法:

把腌萝卜切成细丝,放入清水里浸泡12小时左右,浸去一些盐分,再把甜面酱榨出卤汁,将味精、糖精和萝卜丝搅拌匀,一起放入酱汁中浸泡。每天翻搅一次,可连续翻搅五六次。最后捞出控干,将熟芝麻仁、五香粉、辣椒粉一起拌入丝内,搅拌均匀。这种酱菜香辣可口,最宜下饭。

注意事项:

1.此菜酱制后,不用再经水洗,可直接食用。所以,酱缸要洗净,工具要消毒,盖子要严密,保持清洁。

2.拌芝麻仁和五香粉、辣椒粉时,可随拌随吃,吃多少拌多少。也可全部拌好,存放在另外缸里。但切记检查,要低温存放,防止生白醭。

酱 大 头 菜

原料:腌芥头(大头菜)120斤,酱油25斤。

做法:

先将腌芥头削去表皮,用刀将大芥头切成八瓣,小芥头切成四瓣,注意缨要连在一起,不要切断。切好后用清水泡洗几遍,使咸味降低,然后泡入酱油缸里。每天要搅动一次,防止生白醭,一周后可食。

酱 大 头 丝

原料:腌芥头(或蔓菁),甜面酱。

做法:

将腌好的芥头"或蔓菁"从缸里捞出,控去水分,晒一两天,然后切成丝,装入白纱布袋里(每袋3~5斤)。竖排放到酱缸里,一星期后按先后顺序翻倒。再酱制一星期左右即好。酱大头丝呈褐黄色,保持原菜鲜味清脆,并有酱香。食用方便,是佐饭的好菜。

注意事项:

1.要严格操作规程,先晾后切,切成丝后就不要晾晒了,否则会失去水分,使菜发蔫不脆。

2.温度、通风等注意事项,同其他酱菜。

酱油杂拌

原料:腌苤蓝 25 斤,腌黄瓜 25 斤,腌胡萝卜 20 斤,腌青辣椒 10 斤,腌白萝卜 20 斤,鲜姜 2 斤,腌芹菜 10 斤,熟黄豆 5 斤,酱油 25 斤。

做法:

先把各种腌好的菜切成片、块、条、丝、丁混拌在一起(腌青辣椒不切),放入清水缸内浸泡 6～8 小时,使咸度适口为宜。然后捞出控去水分,加入煮熟的黄豆,倒入酱油缸里,浸泡 5～7 天即成,这种酱菜,吃时不用再洗,调少许醋、香油,别有风味。

酱油芥丝

原料:腌芥头 60 斤,酱油 10 斤,辣椒酱 2.5 斤。

做法:

先将腌芥头切成细丝,用清水洗净,捞出后控去水分,放入缸里。再把辣椒酱倒进酱油里搅匀,倒入缸里,浸没芥丝,需倒缸两三次,浸泡五六天即成。食用时用醋、香油、葱花、姜末等调味,是佐饭的好菜。

酱油大众菜

原料:腌萝卜 50 斤,腌黄瓜 20 斤,腌水萝卜 10 斤,腌雪里蕻 20 斤,腌青椒 20 斤,酱油 25 斤。

做法:

先将各种腌菜切成丁、丝、条、块等不同形状的花样,然后搅拌在一起,用清水冲洗一次,捞出后控去水分。放入缸里,倒入酱油,每天要搅动一次,防止生白醭。一星期左右即可食用。

酱 瓜

原料:生黄瓜"或菜瓜",食盐,甜面酱,甘草粉,防腐剂。

制法:

先将黄瓜(或菜瓜)去蒂洗净,掏去瓤籽,放入缸中,用 5%的盐搅拌均匀。瓜上压石头,腌一昼夜后捞出晾晒,白天晾晒在苇席上,夜间仍放入缸里,再压上石头。连续晾晒两三天后,就可以放到另一缸里上酱(酱的比例一般是瓜量的 20%),撒入少许甘草粉和防腐剂。每天要搅缸一次,也可放到太阳下曝晒,酱瓜半月左右就可食用。

酱萝卜条(片)

原料:腌白萝卜 105 斤,食盐 5 斤,糖色 5 斤,生水 25 斤。

做法:

先把腌好的白萝卜洗净,切成一公分厚的片或条,放入缸里。再把糖色、食盐和水打成糖色汤,倒入缸里浸泡萝卜。每天要搅动一次,不使产生白醭,四五天后即可食用。

酱素鱼萝卜

原料:腌白萝卜 55 斤,酱油 13 斤,糖精 0.7 两,花椒 1 两,大茴 0.5 两。

做法:

先把腌好的白萝卜洗净,切成螺旋形状,然后放在清水中浸泡 6～8 小时,捞出后控去水分。再将酱油及各种辅料入锅烧开,冷却后将螺旋萝卜放入,浸腌一星期左右即成。

香辣萝卜条

原料:腌白萝卜 50 斤,辣椒酱 3.5 斤,酱油 13 斤,花椒 2 两。

做法:

先把腌萝卜切成小指头粗的条,放清水中冲洗几遍,捞出,控去水分。再将控水后的萝卜条、辣椒酱、花椒拌在一起,放在酱油缸里,浸泡三五天即成。

酸菜系列

酸苣子白

原料:苣子白,食盐。

做法:

选择鲜嫩的苣子白,剥去老帮叶,削去根茎,用刀切成大瓣,放入清水洗净,下到开水锅里焯一下,要来回搅动,使菜焯的生熟一致、脆嫩可口即捞出晾冷,然后放入腌缸里。再将煮菜水加入适量盐,晾冷后倒入缸里,加盖腌制。或者将煮菜水加入少许面粉,晾冷后倒入缸里。一星期左右发酵变酸。吃时切成碎条并调味即好。

另一种方法是醋腌:先将醋、酱油、食盐、花椒、生姜片兑成酸汁,再将洗净控干的苣子白切成大瓣放入缸内,将配兑的酸汁倒进缸里,淹没菜,上压菜石,注意搅动。随时都可以食用。吃时切成细丝、碎片,调以香油、葱花,滋味别致。

酸 芥 菜

原料:芥菜,芥头。

做法:

把芥菜疙瘩削去毛根后洗净,擦成薄片或细丝;菜茎、叶洗净,拣去黄叶后切丝。再把菜缸洗净晾干,把压菜石洗净晾干。然后一层芥头花,一层芥菜叶,扎实按在缸里,要用擀面杖四边扎实,最后用菜石压住。一星期左右发酵,倒入浆水(水开后撒进些面粉,晾冷即可。也可用清米汤或煮面汤代替)。要经常搅动缸口部位,几天后发酸便可食用。如采用熟腌法,即在菜入缸前,将芥疙瘩或芥菜叶上火煮半熟,再清洗切碎入缸,腌制同生腌法一样。

注意事项:菜缸要放在低温处,经常搅动,防止生白醭。

酸 白 菜

原料:白菜,肥面。

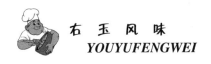
做法：

将白菜剥去黄帮老叶,用清水洗净,竖切两刀成"十"字形,使菜破成四瓣。放在开水锅里煮一分钟左右,并用筷子来回搅动,煮至菜心变色发脆即好。然后将菜捞出晾凉。菜冷却后码在洗净的菜缸或菜坛子里,再将冷却后的煮菜水倒入(以淹没菜为好),这时加入少许肥面搅匀,三四天发酵变酸。若无肥面,用米汤或面汤也可代替。

酸萝卜条

原料：腌萝卜 55 斤,醋 13 斤,辣椒酱 3.5 斤,花椒 1.5 两。

做法：

先把腌萝卜切成指头粗的条,放入清水中冲洗一遍,捞起控去水分,放入缸内,再将醋、辣椒酱、花椒依次放入,浸泡三五天即成。

醋腌蒜头

原料：鲜蒜头,酱油,醋。

做法：

将蒜头削去毛根,剥去表皮。用清水浸泡一两天,使蒜瓣开口,捞出控干。再将腌缸洗净,用开水冲洗消毒。倒入酱油、醋,把蒜头全部浸入,然后加盖腌制。腌制中要勤搅动,不要使醋汁起白醭变质。腌醋蒜不宜久存,入味即可食用。

泡 菜

原料：大白菜,苗子白,萝卜,黄瓜,辣椒,菜豆,刀豆,食盐,花椒,大茴,黄酒,生姜,茴香。

做法：

泡菜是一种制作简便的家常腌菜, 不论季节和蔬菜的品种都可以泡制。做法分为几步：

1.选坛：泡菜要密封,所以最好选用专门泡菜的菜坛(此坛口周围,有一凹形托盘,可以盛水,封口后,坛内可与外部空气隔绝),也可用其他大口罐代替。

2.制汁：按原料的 8% 用盐,先用开水化成咸汁,冷却后待用。

3.泡菜:将所要泡的菜洗净,切成各种刀形,控干水后装入坛里,一般装到坛子的 3/5 为好。再将冷却后的盐汁及其他调料放入,密封。半月左右即成。

注意事项:要注意发霉起白醭。搅动要用专门筷子,避免生水和油腻等物混入坛内。

辣菜系列

麻辣萝卜丝

原料:鲜萝卜,辣椒粉,花椒粉,食盐面。
做法:
将萝卜削去毛根洗净,切成细丝,摊在席子上晾成半干。以每百斤萝卜丝加 6.5 斤盐面、5 斤辣椒粉和适量花椒粉配料。先将一半盐面与菜丝搅拌,腌入缸里,用菜石压紧。三四天倒出,再摊到席子上晾晒,细丝紧缩后,再将其余盐面全部拌入,腌入缸中,加压菜石。半月左右再倒出晾晒,拌入辣椒粉,再重新倒入缸中,随时都可食用。

辣萝卜条

原料:白萝卜,食盐,辣椒粉。
做法:
选择无伤疤、无虫眼、不黑心、不空心的脆嫩白萝卜,洗净后削去毛须和直根,切成细丝(条),摊在席子上晾半干。以 6.5% 的用量投盐,5% 的用量投放辣椒粉。将晒成半干的萝卜丝,先用一多半盐面搅拌均匀,放进缸里,用菜石压紧。三四天后再把萝卜丝倒出,放到席子上,晒到为出缸时的 70% 左右,再放入其余的食盐,搅拌均匀后,装入缸中,先用手紧压,再用菜石压实。腌十天左右,再倒出晾晒一两天。这时萝卜条已发黄色,把辣椒粉全部拌入,装入缸中,可以随时食用。

辣芥丝

原料:腌芥头 60 斤,辣椒酱 5 斤。

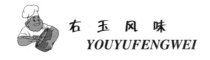

做法:

将腌好的芥头用水洗净,切成细丝,然后摊开稍晾,把辣椒酱与细丝搅拌均匀,再入缸腌制,随时可以食用。吃时调香油、醋即可。

另一种腌法是:将鲜芥头削去毛根洗净,用快刀切成细丝,摊在苇席上稍晾。收起后用5%的辣椒粉、10%的细盐面与菜搅拌均匀,放入缸里加盖腌制。第二天开始倒缸,一直倒缸七八次。待食盐均匀溶化,辣椒粉入味到菜里,随即封缸。半月左右可食,吃时将香油、醋、酱油、葱花调入更好。

注意事项:

1.辣菜一般为直接入口食品,卫生尤为重要。腌缸、缸盖及其器具,用前要清洗并严格消毒。腌制中要经常擦洗缸的外部,保持清洁,缸盖要严密,防止灰尘落入。

2.辣菜用盐比例较少,要放在低温处腌制,室温过高易腐烂变质。

3.辣椒的配量,可根据各自的习惯适当增减。

芥辣细丝

原料:生芥头,芥末,食盐,花椒,醋,食油。

做法:

选择无虫眼、无伤疤的芥头,削去毛根、洗净、切成细丝(擦成丝也可),入开水锅里焯一下捞出,趁热倒入调好的芥末(芥末发法:将芥末面用开水泼起盖严加温,待有强烈的芥辣味即好),用盖子闷一天左右待辣味扑鼻即好。吃时调以食盐、醋,炝入花椒油。

另一种生腌法:将生芥丝用适量的醋、食盐、椒油和发好的芥末兑成汁,与芥丝搅拌均匀,入缸密封七八天即可食用。

蒜辣茄子

原料:茄子,大蒜,食盐。

做法:

选择鲜嫩茄子,削皮去蒂,按25%的比例投盐,5%的比例上蒜泥(蒜剥皮,捣碎),茄子切成薄片稍晾,随后一层茄片一层食盐再一层蒜泥入缸。第二天开始倒缸,一直倒五六次,待盐全部溶化,加盖封缸。封缸期间,要注意检查,防止变质。吃时稍蒸,调香油、醋即可。

另外,秋天的小茄子,洗净不去皮,上蒸笼蒸熟,加芥辣面和蒜泥如上法腌制也可。

腌 醋 蒜

原料:白皮蒜 100 斤,醋 40 斤,食盐 6 斤,糖色 2 斤,生水 20 斤。

做法:

先将蒜梗、须切去,剥掉表皮,用清水浸泡六天,每天换水一次,倒缸一次。之后捞出控去水分,并晾晒到蒜皮有皱纹时装缸。把醋、盐、糖色、水混在一起,上火烧开,趁热浇入缸内封闭。不要倒缸,一般腌 40 天可食用。吃完后,原汤再加入适量盐、醋仍可继续腌蒜,不起白醭。

腊 八 蒜

原料:大蒜,食盐,醋。

做法:

先将大蒜剥皮,再将小罐洗净消毒。罐内倒入醋,加入盐放入蒜瓣(以淹没为度)二十多天即可。蒜似翡翠,醋汁酸辣,气味清香,最宜在春节期间吃饺子,拌凉菜。腊八蒜一般在农历腊月初八这天腌制,故得此名。

腌韭菜花

原料:鲜韭花,辣椒,食盐,槟果,生姜,白酒(少许)。

做法:

1.咸韭花:选择未开花的嫩韭花,摘掉梗,拣去杂质黄叶。按韭花的 25%～30%上盐,用擀面杖将韭花、食盐捣合在一起,然后入净罐,封闭腌存。要放在低温通风处,一月左右即成。

2.香味韭花:选择未开花的嫩韭花,拣掉杂质,洗净。然后将槟果(香蕉、苹果、鲜桃、梨)、生姜等洗净切成小碎块,以韭花、桃果数量 20%～25%的比例用盐,然后用擀面杖将韭花、水果、盐、生姜、酒捣合在一起,入净缸腌制。此种韭花香味异常,别有风味。

另外,也可将嫩韭菜洗净,切成短节,与韭花、食盐捣合在一起,即成韭菜花。与辣椒捣合在一起,即成辣椒韭花。

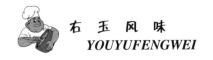
酸辣苘子白

原料：苘子白，食盐，辣椒，食油，酱油，醋。

做法：

将苘子白剥去老叶，切成大瓣片，在开水锅里焯脆捞出，控去水分。然后用食油炸辣椒出味，倒入盛菜的容器里，最后调以食盐、酱油、醋适量，拌匀即好。这种腌法较为简便，数量不宜太多，随吃随腌最好。还可将苘子白切成丝、条、排骨片等多种花样。此菜酸辣可口。

甜菜系列

糖 醋 蒜

原料：白皮蒜 50 斤，白（红）糖 3.5 斤，陈醋 25 斤，酱油 20 斤，花椒少许。

做法：

将白皮蒜的须梗适当去掉，再剥掉表皮两层，放入清水里浸泡一周，每天要换水，之后捞出晾晒，直至表皮出现皱纹时装缸。将糖、醋、酱油、花椒兑成汁，浇到蒜缸里，封缸，一月左右即成。此菜酸甜可口。

糖醋白菜

原料：青麻叶白菜，白糖，醋。

做法：

先将青麻叶白菜修剪、剥外帮，用刀切成螺旋状，开水冲浇几次，使白菜脆软即好。将糖（按菜比例的 25％ 左右）和醋兑成汁，浇在菜上，拌匀即好。酸甜爽口。

糖辣白菜

原料：白菜 3 斤，精盐 1 两，干辣椒 10 个，白糖 3 两，醋 1 两，生油、味精、姜丝少许。

做法:

先将白菜清水洗净,用刀切成排骨片,撒上盐使水分渗出,腌两小时后,挤干水分,放入容器里。再将 7 个干辣椒切成细丝。把糖、醋、味精、盐、姜丝调成卤汁,浇到菜上。最后上火烧油,另放 3 个辣椒,爆出香味,浇进白菜里,闷一会儿就可以食用。

糖醋水萝卜

原料:水萝卜 2 斤,白糖 3 两,醋 2 两,酱油少许。

做法:

选择新鲜水萝卜,清水洗净,切成细丝,再将白糖、醋和酱油兑成汁浇到水萝卜丝上,搅拌均匀。片刻即可食用,也可腌放几天。酸甜可口,且制作方便。

白 糖 蒜

原料:白皮蒜 20 斤,白糖 10 斤,凉开水 4 斤,食盐 6 两。

做法:

先将白皮蒜的须梗去掉,剥掉外皮,用清水浸泡一周,每天换水一次,蒜泡至无尖辣味捞出,放入干净的容器里晾。晾晒时梗朝下,晒至皮出现皱纹时入缸。再将白糖、盐和凉开水兑成糖汁倒进缸里,用白布封口,每天滚动缸两次,每星期开口放风一次,两个月左右即成。

注意事项:

1.腌缸要清洗、消毒,使用专门的筷子搅动。

2.夏季腌制,温度一般掌握在 15℃ 左右。冬季腌制,室温不要太低。

白糖番茄

原料:番茄(西红柿),白糖。

做法:

选择熟透的番茄,去蒂洗净,开水烫掉皮,用刀切成梅花瓣,或者云彩片,或者梳背片,放进容器里,以番茄 30% 左右的比例上糖,搅拌均匀即可食用。

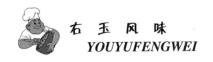

糖 蒜 薹

原料:鲜蒜薹,白糖,食盐。

做法:

将鲜嫩蒜薹摘去根,稍洗净,控干水分。以百斤蒜薹用糖 25 斤,用盐 5 斤的比例配料,用开水兑成汁。然后将蒜薹一把一把扎住,逐把放在缸中,最后将汁倒入淹没,上压菜石,加盖封口。腌到蒜薹呈淡褐色,有清香味,甜脆可口即好。

五香系列

五香大头菜

原料:腌芥头 35 斤,糖色 1.2 斤,食盐 1.25 斤,五香粉 1 两,生水 6 斤。

做法:

先把腌好的芥头洗净(如太咸时可浸泡在清水中浸出一些盐分),用刀切成莲花瓣(注意不要把根切断)放入缸里,再把糖色、盐、水打成糖汁,倒入缸里,将芥头淹住,浸泡一周左右,再倒入五香粉封缸,闷一月左右即成。

注意事项:

1.五香菜是腌菜的再制品,要注意讲究卫生和菜的质量。除缸具应严格消毒外,切记不要把油污带入缸里。

2.用专门的筷子搅动。取菜后要随手加盖,以防灰尘落入,影响菜的质量。

3.菜缸冬季应放到室内,夏季放到阴凉通风处。

4.大头菜的质量标准是:呈酱黑色,五香鲜味突出,稍有回甜。

五香萝卜

原料:白萝卜,食盐,五香粉。

做法:

选择无虫眼、无伤疤的白萝卜,削去须根洗净,切成半寸宽厚、一寸长

的片,放在苇席上晾晒一天。当天晚上用 10% 的盐揉搓萝卜,使其渗出水分变软;第二天再晒一天,晚上再按上述方法处理,这样连续处理三天,直至萝卜晒至六成干。加入五香粉,分层装入缸里,加盖封口。放在阴凉通风处,20 天即可食用。如将萝卜切成细丝,即成五香萝卜丝。

五香五仁

原料:核桃仁,花生仁,杏仁,桃仁,芝麻仁,食盐,花椒,大茴,生姜,酱油。

做法:

先将核桃仁、花生仁、杏仁、桃仁煮熟,用冷水浸泡,浸去苦味,芝麻仁簸去糠壳和杂质。然后,把盐、花椒、大茴、生姜、酱油等用开水冲泡成香汁,入罐腌制五仁,加盖后存放在阴凉干燥处。半月左右便可食用。

五香芹菜豆

原料:芹菜,黄豆,食盐,花椒,大茴,生姜,大蒜,大葱,酱油。

做法:

选鲜嫩芹菜,削去毛根、打掉叶子,洗净,切成短节;黄豆拣去杂质、虫残颗粒,泡涨煮熟。再将盐、花椒、大茴、姜、蒜等用开水泡成五香汁,兑入酱油,倒进小罐里。把芹菜、黄豆一起入罐加盖腌制,放在阴凉干燥处,腌制十多天即成。

罐腌八宝菜

原料:豆角,黄瓜,莴笋,荸荠,宝塔菜,核桃仁,花生仁,杏仁,食盐,花椒,大茴,生姜,酱油。

做法:

将小罐(瓷罐或玻璃罐最好)洗净控干。把豆角抽筋、去蒂、洗净,在开水锅里焯一下捞出;莴笋、荸荠剥老皮,洗净;宝塔菜去掉杂质,在开水锅里焯一下捞出;杏仁煮脆,泡去苦味。然后把八种原料搅拌在一起装入罐里,用食盐、花椒、大茴、生姜、酱油煮成香汁,晾凉倒入罐里,加盖封存阴凉处腌制。

豆制品系列

黄 豆 芽

原料:黄豆。

做法:

生豆芽一般要经过以下几道工序:

1.要选择新鲜、饱满、色泽良好、无虫咬、无碎粒的黄豆为原料。

2.经过漂洗,除去杂质、空心豆和次豆。

3.浸泡,是出芽的第一步,一般黄豆浸泡6小时左右,水温夏凉冬温。当豆子泡大,没有干心,外皮变软膨大即泡好。

4.生豆芽一般用木盆、木桶或大缸等器具,底要有漏水孔,以防积水。底层要铺适当的草帘,保持水分。浸好的豆粒装入器具时不要太满太实,豆面上要铺草袋、苇席或笼布。

5. 生长期间要按时浇水,以供豆芽生长必需的水分和保持适合温度。豆芽在生长期,由于本身呼吸作用温度会增高,淋水还可以降温防烂。夏天一般用凉水,每日浇水五六次,冬天水温为14℃～15℃,日浇水三四次。

6.黄豆芽长到半厘米左右,要把漏水孔堵塞,放水轻搅使无芽豆下沉,促进豆芽生长。

家庭无大器具,可选用沙锅、搪瓷盆,选豆、浸泡、淋水催芽同大容器一样。表面上可盖笼布,加木盖,使豆芽向粗壮均匀生长,也不易生毛根。

注意事项:

1.温度是豆芽生长的重要条件,一般室温保持在30℃左右,最低温度也须保持在22℃～25℃。

2.浇水量和浇水次数是豆芽生长好坏的关键。一般每百斤豆浇水量为500斤左右,要掌握每次勤浇、少浇,防止缸具积水腐烂。如器具底无漏水孔,每次浇水后,倒去余水,保持湿润即可。

3.器具、环境卫生对豆芽生长十分重要,器具一定要经开水消毒处理,防止细菌感染,影响豆芽生长。

绿 豆 芽

原料: 绿豆。

做法:

绿豆芽营养丰富,但它比较娇嫩,生豆芽工序一般如下:

1.要选择新鲜、饱满、颗粒整齐的当年绿豆(陈豆一般不易出芽,会造成浪费)。

2.浸泡时要先清洗几遍,除去杂质和虫豆、次豆。一般用 40℃ 左右的温水浸泡 4 小时,待豆粒外表发软即好。

3.将浸泡好的豆粒放入已消毒的器具中,上面盖苇席或笼布,再压上重板防止生长过细或毛根。一般每隔 1～5 小时浇水一次,开始用凉水,待生长到第三天改用温水浇,第一次水温 18℃,第二次水温 20℃～21℃,第三次水温为 22℃～23℃,第四次水温为 24℃～25℃。待绿豆芽生长到半寸左右,就可以减少浇水次数。

注意事项:

1.室温控制在 20℃~23℃。

2.所有器具要清洗和消毒。

3.要放在空气流通的地方,不要让太阳直晒,以防豆芽变绿,降低营养价值。也不要让风直吹,豆芽受风后容易生长毛根和发红,影响质量。

4.要经常检查豆芽生长情况,温度不应过高或过低。水要喷洒均匀,这样绿豆芽才能生长好。

5.标准的绿豆芽粗壮,无根须,无壳,无飞叶,长度不要超过 5 公分,嫩脆可口。

豆 腐

原料: 黄豆(黑豆)100 斤,石膏 14 斤(卤水 5 斤),糊油 0.3 斤。

做法:

1.选择颗粒饱满、新鲜、无霉烂的黄豆(黑豆要去皮),上钢磨或石磨破成碎瓣,簸去豆皮。

2.将黄豆瓣放在清水中浸泡,使之充分吸收水分,达到饱和程度,室温 5℃～10℃时,浸泡 12 小时;室温 10℃～15℃时,浸泡 10 小时;室温 15℃～20℃时,浸泡 7 小时;室温超过 30℃时会使豆变质。

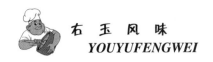

3.再用钢磨或石磨把豆粒磨细,使蛋白和豆纤维分离,磨要细,越细越能提高出豆腐率。磨时要适量加水,使之成稠浆。

4.揉浆法一般采用人工过笄、人工摇包或人工压包等几种方法,也有采用电动笄或电动挤浆机的方法。无论哪种方法,务必使豆渣和豆浆分离。洗豆渣要用大热水(75℃以上),大热水可以提高浆、渣分离速度和效果。浆、渣分离后的浆为生豆浆。

5.煮浆:将生豆浆入锅煮沸(100℃约5分钟),要轻轻搅动,火不可过大,防止溢锅。

6.点卤的技术性较强,是豆腐出品率高低或好坏的关键。点卤就是在豆汁中加凝固剂,使蛋白质与浆水分离。点卤一般采用两种方法:一种是将石膏粉用水调开,卤水徐徐滴入,要轻轻搅动,使豆浆翻动,直至蛋白质全部凝结,即豆浆成为豆腐脑状态。这种方法工效较慢,有时也容易使豆浆造成空白点,蛋白质不能全部凝结,影响出品率,但好处是可以保证豆腐的质量。另一种方法为冲浆法,即先将石膏兑入五分之一的沸浆中,然后再将此浆冲入浆中,这种方法功效快,可使蛋白质全部凝结,产品质量白、细、嫩,出品率也高。其缺点是由于石膏的质量和豆子的质量不容易把握,有时质量受影响。故点卤时要注意选择好的石膏粉。点卤后,要加盖养浆(也叫蹲浆)30分左右。

7.将凝固了的豆腐脑与黄浆水舀进筐子的大白色布里,或特制的模型里,四角固定,上用木板、石块等重物挤压漏出一定水分,压制成型。最后用尺子比住打成方块。

注意事项:

1. 做豆腐是一项技术性很强的工作,必须严格按照工艺操作规程去做。

2.糊油是一种消泡剂,一般在溢锅时加入。糊油是用植物油作为下脚料加生石灰而成的。在国外,也有采用硅油和脂肪酸单甘油酯的,消泡较好。

3.点卤是做豆腐的关键。点得好可以提高豆腐出品率和质量。优质石膏,放入量要少;优质大豆宜多加石膏,反之则应减少。点卤时豆浆液温度掌握在82℃～85℃为宜。

腐 干

原料:黄豆100斤,食盐14斤,卤水7.5斤(16～18度),小茴香1斤,

大茴 0.5 斤, 花椒 0.25 斤, 糊油 0.25 斤, 糖色适量。

做法：

1.照制豆腐的工艺点卤至豆腐脑。

2.将豆腐脑舀进腐干模里, 用白纱布包紧, 压扁成型。最后打成小块。

3.煮色：将盐、大茴香、小茴香、花椒装入小袋里, 放入卤汁锅内。糖色兑成卤汁和腐干坯子放入。煮 40 分钟上色后捞出。反复煮两三次, 捞出控去水分即成。也有将各种配料和黄豆一起加水, 磨成豆浆, 点成豆腐, 包制压实成型, 切成整齐的方块, 最后放在糖色卤锅中煮后晾晒而成。

凉　粉

原料：淀粉（以扁豆淀粉为佳）, 白矾少许。

做法：

先将淀粉放在容器中, 以清水调成糊状（水多少应视粉面的质量而定, 好粉面水多, 次粉面水少）。待锅中水烧开时, 倒入粉面糊, 不停地用木棍搅拌均匀呈面团状。粉糊中可放入少许白矾（明矾）, 提高质量。冷却后可切条、片、块, 也可趁热倒入特制的漏勺中, 成"拨鱼"状。用冷水镇上。吃时调以醋、酱油、芝麻酱、辣椒、大蒜、香油、芥末等调味品, 清凉可口。

粉　皮

原料：绿豆淀粉, 白矾少许。

做法：

先将绿豆粉面调成糊状, 加入少许白矾粉, 待锅内水开, 铜旋子内倒入粉糊, 再将铜旋子放入锅内, 锅开即成。然后倒入冷水中镇上。食时切条, 调味即好。

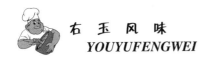
酱作系列

豆 瓣 酱

原料:黄豆(蚕豆)100 斤,白面 50 斤。

做法:

1.先将豆子拣净,用清水浸泡 24 小时。然后上笼蒸至用手一捏即扁为度(过火、不熟都不行);下笼晾冷后,和面粉拌在一起;上模压成坯子,厚度约 25 毫米,再切成长方形块状。入发酵室上架并垫荽秆,将发酵室密封。室内温度保持在 40℃左右,待半月时间黄曲霉菌长齐后,室温要逐渐降低到 20℃出房。出房后,晒干,拣去杂质,扫除黑霉菌。将坯子粉碎后下缸,加入 16℃～18℃的盐水 120 斤左右,待 20 天后进行搅拌。每天早晚各搅拌一次,连续晒、搅 50～60 天,直到发酵没有泡沫即成。

2.简便制法:先将新鲜蚕豆 2 斤剥皮,与辣椒 5 两去蒂捣碎,与食盐 5两、生水 2 斤、料酒 3 两,一同放在锅里煮。待蚕豆煮烂,再加入一些花椒末、香油(或花生油)2 两拌匀起锅,装入小罐里,存放几天就可以食用。

3.另外几种豆瓣酱的配制:(1)将盐、花椒、薄荷叶、果液用水配成香汁熬煮后滤去渣子,倒入缸里与发酵好的豆瓣配成酱,即为香味豆瓣酱。(2)将细腻的辣椒酱与豆瓣酱配在一起,即成红椒豆瓣酱。这种豆瓣酱色泽红润,麻辣风味。(3)将辣椒油与豆瓣配在一起,色成棕褐色,油醇酱香,不易腐败,称辣椒豆瓣酱。(4)将青椒洗净,切成小碎块,与发酵好的豆瓣配在一起,为青椒豆瓣酱。这种豆瓣有酱香及青椒味。除此之外,还可以与蘑菇、肉松、火腿等配置成多种多样的豆瓣酱。

辣 椒 酱

原料:红辣椒 95 斤,食盐 25 斤。

做法:

先将红辣椒的蒂根摘去,用水洗净,稍控后粉碎,要边粉碎边加盐,全部粉碎成糊状。倒入腌缸里,每天要搅拌一次,直至搅得不发酵、无气泡即好。

注意事项：

1.辣酱入缸前,要清洗缸具,并要用开水消毒。

2.搅酱和晾酱期间,要加防尘、防蝇设备。

西红柿酱

原料：鲜西红柿。

做法：

1.煮制:选熟透的西红柿洗净,然后在开水锅里烫一下,剥去皮,用手掐烂,放到沙锅或钢精锅里熬煮,加盐 10% ~ 15%,待水分蒸发,煮成稠酱后,再灌入洗净控干的瓶子里,塞住瓶口,趁热封口(或用蜡封口)。封口前最好在瓶口处倒入一截食油,以防起白醭。

2.蒸制:选熟透了的西红柿洗净,然后在开水锅里烫一下,剥去皮,用手掐烂或切碎成酱汁,装入耐高温的器具里上笼蒸制,让水分从针眼里跑出,使酱汁得到消毒处理。此法制作的酱,色鲜味美,基本上保持了西红柿的营养与味道,制作也较为简便。

芝 麻 酱

原料：芝麻

做法：

将芝麻拣净杂物,簸净壳糠,上火炒成微黄色,用小磨磨细即可(无小磨可用铁钵捣烂也可)。用此法也可以制作花生酱。食用时调以凉开水即可,夏季拌面、拌菜最好。

玫 瑰 酱

原料：1.咸酱:鲜玫瑰 50 斤,盐 4 斤,白矾 0.5 斤,梅卤 12.5 斤。

2.甜酱:鲜玫瑰 33.5 斤,白砂糖 80 斤。

做法：

选择花朵鲜艳、色泽正常的玫瑰花瓣为原料。

1.咸玫瑰酱:先将花瓣、白矾和 3 斤盐、8 斤梅卤倒入容器,搅拌匀,腌渍一天,然后将花瓣捞出沥干,再将其余的盐、梅卤同花瓣一并倒入缸内,腌渍十多天即成。

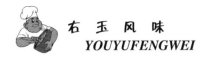

2.甜玫瑰酱:将玫瑰花瓣轻轻揉搓后,和白糖10斤放入缸内搅匀,腌渍三天,之后继续加入白糖腌渍,直到加完。以后每天要搅动一次,半月左右香气扑鼻即成。

甜 面 酱

原料:普通面粉100斤,水38斤,盐水150斤,白砂糖适量。

做法:

用水将面粉拌均匀,用布包好,踩坯饼(蒸成馒头也可),上笼蒸1小时出笼,晾冷。然后放入发酵室发酵。室温要保持在28℃～30℃,每天翻倒一次。待一周后黄曲霉菌长齐长好,要开室通风,继续在室内放四五天;两周后出发酵室,将杂质拣去,扫掉黑毛下缸。注入14℃的盐水150斤,并加入适量糖,浸泡7～10天,待糖溶化后,每隔一周搅一次,直到块状全部糖化,磨成糊状。以后逐渐增加搅拌次数,最好每天早、晚各一次,晒到太阳下搅3～6个月,直到看不见泡沫,含水量不超过50%即可食用。

注意事项:

1.必须严格工艺操作规程,讲究卫生,晒酱时要加防尘、防蝇设备。

2.制成酱后,呈黄褐色或红褐色,并有鲜艳光泽,闻有酱香和酯香气,黏稠适度,无霉花,无杂质,无苦,无焦煳,无酸味,鲜甜适口为佳。

腌肉蛋系列

牛 肉 干

原料:牛肉10斤,酱油2斤,黄酒、白糖、味精、红辣椒粉、红曲各适量,食用油少许。

做法:

选无筋的鲜嫩牛肉切成大方块,洗净。将酱油、料酒、糖、味精、红辣椒粉、红曲兑入汤锅里,把肉块放入,用大火煮15～20分钟,再改用慢火炖30分钟;炖熟后捞出控干,并把肉顺纹切成大薄片,放入烤盘里,把肉汤倒入适量,待烤箱温度达到400℃时,可取出试味,如嫌味轻或重,可适当增减汤汁,再入烤箱,温度减至250℃把汤收干。烘烤时要翻搅二三次,最后拌少许食用油即好。如无烤箱,可将肉放到铁架子上,下烧木炭火烤制,注意掌握温度,以免烧焦;也可用家用铁锅焙炒,但炉火要大,温度要高。焙烤

时要勤搅动,防止肉被烧焦。

咸 腊 肉

原料:猪腿肉 20 斤,食盐 3 斤,花椒少许。

做法:

先将花椒和盐分别上火炒熟。把肉修整,划开几刀。用 8 两盐先擦肉的表皮和刀口处,使血水排出,此为初盐;第二天取出肉块,控掉血水,再用 1.5 斤盐和花椒擦满肉块四周和所有刀口,容器里面也要撒些盐,此为大盐;三四天后,盐已大部分溶化了,再用其余盐和花椒反复涂擦,此为复盐。最后把肉挂到阴凉通风处,干后保存即好。

香 肠

原料:瘦猪肉 5 斤,猪肠衣 1 斤,细盐 1.5 两,白糖 3 两,酒 2 两,酱油 1.5 两,皮硝 1 分,温开水 1 斤。

做法:

将猪肉洗净,切成筷头丁,将各种调料混合,与猪肉丁搅拌均匀;然后将肠衣洗净,整理好,用漏斗装主料灌进肠衣中。灌好后用针在四周扎些小孔,隔一段扎一节麻绳,上火烘烤,熟后把绳剪断。

松 花 蛋

原料:鸭蛋 50 个,纯碱 2 两,红茶末 2 两,生石灰 1 斤,细盐 5 两,草木灰 5 斤。

做法:

先把红茶末放入锅内加水煮沸,把生石灰化散倒入,再将纯碱面、盐和过筛的草木灰下锅拌匀,成稠泥团,把鲜鸭蛋用泥糊封,外边滚上一层稻壳,随后将泥蛋码入坛子里封口(要用泥密封),放于阴凉干燥处,一般 40 天即成。

咸 鸡 蛋

原料:鸡蛋,开水,食盐。

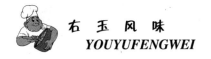

做法：

按百颗蛋 500 克盐、1000 克开水的比例投料。先将盐用开水调成盐汁，等盐水冷却后把蛋腌入，二十多天即可食用。

面 食 类

糖 饼（擦 酥）

原料: 面粉 500 克,白糖 200 克,胡麻油 200 克。

调料: 小苏打适量,纯净水适量。

做法:

1.用 40℃左右的温水,将加入小苏打的面粉拌成碎粒状。

2.将碎粒状湿面揉均匀成团。

3.面团醒半小时左右,备用。

4.擦酥。将面粉 150 克,胡麻油 150 克,混合搅拌均匀成酥。

5.醒好的面团涂上胡麻油防黏,擀成圆片状。

6.将擦成的酥撒在圆面片上,卷圆筒状。

7.切成六剂(或揪成 6 剂)。

8.将每剂的面团压扁,包入糖馅。

9.用擀面杖将其擀成圆饼状。

10.将糖饼坯放入热锅中,两面烙至金黄色熟透为宜。

水 晶 饼

原料: 面粉 500 克、猪板油 200 克、白绵糖 200 克、白砂糖 200 克、胡麻油适量。

调料: 青红丝 80 克,果脯 40 克,玫瑰 20 克,桃仁 20 克,花生米 40 克,共配制 200 克,酒适量。

做法:

1.制皮:面粉加温水搅拌均匀,待面团光滑,富有弹性,离手为宜。

2.制馅:将猪板油、白砂糖、白绵糖、熟面粉、青红丝、果脯、玫瑰、桃仁、花生米混合均匀,加入适量的白酒搅拌均匀即成馅。

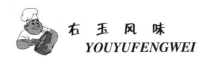

3.包皮:把和好的面团切块分均匀,待用。

4.包馅:把包好馅的小面团拍成直径为5厘米、厚3厘米的小圆形饼。

5.烙制:将圆形饼放入平底锅或饼铛烙制熟后,冷却即成。

(右玉)混糖饼

原料:精粉10千克,绵白糖3.5千克,胡麻油3.5千克,小苏打100克,熬糖浆用水4千克左右。

做法:

1.锅里加水4千克左右,投入绵白糖熬浆。

2.待熬制的糖浆温度降至42℃左右,倒入胡麻油搅拌均匀。

3.搅拌均匀的糖浆内再加入面粉搅拌均匀后,搓揉成面团。

4.面团和制时间应30分钟内完成,以防面团"走油"上劲。

5.将和好的面团置案板上分剂,按500克精粉面大约可为6剂,每剂经搓揉后放在案上擀成圆形饼。

6.将生坯按一定距离码入烤盘,入炉烘烤,炉温220℃左右,烤8～15分钟出炉即成。

馅　饼

原料:面粉1000克,冷水600克(左右),猪肉1000克,韭菜500克,葱、姜、花椒面、食盐、味精、香油、胡麻油适量。

调料:葱花、生姜末、精盐、味精、香油各适量。

做法:

1.1000克面粉用600克左右冷水把面和好,搓揉均匀成面团,醒面1～2小时左右。

2.猪肉用刀剁成细茸。

3.鲜韭菜、葱剁碎,姜切成末。

4.将猪肉茸、韭菜、碎葱末、姜末、花椒面、精盐、味精、香油、胡麻油放一小盆内搅拌均匀备用。

5.把醒好的面团搓揉成面皮。

6.将面皮包上馅料,收紧剂口,包口朝下,按成小圆饼。

7.饼铛烧热淋上胡麻油,把小饼放入饼铛内,慢火烙其一面至金黄,再翻转烙制另一面,在翻转前抹上一层胡麻油,注意把握火候,烙成金黄色、

熟透,馅饼即成。

家常糖饼

原料:面粉 500 克,胡麻油 200 克。

调料:盐 4 克,白糖 200 克,温水 200 克左右。

做法:

1.将面粉 500 克、胡麻油 25 克、精盐 4 克、温水 200 克(左右),用筷子搅拌均匀,揉成面团(适当和软),醒面团半小时左右。

2.白糖里加入 50 克左右的熟面,混合均匀。

3.醒好的面团涂上胡麻油防粘,擀成圆片状。

4.在擀成的圆片上撒油或干面粉,卷起面卷,切成六剂。

5.分别包入糖馅,倒扣、压扁,擀成中间厚的圆饼状。

6.将糖饼放入撒油的饼铛,两面烙至金黄色即可食用。

油 饼

原料:面粉 500 克。

调料:精盐、葱、胡麻油各适量。

做法:

1.用 150 克面粉,加适量胡麻油和面。

2.用 350 克面粉,加盐适量和温水 200 克左右,将面和好揉均匀成面团(醒好)。

3.分别把两种面擀成薄片,并把面片 1 放在面片 2 上。

4.将切碎的葱花、微量精盐、适量胡麻油均匀覆其上。

5.将其卷起,揪成六剂。

6.面剂两头拧起来按扁,擀薄成型、刷油,饼铛烙熟即成。

芝麻土豆饼

原料:土豆 500 克,水发冬菇 25 克,熟笋 25 克,罐装蘑菇 25 克,净荸荠 50 克,面粉 50 克,白芝麻 75 克,鸡蛋 1 只。

调料:黄酒、胡麻油各 1 匙,细盐、味精、胡椒粉各适量,生油 300 克(实耗 50 克),辣酱油 1 小碟。

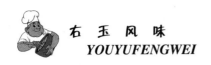
做法：

1.将土豆洗净、蒸熟，晾凉、去皮，碾碎成泥，加面粉、细盐、味精揉匀成土豆面团。将冬笋、冬菇、蘑菇、去皮荸荠均切成米粒状。鸡蛋磕碗内搅散待用。

2.净锅烧热，放 25 克胡麻油，将冬笋粒、冬菇粒、荸荠粒放入炒匀，加细盐、味精、胡椒粉并勾糊芡，炒成素馅。

3.把土豆面团擀成饼皮，放素馅，包成直径 4 厘米、厚 1 厘米的圆饼，放入鸡蛋液中滚一下，再粘层芝麻，用手拍牢，放入五成热的油锅中炸至金黄色即可，蘸辣酱佐食。

特色：外表金黄，味香酥脆，质地细腻，馅味鲜咸。

大 头 麻 叶

原料：面粉 5000 克，糖稀 2000 克，精盐 50 克，酵面 250 克，胡麻油 3000 克，纯碱适量。

做法：

1.盆内加酵面 250 克，糖稀 1900 克，适量温水调成糊，放入纯碱和精盐调匀，把 3750 克面粉倒入，加入适量水和成软面团。

2.将剩余的面粉和糖稀加入适量的温水和成软面团，放在案板上擀成 3 厘米左右的长方块。

3.将软面团也擀成同样的形状，并将两种面块重叠压紧再刷上油，略醒。

4.将两种醒好的面相叠压扁，切成长 10 厘米、宽 7 厘米的块，每剂约 80 克，中间用刀切圆孔小洞，把一头从孔中翻掏过来。

5.将锅置旺火上，加宽油烧至七八成热，放入麻叶坯子，炸至漂浮起来成四个大头膨胀起的麻叶，至金黄色捞出即成。

特色：色泽金黄，甜香味美。

麻 花

原料：面粉 5000 克，胡麻油（底油）200 克，白糖 300 克，碱面 7 克，明矾适量，糖精微量，温水 4500~5000 克。

做法：

1.用 4500～5000 克温水将 300 克白糖、7 克碱面和微量糖精溶化成混

合糖水。

2.明矾碾碎末,投入混合水中。

3.将面粉倒入混合水中和成面团后,再糅进温水少许,盖上湿布醒10分钟。

4.将醒好的面团反复搓揉几遍,然后揪成小剂子,每剂40～50克,搓成每剂约10厘米的长条,放入盘中,刷上一层胡麻油再醒10分钟。

5.醒好后,先取一小剂,在案板上搓揉成长条约60厘米的面条后再盘成三股麻花,长12厘米左右,粗细均匀。

6.将胡麻油倒入锅内,用旺火烧至七成热时,将麻花坯子分批下入油中炸制20分钟,要随做随炸,炸时用筷子或竹板将麻花坯子推拉,在油锅内抖、摆,使条与条之间稍微松散并炸透,炸至棕黄色时即成。

特色:脆酥香甜。

手 揪 面

原料:精面粉。

调料:花椒、香菜、精盐各适量。

做法:

1.盆内放入1000克面粉,加入温水,按一个方向用筷子搅拌。

2.用手揉成面团。

3.醒面半小时左右。

4.案板上撒薄面,将面团擀薄。

5.摊开后,撒上一层薄面,对折几次,用刀切宽条。

6.将切的面条用手抻开,揪(白)面疙瘩入锅,手揪面上浮水面便熟即成。

7.据自己口味,可做荤、素汤蘸食。

豆面系列

抿 豆 面

原料:豆面,白面,土豆淀粉(比例为3:1:1)。

调料:猪肉(或羊肉)、海带丝、黄花菜、木耳、土山蘑菇、胡麻油、斋面面、花椒面、干姜面、精盐各适量。

做法：

1.将豆面、白面、土豆淀粉掺和在一起搅拌均匀，再加入适量的水搅拌成稠糊状。

2.将猪肉切成碎末入锅炒至八九成熟，加入海带丝、黄花菜、木耳、山蘑菇、花椒面、干姜面，撒入精盐适量，熬煮至熟，倒入搪瓷盆里，并炝入斋面面。

3.水锅烧沸后，将稠糊豆面，用抿面床抿入锅内，熟后捞入碗里。

4.舀取"臊子"浇于碗里与抿豆面拌匀，即可食用。

手擀豆面

原料：豆面1000克，白面适量。

调料：蒿籽面20克，玉米面少许。

做法：

1.将蒿籽碾压或捣成碎面。

2.将豆面、白面和蒿籽面搅拌均匀，倒入400～500克的温水，面要和得较硬一些，拌成面须，搓揉成面团，盖上湿笼布，醒面30分钟。

3.将面团放在案板上，撒薄面（玉米面），像擀面条一样擀薄，并用刀切成宽0.3～0.5厘米的面条，然后，将所切的面抖开。

4.水烧开下入面条，煮熟，捞入碗内。

5.浇入汤料即可食用。

特色：味纯悠香，口感适宜。

豆面饸饹

原料：莜豆面1000克，土豆淀粉100克。

调料：蒿籽面。

做法：

1.将1000克莜豆面里加入土豆淀粉100克，搅拌均匀，加入30克蒿籽面，同时加入600克左右冷水搅拌成絮状面块和面。

2.面和得硬一点，然后用水蘸温水揸软揸筋为止。

3.分取适量的面剂搓揉成长条面剂子。

4.将面剂插入饸饹床眼，压面涌入锅内成粉丝状。

5.豆面饸饹入开水锅，用筷子拨撒。

6.水开后，饸饹上浮，捞出入碗内。

7.浇上"臊子"即可食用。

豆面扒股子

原料:豆面 1000 克,土豆淀粉 100 克。

调料:豆瓣酱、葱花、天香花(斋面面)、香菜、辣椒、腌菜、黄瓜、精盐、味精各适量。

做法:

1.将豆面、土豆淀粉混合搅拌均匀,加入冷水 600 克左右,用筷子向一个方向搅拌成稠糊状。

2.将稠糊置铁匙上,用筷子拨成小鱼条状,像面食剔尖一样。

3.边拨边入锅,熟后捞入碗内。

4.碗里调和以上调味即可。

特色:香、软、滑、绵。

豆面疙瘩

原料:纯豆面 1000 克,土豆淀粉 100 克。

调料:蒿籽面 50 克。

做法:

1.将纯豆面和土豆淀粉充分搅拌均匀,并加入 50 克蒿籽面拌匀。加入凉水 600 克拌成絮状面块,面和硬。

2.面团蒙上湿毛巾,醒面 20 分钟左右。

3.案板撒上薄面,将面团擀成面片后,切成斜方疙瘩。

4.煮熟后,带汤舀到碗内,加入作料即可。

莜面系列

莜面饨饨

原料:莜面 1000 克,土豆适量。

调料:腌酸菜、盐水、辣椒片、胡麻油、斋面面(天香花)、大蒜、葱花、香油。

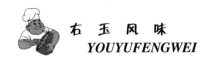

做法：

1.莜面里加入 500 克左右的热水，搅拌成块粒状，然后，用手揉成面团。

2.土豆洗净、去皮、擦丝，用清水淘洗沥干。

3.将面团擀成方块薄面片（注意使用薄面）。

4.取土豆丝均匀撒在薄面片上，卷圆筒状切成 5～6 厘米长的卷节。

5.竖立放在蒸笼里，水开后上笼蒸 15 分钟左右即成。

6.将葱丝、辣椒片、斋面面油炝后，再加入酸菜或盐水，蘸食。

特色：清淡可口，常食不腻。

莜面土豆鱼鱼

原料：莜面，熟土豆泥，土豆淀粉。

调料：酱油，腌菜，盐水，葱花，香菜，水萝卜，香油，辣椒片，大蒜，胡麻油，天香花（斋面面），黄瓜。

做法：

1.土豆泥内掺入莜面和少许土豆淀粉，用水搅拌，揉成面团。

2.截取 5 克一剂，放于掌心搓捏成鱼状（两边细，中间粗）置蒸笼内。

3.搓鱼鱼之时，应适当撒上薄面，以防粘连。

4.在开水锅上蒸 10 分钟左右，便可起笼。

5.水萝卜、黄瓜用礤床擦丝。

6.胡麻油烧至六七成热时分别炝香辣椒片、天香花、葱花。

7.根据自己的口味配置各种辅料蘸莜面土豆鱼鱼即食。

莜面鱼鱼

原料：莜面 1000 克，土豆淀粉适量。

做法：

1.将 1000 克莜面里加入土豆淀粉适量，搅拌均匀，再加入 600 克左右的开水，用筷子向一个方向缠绕，用手搓揉筋道成面团。

2.截取 5 克一小剂，置于掌心，两手搓成鱼状（两边细，中间粗）装在蒸笼内。

3.注意撒上薄面以防鱼鱼粘连。

4.锅置火上，水开后蒸十分钟左右即熟。

吃法：1.烩菜氽莜面鱼鱼。

2.盐水、酸菜蘸莜面鱼鱼。

3.荤汤蘸莜面鱼鱼。

特点:冷拌热炒,味浓宜人。

莜面饸饹

原料:精莜面 1000 克,纯净水 600 克。

做法:

1.将精莜面 1000 克置于瓷盆,缓缓倒入纯净水 600 克左右,同时用筷子搅拌成块状。

2.醒面 1～2 小时。

3.醒好面,经手揉、捩、揸、叠薄面,糅合成面团。

4.用饸饹床挤压出面条,装入笼里放好。

5.水烧开后,将蒸笼放在锅上,密闭,急蒸 10 分钟左右即熟。

传统吃法 1.热天凉拌或冷盐水汤蘸食。

　　　　　2.冷天多用肉丝汤蘸食。

莜面圪卷儿

原料:精莜面 1000 克,纯净水 1000～1200 克。

做法:

1.取精莜面 1000 克倒入陶瓷盆。

2.取烧开后的纯净水 1000～1200 克,边倒开水,边搅拌。

3.(粉面)醒面半个小时后,和面光滑筋道为好。

4.揪取面团三小剂置于掌心,用左右手将小鱼际用力搓揉下压,圪卷儿粗细均匀、自然下落,全部做好后置于蒸笼内。

　5.水沸后大火急蒸 10 分钟便可下笼。

传统吃法:

1.蘸腌菜盐水

取酸菜、腌制盐水适量,加入葱花、大蒜、红辣椒、油炝斋面面(天香花),蘸食。

2.蘸酱菜盐水

将酱菜丝、心儿美丝、水萝卜丝、韭菜段、香菜段内加入淡盐水,再放入以上各种调料蘸食。

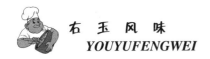

3.也可按自己喜好做肉丝汤蘸食。

莜 面 窝 窝

原料:精莜面 1000 克。

做法:

1.将 1000 克左右开水倒入盛 1000 克莜面的瓷盆内,边倒水边用筷子搅拌缠绕,和制成面团。

2.用右手(左手)揪面 2 ~ 3 克的小剂子,放在石板上用手掌向前推。

3.用(左手)右手食指将其从上端扯起,绕食指卷成圆筒状。

4.逐个并排绕笼而立。

5.将放有莜面窝窝的蒸笼放在开水锅上,蒸 10 分钟即熟。

和 子 饭

原料:小米、莜面、水各适量。

做法:

1.锅中添水适量,将小米淘洗干净下入锅里,也可以放入大小均匀的土豆,大火煮沸撇去浮沫。

2.土豆稀粥煮到七八成熟时,用勺子边搅拌边均匀地撒入莜面。

3.再熬片刻,土豆熟,同时闻到莜面熟香味即成。

和 子 饭 拌 炒 面

做法:

1.将磨好的莜面放入热锅,文火焙炒至微黄色(熟透),即黄莜面炒面。

2.用土豆去皮或用和子饭,加入黄莜面炒面,用竹筷子拌成块状即食。

老 娃 含 柴

原料:莜面、土豆各适量。

做法:

1.将莜面加水和面,并将和好的面擀成长方形的片。

2.将去皮土豆擦成薄片(或用刀将土豆切成一定薄的片)。

3.将土豆片放在莜面片之间(一半莜面片放上土豆薄片,另一半莜面折叠于土豆薄片之上),切成细长的条子,装入蒸笼。

4.将蒸笼置开水锅上,蒸15分钟左右,下笼蘸汤食之。

驴 驮 草

原料: 莜面1000克,土豆粉100克,豇豆芽适量。

调料: 腌水、葱花、酸菜、香菜、紫皮蒜、天香花、胡麻油、土豆、辣椒油、豇豆芽各适量。

做法:

1.将土豆洗净、去皮,用刀切成细长条。

2.将土豆条铺在笼床底部,将豆芽掏洗沥干,撒于其上。

3.把和好的莜面,用饸饹床压成饸饹覆于其上。

4.将蒸笼置开水锅上,急火蒸15分钟便可下笼,将莜面饸饹抖散。

5.碗里装入腌水、葱花、酸菜、香菜、油炝天香花、辣椒油,拌入土豆条、豆芽,搛莜面饸饹蘸食,并配以紫皮蒜泥。

莜面、粉面圪团儿(猫耳朵)

原料: 莜面250克,粉面250克。

调料: 食盐适量。

做法:

1.将250克莜面和250克粉面搅拌均匀,加水糅合在一起。

2.揪取3克的小面剂子,用大拇指在另一个手心内推卷成海螺状的小面壳儿。

3.下入开水锅中煮熟。

4.用漏勺捞入碗内调食,荤素皆可。

莜面鱼儿圪瘩

原料: 莜面1000克,粉面100克,土豆、萝卜条、小米各适量。

调料: 精盐、葱、天香花。

做法:

1.将莜面、粉面和匀,加温水揉搓成团。

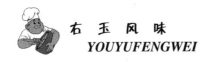
2.用手捏成"小鱼疙瘩"(形似小鱼儿)。

3.锅内加水,放入小米少量,再放入土豆条、萝卜条。

4.水开后放入莜面鱼儿疙瘩,熟时加入精盐。

5.油炝葱、天香花,喷入锅内。

6.做成稠稀饭,盛入碗内即可食用。

焖 鱼 鱼

原料: 莜面适量。

调料: 烩菜、食盐、辣椒、葱花、紫皮蒜泥各适量。

做法:

1.用和好的莜面捏成"小鱼鱼"。

2.将"小鱼鱼"置于笼内,在开水锅上蒸10分钟下笼。

3.制作烩菜。

4.将"小鱼子"倒入烩菜锅内调和均匀。

5.调拌食盐、辣椒、葱花、紫皮蒜泥即可。也可将"莜面小鱼鱼"生焖于烩菜之上,焖熟后,菜、面调和均匀即可食用。

抿扒股(摩擦扒股)

原料: 土豆、莜面、土豆淀粉各适量。

调料: 精盐,汤料。

做法:

1.将土豆洗净、去皮。

2.用"摩擦子"将土豆擦成糊状物。

3.将莜面撒入,搅拌均匀,再将适量土豆淀粉倒入搅拌,软筋为宜。

4.锅里撒点精盐,水烧开后,抿面床置于锅上。

5.用铁匙铲将混合面置于抿面床上。

6.用抿面圪墩儿前后推拉、挤压,粗细均匀的抿面,经抿面床孔入锅,一边抿面,一边用筷子拨动。

7.熟后用漏勺捞入碗内即成。

食法: 汤料荤素皆可。

摩擦筋丸子

原料:土豆、莜面各适量。

调料:精盐、腌水、酸菜、胡麻油、天香花、黄瓜丝、葱花、蒜泥各少许。

做法:

1.将土豆洗净、去皮。

2.在"摩擦子"床上,将土豆摩成糊状物,再将莜面拌入,搅拌均匀,软筋为宜。

3.蒸笼里铺上笼布,将其擦揉拍扁,装入笼内(宜薄不宜厚)。

4.开水后,上笼蒸20分钟左右即成。

5.用腌水或辅料调制汤汁蘸食。

特色:筋道耐嚼,方便快捷。

莜面块垒

原料:莜面适量。

调料:葱花、胡麻油、食盐各少许。

做法:

一、蒸莜面块垒

1.用纯莜面,加水、盐适量,搅拌成细小的块粒状,用手搓拌均匀。

2.蒸笼底铺上笼布,将块垒撒在笼内。

3.将笼置开水锅上,蒸10分钟左右,熟后下笼,可食。

二、油炒块垒

1.锅里放入胡麻油烧至六七成热,入葱花炝出香味。

2.把蒸块垒倒入锅中翻炒至呈黄色,便成油炒块垒。

土豆莜面块垒

原料:土豆500克,莜面150克。

调料:精盐、葱花、胡油、咸菜、蒜泥各适量。

做法:

一、蒸食法

1.将土豆洗净,放入锅内煮熟,趁热去皮。

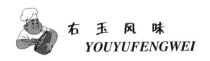
2.稍冷片刻,用礤床将熟土豆擦成丝。

3.将莜面拌入土豆丝中,并用手搓揉成块垒状,搓成细粒为止。

4.笼底铺上笼布,将块垒撒在笼内。

5.将笼置开水锅上,蒸10分钟左右起笼。

6.铲到碗内,加上咸菜、葱、蒜泥食之。

二、蒸后炒食法

锅里加少许胡麻油,烧至六七成热,放入葱花、蒜泥,炝出香味后,再将块垒倒入锅内拌炒即成。

龙　蛋

原料:莜面500克,土豆1000克。

调料:精盐、葱花、花椒面、鸡蛋各适量。

做法:

1.将土豆洗净,入锅煮熟后去皮并用礤床擦成细泥。

2.将莜面、精盐少许,葱花、花椒面适量放入土豆泥内,混合搓揉均匀。

3.取100克的混合物抟成圆球形,上笼蒸熟。

4.表面挂鸡蛋糊,放入油锅炸至金黄色便可食用。

特色:营养丰富,美味可口。

荞面系列

荞面饸饹

原料:精荞面1000克,土豆淀粉100克。

调料:猪(羊)肉600克,土豆片200克,白酱油50克,精盐10克,甜酱20克,胡麻油100克,胡椒面2克,味精1克。

做法:

1.将1000克精荞面和土豆淀粉100克搅拌均匀,再加适量水(500~600克)边搅拌边加水,并用手蘸温水多次揉搓,和到荞面不粘手,盆、手、面三光,筋道为止。

2.臊子:将猪(羊)肉切成1.5厘米大小肉片,锅置旺火,下油烧熟,放入肉片煸散,投入各种调料炒匀,掺入汤即成。

3.取荞面一剂,用饸饹床压在开水锅里。

4.荞面进锅火要急,荞面上浮便熟,点入凉水,便可捞入碗中。

5.将臊子浇在碗内荞面上,调匀即食。

荞面圪团儿(猫耳朵)

原料:荞面1000克,土豆淀粉100克。

做法:

1.将和好的荞面取一剂搓揉成10厘米的长条,夹于左(右)手中指与食指间。

2.取一小剂荞面,放于左(右)手掌心,掌心要撒少量薄面(或抹胡麻油),用右(左)手的大拇指头部位向下搓拉,捏成猫耳朵状,称其为圪团儿。

3.将圪团儿下入开水锅中,一边下,一边要用筷子翻动,切勿粘连和糊锅,熟后捞入碗内。

4.碗内圪团儿上浇上臊子,调匀即食。

5.臊子做法同上。

荞面疙瘩子

原料:荞面1000克,土豆淀粉100克,水500～600克。

调料:胡麻油、细粉条、羊肉、香菜、葱、香油、天香花(斋面面)、土豆各适量。

做法:

1.将荞面和土豆淀粉混合加水和面。

2.取26克一剂,夹于两掌之间(掌心抹上胡麻油),用两手大鱼际(或小鱼际)搓倒成猪耳朵状,表面光滑筋道。

3.臊子:(1)把羊肉切成小肉丁。

(2)油烧至六七成热,倒入羊肉丁,煸炒出香味,加入土豆条,稍炒。

(3)再加入花椒面、干姜片,滴入酱油。

(4)加入截成短节的细粉条,熟制3～5分钟。

(5)香菜切段、葱切花、胡麻油炝天香花出香味,各放一碟。

4.把荞面疙瘩子放入开水锅中煮,熟后用漏勺捞入碗内,加入臊子,调匀即食。

猪 灌 肠

原料:猪肥肠(现宰),猪毛血(现宰),猪香胆油渣子,荞面。

调料:食盐、花椒面、干姜面、大料面、白矾各少许。

做法:

1.猪肥肠倒尽内部脏物,翻过来洗干净,再恢复原状,备用。

2.加工猪血的方法:

(1)将凝固的毛血里加入 5 厘米长的麦秆短节(或荞麦皮),麦秆和荞麦皮必须洗干净,沥干。

(2)麦秆或荞麦皮在猪血里浸泡片刻并用筷子搅拌,尽量将凝血劐开。

(3)将此混合物倒入架箩里,用手挤压,过滤在盆里,即成加工后的猪血。

3.将精荞面、精盐、花椒面、干姜面、油渣子、大料面、白矾放入猪血盆里混合搅拌均匀。

4.搅拌后混合物为可以流动的糊状物。

5.将流动的糊状物灌入猪肥肠,边灌注边顺势盘于笼内。

6.上笼蒸 20 分钟左右,熟后下笼晾凉,食时切段即成。

荞面拿糕

原料:荞面 1000 克,土豆淀粉 100 克。

调料:紫皮蒜、食盐、腌菜、葱花、胡麻油、香油各少许。

做法:

1.锅内置水烧至 60℃ ~ 70℃,边往水里撒面,边搅拌成稠糊状,面、水适量,软筋为宜。

2.铁匙铲翻,注意不要糊锅。改用中火,加少许水,盖上锅盖焖煮片刻,拿糕上撒匀水淀粉后,用筷子充分搅拌匀。

3.焖煮片刻,熟后便可出锅。

4.碗里调和上腌酸菜、葱花、油炝天香花、香油等蘸拿糕、紫皮蒜食之。

特色:补脾益气,软筋可口。

塔 馍 馍

原料:荞面 1000 克。

调料:精盐、花椒面、干姜面、葱花、辣椒、醋各少许。

做法:

1.将荞面1000克加入1000～2000克的水调和成半稠的糊状。

2.糊内加入精盐、花椒面、干姜面、葱花,搅匀。

3.锅底加热,锅里用刷子刷一层胡麻油。

4.用勺盛糊倒入热锅中摊成薄厚均匀的薄饼。

5.待其表面凝固变熟色,下面烤成金黄色即可食用。

荞面滴连儿

原料:荞面1000克,土豆淀粉50克。

调料:精盐适量。

做法:

1.将荞面加入适量的水、精盐和土豆淀粉掺和均匀,成稀糊状。

2.将1000克胡麻油倒入锅中。

3.锅中油烧热后,用小瓷盆或盘盛面,侧立盆,让糊从盆边旋转流下滴入锅内,炸熟后捞入漏勺沥油,倒入盆内即成。

黄米面系列

油 炸 糕

原料:黄米面1000克,豇豆200克,红糖200克,胡麻油2000克(实耗150～200克)。

调料:1.豇豆200克,红糖200克。

2.熟土豆300克,韭菜100克,精盐5克,花椒面、干姜面各适量。

做法:

1.将黄米面内拌入清水(温)400克左右,搅拌成湿块状。

2.两手将湿块面搓揉成细粒,以增大与蒸气的接触面。

3.蒸锅水沸后,将糕面撒入蒸笼一层,上锅蒸馏。

4.蒸馏5～10分钟,熟后,再撒一层,依次撒入,直至撒完。

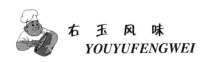

5.全部蒸熟后,倒入盆内,手蘸凉水趁热撮糕。撮到糕面均匀光滑为止,再往面团上抹少许胡麻油,以防粘连。

6.糕馅制作:(1)将豇豆洗净,放入锅内,倒入沸水1000克煮开后,改为小火焖煮至熟烂后,用抿扒股床挤压成泥浆,加入红糖,即成豆馅。(2)熟土豆去皮,擦成细丝,韭菜切碎,加精盐、花椒面、干姜面、胡麻油等搅拌均匀,即为土豆韭菜馅。

7.用手蘸胡麻油,揪取一块面团,包上豆馅,即成豆馅糕;包入土豆韭菜馅,即为土豆韭菜馅糕。

8.将锅置火上,倒入胡麻油烧热,把包馅糕逐个下入,炸至呈金黄色捞出装盘。

如果揪素糕50克左右,捏成圆饼,放入油锅炸至呈黄色捞出为单饼油炸糕。

要点:煮豇豆(赤小豆)水要一次加足,不要中途搅动,防止糊锅。糕(包馅)口要捏严,防止油炸时漏馅。

特色:外脆内软,色鲜喷香。

黄糕(素糕)

原料:黄米面,胡麻油。

做法:

1.将黄米面内拌入清水(温)400克左右,搅拌成湿块状。

2.两手将湿块面搓揉成细粒,以增大与蒸气的接触面。

3.蒸锅水沸后,将糕面撒入蒸笼一层,上锅蒸馏。

4.蒸馏5~10分钟,熟后,再撒一层,依次撒入直至撒完。

5.全部蒸熟后,倒入盆内,手蘸凉水趁热撮糕。撮到糕面均匀光滑为止,再往面团上抹少许胡麻油,以防粘连。

吃法:根据自己的口味和喜好,可配素菜、素汤,或荤菜、荤汤食用。

饺子系列

玻璃饺子

原料:土豆淀粉1000克,熟土豆1000克,白矾10克。

调料:韭菜、油渣子、精盐、胡麻油、花椒面、干姜面、酱油各适量。

做法:

1.土豆煮熟,趁热剥去皮,用饸饹床挤压两三次,使土豆泥筋道,富有弹性为好。

2.取土豆淀粉50~100克勾芡。

3.将土豆淀粉、土豆泥、粉芡三合一内加入白矾,快速糅和成团。

4.制馅:

(1)韭菜切碎,熟土豆用礤床擦细丝。

(2)猪油(或羊油)熬制取油出渣子。

(3)再加入切碎的韭菜、熟土豆丝和花椒面、干姜面、酱油、精盐、胡麻油,调和均匀。

5.揪取50克面剂,手掌擦上胡麻油,两手交叉,用两手大、小鱼际部位搓倒成皮。

6.将饺馅置于其中,压边,成扇形状。

7.装笼置开水锅蒸10分钟左右即可食用。

羊血饺子

原料:羊血,精莜面,土豆淀粉。
调料:土豆丝、干姜面、花椒面、胡麻油、羊血渣各适量。
做法:

1.羊血制作:

(1)宰羊时在接毛血的盆里放入盐,待冷却凝固后用刀划成方块。

(2)锅里的水烧至80℃左右放入毛血块,继续加热,血块熟嫩捞出。

(3)晾冷后,用刀剁成小粒(块)。

2.土豆丝制作:

(1)土豆去皮(或熟土豆)在礤床上擦成丝。

(2)将土豆丝剁成短丝。

3.羊油渣的制取:将羊香胆油切碎,在热锅里熬炼滗去油,剩余渣子。

4.将制取的羊血块粒、土豆短丝、羊油渣、胡麻油、香油、干姜面、花椒面、葱花搅拌均匀。

5.精莜面里加入适量的土豆淀粉,加开水搅拌成块粒状,手工搓揉筋道成团,表面光滑,醒面10分钟。

6.取一剂50克,用两手捣制莜面饺皮。

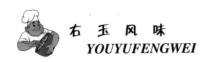
7.将倒好的饺皮包入适量的馅捏好包口,放入笼内,水烧开后蒸 10 分钟即可。

食用方法:

1.用腌菜水、腌菜、炝斋面面花、大蒜泥、炝红辣椒、香菜蘸食。

2.盐水、榨菜、酱油、胡麻油、炝斋面面、炝红辣椒、大蒜、香菜蘸食。

油仁儿饺子

原料:小米面 250 克,黄米面 250 克。

调料:胡麻籽面、粉面、莜茶面、精盐、花椒面各适量。

做法:

1.将 250 克小米面和 250 克黄米面搅和均匀,加水和成混合面团。

2.胡麻炒熟后,石磨上磨烂,即油个儿(胡麻籽面)。

3.莜面放锅内焙至淡黄色,即莜茶面。

4.馅子:将莜茶面和油个儿各一半掺和搅拌均匀,加入食盐、花椒面、葱花即可。

5.取小米面、黄米面混合面团包入馅子,做成饺子。

6.蒸笼蒸熟即成。

特点:软、筋、油、香。

莜面饺子

原料:莜面 500 克,土豆淀粉面 100 克,土豆适量。

调料:腌水,酸菜,油炝天香花,黄瓜丝,水萝卜丝,葱花,紫皮蒜泥。

做法:

1.将莜面和土豆粉面和好,揪取 40 ～ 50 克的小剂子。

2.用两手掌搋制成有波纹的扇形小皮子。

3.土豆去皮,洗净,沥干,用礤床擦丝,拌入作料即成馅。

4.将馅子包入扇形小皮内,捏成莜面饺子,装入蒸笼蒸熟。

5.碗内盛腌水、酸菜、油炝天香花、黄瓜丝、水萝卜丝、葱花、紫皮蒜泥蘸食。

烧 卖

原料:雪花粉 500 克,精肉 500 克。

调料:葱 250 克,生姜 50 克,花椒面 5 克,胡麻油、精盐、味精、淀粉各适量。

做法:

1.先将雪花粉内加入 100 克水和面,再揉成丝状和在一起,醒面 20 分钟(一般 500 克面下剂 80 个)。

2.取面剂一个,用做烧卖的圆面杖将面剂转、压、舂成稍麦皮(用淀粉做薄面)。并用湿布盖上,以防干裂(皮儿一般前一天做好,第二天用)。

3.将精肉做馅,放入生姜末、大葱花、花椒面、精盐、胡麻油和凉水 50 克,顺一个方向搅匀,并加入芡汁。

4.将包好的烧卖放入蒸笼,蒸熟即可。

要点:烧卖蒸熟,嘴(口)不能有白色,标准的稍麦嘴像一朵透明的花。烧卖提起来像茄子,放下像碟子,韧性很大。

特点:柔软咸香。

杂粮系列

糜子米面烙㸆儿

原料:糜子面 1000 克,白面少许。
调料:糖精、碱面各适量。
做法:

1.取糜子面 250 克入锅中,加适量水熬熟。

2.将剩余的糜子面 750 克加入,搅拌成糊糊状。

3.装入盆内,将盆盖好,放在热炕上发酵(或加热快速发酵)。

4.发好酵后,加入适量的纯碱面水和糖精水搅拌均匀为糊状流体。

5.将饼铛抹上一层胡麻油,用勺子舀取糊状物倒在其上,摊平摊匀,盖上锅盖。

6.火候适当时,用铁匙(铲)起,把搪瓷盆揭去。

7.用铁匙将烙㸆儿翻叠便成。

玉米面烙㸆儿

原料:玉米面 500 克,谷米面 500 克,白面 50 克。

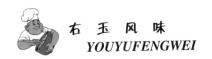
调料:酵母,泡打粉,白糖(或糖精)。

做法:

1.将玉米面、谷米面、白面加入温水搅拌成稀糊状。

2.将白糖(或糖精)压碎并放在碗内溶化后,倒入糊内混合均匀。

3.将苏打粉按一定比例分别配制好,用温水溶解后倒入混合面糊中,用筷子拌匀。

4.让混合面糊充分发酵后,加入泡打粉,酸碱中和。

5.饼铛置火上,火适当时,饼铛用油刷抹一层胡麻油。

6.用勺子舀取混合面糊状物,置饼铛中间,顺势倒下,让其向四周均匀分流。

7.瞬间,盖上比饼铛稍小的瓷盆。

8.火适中,听水蒸气将尽时,有哧啦声,玉米面烙烀儿便熟了。

9.用铁匙撬起瓷盆,一面烙制的烙烀儿便成;然后,折叠成半圆形;如果在上面刷上一层油翻转再烙制,就是两面烙制品,且两面都成金黄色。

特色:香甜可口,润泽色美。

谷米面烙烀儿

原料:谷米面。

调料:酵母,泡打粉,白糖(糖精)。

做法:同上。

白面烙烀儿

原料:白面。

调料:酵母,泡大粉,糖精。

做法:同上。

玉米面窝头

原料:玉米面。

调料:纯碱面。

做法:

1.瓷盆内放入玉米面加温水适量,搅拌均匀。

2.加盖、加温、发酵(起面)。

3.兑上适量的纯碱水。

4.捏成半圆形,中间空的玉米面窝头。

5.扣在笼床上,蒸20分钟即成。

谷米面、豆面、糜子面、小米面等起面,如上做出分别叫"谷米面窝头"、"豆面窝头"、"糜子面窝头"、"小米面窝头"。

三 杂面卷子

原料:莜面,荞米,白面。

调料:纯碱。

做法:

1.将莜面、荞面、白面倒入盆内混合均匀。

2.倒入适量温水和匀,发酵(起面)。

3.兑入适量的纯碱面(水),用手揉成圆形,放入笼内,大火蒸20分钟即成。

餐饮文化拾趣

CAN
YIN
WEN
HUA
SHI
QU

右玉食俗拾零

王德功

长寿面

右玉人过生日或为老年人祝寿,在生日的前一天晚上,要吃"长寿面"。长寿面有两种,一种是把豆面掺上蒿籽面(一种野生蒿的籽)和成的面,擀成像牛皮纸一样薄的面片,然后切成面条;另一种是用白面擀面条,寓意福寿绵长。

抢钱串串

每年大年初一清早,右玉人家家户户都要吃"蒸圪卷儿",名曰:"抢钱串串"。莜面圪卷儿像绳子一样,因为古代人用绳子把制钱串起来,寓意招财进宝。

吃斋饭

在右玉,有的人家每逢大年初一就会全天吃素,名曰"戒斋"。

他们说,大年初一全天不吃荤,就等于半年内戒杀生。不吃荤这一习俗,体现了右玉古人尊崇自然、尊重生命、珍爱牲灵的传统观念。

翻身饼

右玉县好多人家要在除夕夜晚吃烙饼,说是吃"翻身饼",寓意来年交好运,发大财。也有的人家每遇搬家时,清晨就先在旧家锅里烙上饼子,大小不限,先烙一面,然后连锅带饼子端上,到新家生火烙另一面。这也叫"翻身饼",寓意搬家后要翻身发福。

蒸龙预测天年

每年正月初十,右玉人称为"十支"。这一天,好多农家要用莜面捏一条龙,龙的背部要用手指按 12 个小坑,捏好后放在笼里蒸约半个小时,揭开

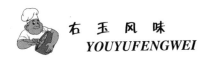

笼看龙背上的小坑哪个有水,哪个没水。据说这 12 个小坑,代表 12 个月,从头往后数,看哪个月雨水多,哪个月雨水少,好掌握农时。

情深意长的饸饹面

饸饹有莜面、荞面、豆面之分。右玉人吃饸饹是有讲究的。

过去,年轻人找对象,男女都要到对方家拜年,名曰"相亲"。无论男方到女方家或是女方到男方家,家里人通过相亲,是否同意,一看对方的饭,心里就明白了——如果是吃刀削面或切面,那就别提了,一刀两断,准是不同意;如果是饸饹,那就是同意了,皆大欢喜。

顾名思义,"饸饹"即"和乐",情意绵长。也正是由于这个原因,许多人家娶媳妇或聘姑娘办喜事,第一天叫安鼓——过去娶媳妇要雇鼓匠热闹热闹。第一天的第一顿饭多数是荞面饸饹或豆面饸饹及油炸糕。有时也吃擀豆面,就是在豆面里加蒿籽面,擀出来的面薄如纸,细如线,韧如革。

油荞面、醋豆面,香喷喷的斋面面

因荞面味甘且寒,因此吃荞面浇的卤宜适当"肥"点(即油多点)。

豆面,因有"豆腥气",为了中和"豆腥气",在吃豆面时适当多加点醋,这样"豆腥气"就小了,豆面就好吃了。

斋面面,是右玉一带野生的小草花卉(也叫天香花),秋天采摘后晾干,吃面饭时用葫麻油烧熟一炝,发出阵阵香味,是纯天然的香料。

莜面要做好,四熟要记牢

莜麦属高寒干旱地区的作物,热量高、耐消化,要想把莜面做好,要求做到"四熟"。

何谓"四熟"?其一,成熟。秋天一定要等莜麦穗和秆变成金黄色,成熟了收割才好。有时因霜冻,莜麦苗由青变白,人们误认为莜麦成熟了就开始收割,这样收下的莜麦颗粒不饱满,因此,做成的莜面也不筋道。

其二,炒熟。莜麦在加工成面粉前要筛(把没有成熟好且带皮的莜麦筛出去)、簸(因莜麦有些微细的麦芒,非常刺人,如人皮肤沾上,会发生奇痒),然后淘(用清水把莜麦清洗干净)、炒(即把淘洗干净的莜麦用大铁锅加火,炒成金黄色,但火不能过大。火过大,莜麦面会发焦、发酥。火不够,莜麦发白,做出的莜面腻,也不好吃)。

其三,泼熟。磨成的莜面在做窝窝或圪卷儿时,用开水"泼"面,水量要适中。莜面用开水"泼"面时,要及时搅拌,即"和面"不能等到冷了再"和",那样做出的莜面就不筋道。

其四,蒸熟。做好的莜面上笼蒸时,笼要封闭严实,火要急,大约蒸10～15分就熟了。

莜面吃个半饱饱,喝点开水正好好

莜面是高热量食物,吃得过多、过饱,常常会肚子胀。因此,右玉人吃莜面时,一般会用胡萝卜丝做菜,这样好消化。再则就是用山药丝、地皮菜做成馅,包着吃饺子也好消化。右玉人的体验是:莜面吃个半饱饱,喝点开水正好好。

康熙爷吃的——到口酥

在右玉及内蒙古接壤地区,民间流传着康熙爷吃"到口酥"的故事。

传说,康熙年间,准格尔部的葛尔丹在沙皇俄国的怂恿下,多次南下深入内地窥探情况,企图和大清分庭抗礼。为平定葛尔丹叛乱,康熙皇帝曾三次渡瀚海、跨朔漠,御驾亲征葛尔丹。为了侦察葛尔丹的实力,康熙爷多次微服私访归化城(今呼和浩特市)。

一次,康熙被叛人追赶,只身向边关——杀虎口方向逃来,当逃到口外榆树梁村时,叛贼渐远,康熙人困马乏,又受冻挨饿,竟昏倒在榆树梁村口。村口老人见有人倒在路旁奄奄一息,便将其搀扶到自己家中,给其端上一碗正在笼里蒸得热气腾腾的糠拍子。这时候,饥饿难耐的康熙毫不客气地拿起糠拍子,狼吞虎咽地吃了起来。吃着吃着,康熙感觉这糠拍子真是又香又酥,简直是"到口酥"。

当平叛了葛尔丹,凯旋还朝的时候,康熙驻跸杀虎口,大宴功臣,并亲自安排首席就是"到口酥"。谁知从皇宫请来许多位御膳名师,就是做不出"到口酥"的味道来。无奈之下,他只好派人从榆树梁村用八抬大轿请来做糠拍子的老夫人。老夫人给他做出了"到口酥"端给康熙爷。这时,康熙却怎么也吃不出当年"到口酥"的滋味。康熙很纳闷,问老妇人是怎么回事。老妇人笑着告诉他:"饥饭甜如蜜,饱饭蜜不甜。"康熙仔细一琢磨,才恍然大悟。

鸡吃谷(骨),兔吃雪(血)

民间常说,"鸡吃谷,兔吃雪",人们还以为是鸡子主要是吃骨头,兔子主要是吃血。其实不然,原来各种食物,受到当地地理条件的影响,会做成

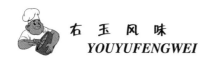
不同特色的食品,如右玉连家窑的白菜,左云店湾的蒜,怀仁大圩口的葱,应县小石口的蒜。同时,各种食物也受季节影响。如鸡吃谷头,应该是谷雨前的鸡肉最好吃;兔吃雪,则是小雪、大雪时的兔肉最好吃。正因为如此,在右玉一带,就有小雪杀羊,大雪宰猪的民谚。据说,在小雪时杀的羊做成的羊肉煎萝卜,赛如小人参一样的补品。

鸡刨豆腐

右玉人把刚加工好的热豆腐,加上酸腌菜,用筷子刨几下,然后再把豆腐和酸菜拌匀,就可以吃,人们叫"鸡刨豆腐"。

有个女人不知道鸡刨豆腐怎么做。一次,男人说中午有客人来,要吃鸡刨豆腐。于是,女人上街就买了块豆腐,还想捉只鸡刨几下,可鸡跑得快没捉住,就捉了鸭子给刨了几下。当男人请来客人,让她上菜时,才发现豆腐被鸭刨后的样子,男人生气地问:"这叫鸡刨豆腐吗?"女人还以为男人知道了,便说:"咱家的鸡跑得快,我捉不住,就捉了鸭子给刨了几下,不也一样嘛!"

靠"莜面愣子"打天下

当年康熙皇帝在"平三藩",收复台湾后,蛰居准格尔的葛尔丹兴师也欲问鼎中原。于是康熙皇帝组织三路大军,三次御驾亲征葛尔丹。

第一次亲征,由于对路途遥远的塞外戈壁朔漠了解不透彻,对于天寒地冻、气候恶劣认识不足,加之康熙皇帝突发重病,只好回京调养,中途回师。

第二次亲征,当深入沙漠地带时,连战马都发挥不了作用,只得靠骆驼作战。再加上一些来自京城中原的战士,不习惯漠北的恶劣气候,多数人染病,不能行军作战。就在这关键时刻,右卫(右玉古称)将军费扬古带领西路大军立下了汗马战功,一是他们驻守右玉一带习惯了塞北的气候,二是他们经常吃羊肉、莜面,体力和精力旺盛。当行军到达沙漠深处的召莫多地带时,连骆驼也很难行进,于是他们就靠莜面做成的"龙旦"(块垒的一种)橡头饼加牛、羊肉干,以苜蓿当菜,战胜饥寒,英勇作战,终于打败了葛尔丹。西征凯旋班师。康熙皇帝专程驻跸西路军的大本营——杀虎口,犒赏西路军将士。费扬古自谦地说:"我们西路军是些莜面愣子一马当先。"康熙皇帝赞扬说:"朕就是靠这些莜面愣子打天下的。你们是有功之臣,莜面是个宝呀。"自此就传开了:右玉三件宝——山药、莜面、大皮袄。

右玉美食见闻

陶 媛

从太原往北,到山西的西北边陲,你就会发现,路边的景致变得一片绿意盎然。这片由杨树、柳树以及许许多多种树构成的绿色汪洋,随着地势的起伏呈现出深深浅浅的绿色,这便是"塞上绿洲"——右玉县。也是世界上非常罕见的将荒漠变为绿洲的真实奇迹的地方。这里的美食同样出众,各种杂粮面食、糅合了多民族风格的牛羊肉美食,更是令人称奇。

莜面、土豆的花样吃法

"扼三关而控五原,自古称为险塞"的杀虎口就在右玉县境内,是古代中原地区通往内蒙古、外蒙古的主要关口,为历代兵家必争之地,也就是"走西口"所指的"西口"。根据出土文物显示,这里的历史最早可以追溯到旧石器时代。

这里曾经是绿化只有 0.3% 的苦寒荒漠,但是经过了右玉人民近 60 年坚持不懈的植树造林,如今的右玉遍地都是红柳、沙棘、小老杨以及各种乔灌木和果树,昔日的荒漠成了绿化面积达 50% 的美丽绿洲,成为成功改造荒漠的奇迹。

右玉盛产杂粮,小米和莜面熬成的饭叫做"和子饭",莜面还可以做成"压饸饹"、"窝窝"、"圪卷儿"、"饨饨"、"老娃含柴"、"抿扒股"等各种特色美食。把土豆磨成糊和莜面和在一起,再抿入汤锅内煮熟,根据个人喜好调入番茄鸡蛋汤或者炸酱拌食,就是"抿扒股"了,十分可口。

土豆鱼鱼则是莜面和土豆的另一种搭配,炒着吃既是菜又是饭。莜面鱼鱼的做法也很神奇,用双手巧妙地揉搓、挤压出无数酷似小鱼的莜面"鱼鱼"来,据说熟手能一只手掌下同时搓五六根甚至更多的莜面条,制作莜面鱼鱼的速度极快。最后将土豆切成块,和莜面鱼鱼及大蒜叶子一起炒熟,或者加入茄子以及别的蔬菜。土豆口感酥烂而绵软却不散形,莜面软糯而有嚼劲,味道特别香。

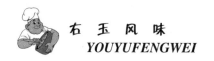
土豆在右玉似乎成了精灵,不断地以各种形状出现在餐盘里。"玻璃饺子",就是土豆煮熟去皮后挤压成绵糊状,反复多次后,和以少量的白面,再把和好的面擀成饺子皮,包入肉和蔬菜搭配的馅料,上笼蒸熟,看上去晶莹剔透,像是艺术品,当地人吃的时候总习惯配上自家酿的老陈醋,再来些大蒜,十分香甜。

猪肉焖土豆、过油肉土豆片、大烩菜、土豆烩丸子、农家一锅炖等,都有土豆,以不同的形态和迥异的风味呈现在餐桌上。右玉的土豆个大,肉质结实,口感特别好,因此,烤土豆也是当地人习以为常的一道菜。把新鲜土豆切成块,在火上烤至表皮金黄,外层微微有拱起,就可以闻到扑鼻的焦香,吃起来,外皮脆扑扑,里面的土豆瓤却很糯很沙,还微微有几分甜丝丝的回味。

羊杂传说

煎羊肝这道菜里面,必不可少的还有土豆条。羊肝、肺得在开水中焯一下,再投凉,切成细条后和土豆条下锅一起炒,口感清爽,不膻,用来下酒最好不过。

羊杂汤则是右玉不可错过的经典美食,物美价廉不说,味道着实鲜得很。

右玉地处塞北,这里的羊历来都是进贡皇室的御食羊肉。羊肉鲜美、肥嫩,没有羊膻味,哪怕只用羊肉加盐和蒜叶煮,也是香酥肥腴、鲜美可口。用羊的内脏做成的羊杂汤更是当地随处可见的知名小吃。

正宗的羊杂汤里面有羊头肉、羊腿肉、羊蹄肉以及肝、肺、肚、肠和血等,这些原料的清洗过程极为烦琐。比如羊血,需要在杀羊的时候在羊脖子下安放脸盆,并撒入一把盐,再使得新鲜羊血滴入盆中,同时还必须不断地少量添水,并搅动,确保血质鲜嫩。等羊血凝结成块后再分成小块备用。羊肠清洗更复杂,剥除脏膜,还得用筷子顶住一头,一根根地翻转出来,再加盐或醋反复揉搓方能除膻味。收拾干净的羊杂放入锅里煮熟后捞出来晾凉,才算是半成品。将羊杂切成细碎的小块,再用羊尾巴煎成油或者干脆就用当地出产的葫麻油放辣椒、花椒、葱、蒜、陈醋等调料爆炒一下,加水,加入羊杂,再加入土豆粉条,煮熟就成了闻起来香、吃起来鲜美无比的右玉羊杂汤。细细的土豆粉条吃起来绵软却不失弹性。

出"花头"的面食

黄米面做成的油炸糕,香、甜、软、糯,可以包菜馅或者豆沙馅,很多人吃一次就会念念不忘。右玉人还能把白面捏成各种飞禽走兽的样子,蒸熟晾干后,插在沙棘枝上挂在屋内,叫做"插寒燕儿"。据说是为了纪念介子推,由寒食节演变而来。巧手的右玉人还把白面做成"爬娃娃"、"站娃娃"、"卧鱼儿"等形状,在小宝宝满月场的时候,右玉习俗是由外祖母做"面套套"庆祝。将白面捏成厚度10厘米左右的圆柱形,成直径50厘米左右的圆圈,再捏出十二生肖、石榴、佛手、鱼等加在面圈上,蒸熟后染出红、绿、黄等鲜亮颜色,看起来艳丽夺目,喜气洋洋的。由宝宝嫡系长辈中德高望重的女性把整个面套套从宝宝头上套入脚下套出,同时嘴里念叨些祝福的吉利话。

将发酵的白面加入适度的碱,擀成两片,配熟好的葫麻油掺上绵糖做成"瓤"夹在当中,再用刀把"片"裁成条状小块,中间切割出一条缝,将两块串缝翻出,下锅炸熟就是"大头麻叶儿"了,吃起来香甜可口。

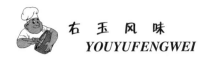
难忘沙棘果

王丽霞

我的家乡在山西右玉县,那里的沙棘林漫山遍野,每年九月,原野上到处点缀着红红的沙棘果,一簇一簇的。尤其在下雪以后,白茫茫的田野上,到处印染着火红的沙棘果,漂亮的野鸡扑棱扑棱地飞来飞去,在沙棘林里觅食沙棘果。我儿时的最大乐趣,就是去郊外采摘这种小果子,经常让枝条上的刺刺痛小手。把摘到的小果子放到口里,闲暇时拿出来吃,酸酸的,吃了还想再吃,那种酸酸甜甜的感觉至今仍难以忘怀。

上高中时,几个日本人来到我们这个小县城,胆子大一点的男同学专门跑去看日本人。后来,听父亲说日本人要从沙棘籽里提取一种油,专用于医学治疗,才知道这种好吃的果子还有这般特殊功效!工作之后,汇源果汁在右玉开设饮料加工厂,专门增加了沙棘饮料,酸中带甜的口感很受欢迎。有位学林业专业的同事,告诉我说沙棘还有个别名叫"高原圣果",含有丰富的Vc,当时也未放在心里,还是小时候我们的"酸刺"(沙棘别名)让我动心。

随着汇源沙棘系列产品的相继上市,许多同事开始使用汇源沙棘籽油,尤其是办公室里叽叽喳喳的女孩子,纷纷"以身试油"。服用后,各种反应接踵而来,有胃病好转的、血脂下降的、烧伤痊愈的等等。女孩子们也试出了效果,沙棘籽油可以护肤,有极强的皮肤细胞修复能力。可谓是"奇功妙效"集于一身。

果真如此吗?孩提时熟悉的小果子现在变得陌生起来……一件偶然的事情,让我亲历了沙棘的神奇之处。

2009年6月,老公带着女儿在北京参加一个水上游乐项目,他们玩得酣畅淋漓,忘记了暑天的炎热。隔天,爱人的背开始发痒、起泡、蜕皮,灼痛和瘙痒难耐。为了能尽快恢复正常,润肤露、橄榄油全试了,仍没有好转,后背皮肤开始大面积蜕皮。无奈之余,从朋友处要来几粒沙棘油胶囊,抹了试试。第二天,老公背上翻蜕的死皮不见了,后背开始变得光滑,连续使用两天后,后背皮肤已经恢复如初!真是太神奇了!我们如法炮制,女儿觉得后背痒时就马上涂抹,居然很快痊愈,再也没有出现蜕皮的现象。

记忆中那熟悉的金黄色的、酸酸、甜甜的小果子,居然还会有这般神奇功效,真是"不识庐山真面目"! 现在,我的家里也开始常备沙棘油,功效当然不必说了,比如女儿生了口腔溃疡、蚊子叮咬,两粒沙棘油胶囊就可以搞定了。

春节前,父亲托人捎来一些礼物,有一罐自制的沙棘膏子,尝一口,还是那么酸酸的、甜甜的,令人回味无穷。

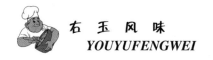
沙棘的怀恋

贾建平

国庆长假,带着八岁的儿子回乡下看望父母。一路上,儿子带着几分好奇,蹦蹦跳跳地跑在前面。庄稼已收割完,田野里满眼荒凉景象,然而,沟沟岔岔里的沙棘却郁郁葱葱,秋殇之心得以几许宽慰。走进林中,毛茸茸的叶子下面,豌豆粒般大小的沙棘果紧贴着枝干,密密匝匝的,阳光映照之下,色泽通红、晶莹剔透,令人馋涎欲滴。我熟练地摘一粒放进嘴里,酸甜可口,顿解干渴。一边吃,一边吆喝儿子过来,儿子伸手去摘,未探及沙棘果,却被刺扎了一下,缩了回来。儿子一脸疑惑:"为什么这种树上还有针?"

"为了保护自己,像刺猬长刺一样。"

"那你为什么不怕扎?"

"爸爸从小吃沙棘果长大,知道怎样去摘。"

一提过去,儿子便问个不停,面前漫山遍野的沙棘林,唤起了我对儿时沙棘的记忆。

我出生在一个小山村,打记事起,父亲就是个羊倌。阴历八月过后,父亲归来时,都会带些野果回家,最常见的就是沙棘果果。小伙伴们羡慕不已,那时,经常出现一幅情景:七八十只羊走在前面,衣衫褴褛、面容憔悴的父亲跟在后面,背着一大捆带果实的沙棘,父亲后面尾随着一群开心的孩子。太阳下山,羊群归圈,沙棘放在院里,我同小伙伴们围在一起吃沙棘果果——那是一天最快乐的时刻。

在那个物质匮乏的年代里,沙棘是我们最鲜美的水果,同时,沙棘是生活在这片土地上人们的守卫者。沙棘串根、自然生长,且生命力极强,一棵孤立的沙棘几年后就能发展为一大片林,它保护植被、改良土壤、绿化环境。春天,万物复苏,农家小院开始种瓜点豆,刚刚吐出新芽的沙棘经常成为护地或护墙的篱笆。夏日,细长松软的沙棘叶成为牛羊最好的食物。大旱之年,地垄无草,村里的牛、羊全靠沙棘叶子为生。秋后冬闲,大雪封山前,全村壮劳力拿着麻绳、镢头、镰刀,成群结队去打"圪针"(沙棘的方言)。为便于捆扎,人们往往连根刨起,用厚胶底鞋踩实,再打些软柴草作为垫背捆好背回家烧水。打圪针一般持续到腊月年根,春节前后,闲坐在大墙旁晒太阳的男女老少拉家常,谁都晓得圪针垛最大的主人就是全村最能干的人, 他们常会被老人们夸奖:"你看人家的柴火垛多大,肯定能过上好日子。"

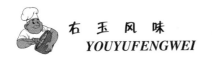
右玉传统节日与饮食习俗

张建国

古时的右玉城,一直是全县政治、经济、文化和军事的中心。特别是设立了将军府和朔平府之后,经济、文化诸方面得到了长足的发展。因此,右玉城人口骤增,店铺林立,买卖兴隆。南来北往的商贾贩夫、交接留驻的官员眷属、当差从军的官兵仆役,都云集到这里、生活在这里,相互影响、相互交融,形成了贯通南北、融合各民族的独特的饮食文化,并源远流长,在过节时表现得尤为突出。

一、除夕夜,守岁吃年夜饭

在华灯初放、爆竹渐响的时候,全男方家族人,孩大男小都要衣着新装,聚集在父母家中,吃顿年夜团圆饭。这顿饭比较讲究,过去官宦人家和有钱的财主吃"六六席",即,六禽、六兽、六冷、六热、六荤、六素,计三十六种菜肴。荤素搭配,冷热相间,满满一大八仙桌。食品中要有天上飞的(指禽类食物)、地上跑的(指兽类食物)、水里游的(指鱼虾等海鲜)。还摆放麻花、麻叶等油炸食品和水果。主食以烙糖饼为主,兼有油饼、馅饼等各种饼类。意思是吃"翻身饼",把过去一年的艰辛、晦气等不顺的运气都翻过去,好迎接新一年的喜气、运气、福气、财气。所以就要精神振奋,神清气爽,忌讳悠迷打盹,脱衣睡觉。忌讳出嫁之女在娘家过年。

二、交年饭吃鱼

这顿饭吃在除夕夜,子时中,即零时左右。经过守岁、跑大年,人们腹中渐空,需要补充食物。菜比较简单,但是必须炖鲢鱼或带鱼,意思是连年有余,代代有余。主食一般是水饺,做水饺不拘,捏成元宝状,所以称"捞元宝",意即来年发大财。

三、接神后,喝红糖水或黄酒

传说天上各路神仙在除夕夜,寅时(即3~5时)下界,凡界人们就要在此时接神。首先是一家之长沐浴更衣,毕恭毕敬地站在佛龛前,敬香三炷,意思是烧了高香,好求神办事。然后,发旺火,打开家门,撩起门帘,下人或家中男丁开始响炮。此时,要求全家人都要站在院子的屋檐下,背北面南,迎接神仙到来。忌讳站在门口,挡住神路。忌讳家中留人,亵渎神灵。所以不论是婴幼儿或老弱病残,都出来迎接。礼炮过后,全家族人,从大到小,论资排辈,随着长辈,按照顺时针方向,围着旺火绕三圈。意思是时来运转,好运不断,后继有人。三圈代表天、地、人,是顺天时、应地利、得人和的意思。忌讳倒转,只有旧年背运的人,才能倒转。礼毕,默读"神仙到"三字箴言,回堂屋在神像前,行三拜九叩大礼。然后喝红糖水或黄酒。接回神以后,忌讳弹冠掸衣,洒水洒地,祷告求神。

四、正月初一,不见红日吃早饭

当人们"接下神"以后,就开始张罗早饭。早饭以水饺为主,讲究抢头喷(土语,指赶早吃饭的人家),吃得越早越好,是一年中三个不见红日吃早饭的习俗之一,另两个是十籽和腊八。早饭过后有赶早拜年的习俗,一般到长辈、领导、朋友家中拜年。无论走到哪里,主人均以烟酒、糖茶、水果、干果、冷肉等食物招待,客人喝酒,每家一般不超过三杯。小孩向长辈拜年时,要说祝福的话,会得到一个红包,称之为"压岁钱"。

五、正月初一,中午吃年糕

初一午饭较丰盛,主食必有年糕,寓意年年高升。午饭忌讳在外人家吃,全天忌打炭、担水、骂妻、打子、说不吉利的话。如遇不慎打了碗、碟之类器皿,则把碎片扔到水缸里,说"岁岁平安"之语。

六、正月初二,寅时接财神、捞元宝

财神下得迟,在寅时末,接神程序与初一相同,但是旺火是柴旺火。接回财神以后,所有参与接神的人,一进门就喝红糖水或黄酒。早上是荷包鸡蛋,谓之捞元宝。中午蒸丸子、蒸烧猪肉等蒸锅食物,寓意光景蒸蒸日上。

七、正月初三,迎喜神,吃大团圆饭

这天上午,人们早早洗漱打扮完毕,穿上新衣服,扶老携幼,按照皇历上的方位,出门迎接喜神。右卫城(右玉古称)比较固定,几乎每年全城人都聚集到城南的小河边,放炮接喜神。城内万人空巷,城外人山人海,熙熙攘攘,炮火连天,连绵不断,非常热闹,至午方回。接回喜神后,一进门先饮红糖水或黄酒。这天同城或离城近的出嫁闺女,会得到娘家人的邀请,携夫牵子回娘家过大团圆节。午饭因招待姑爷,所以比较丰盛。右卫城的习俗:除夕夜、初一、初二,嫁出去的闺女,不能回娘家,据说妨兄和弟。

八、正月初五,填穷坑,吃包子

这天黎明时分,把扎成女性的纸人藏在衣襟下,同邻居交换,换回后,放在篮子里,再倒出去,谓之送穷。现在有所不同,人们早早把这几日积攒

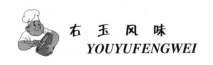

的炮屑等垃圾倒出去,谓之扫穷土、填穷坑。午饭较丰盛,主食吃饺子、包子、馅饼等有馅子的食物,意思是把贫穷包在里面消灭掉。

九、正月初八,过八仙,吃煮食

正月初八,是民间传说的八仙得道过海的节日。这天以水煮食物为主。早饭吃鱼钻沙,寓意如鱼得水;午饭吃水饺,寓意捞元宝,今年发大财;晚上吃长寿面条,且越长越好,寓意福泽绵长,家人健康长寿。忌动油锅,不吃油炸食物。

十、正月初十,过十子,吃素食

初十这天早饭,不见红日吃饭,是一年中的第二个早吃饭的习俗之一。在过去农村,庄户人用莜麦捏龙,口含铜钱,翘起龙尾,龙脊背用筷头点上窟窿。平年点十二个,闰年点十三个,剩下的莜面搓成圪卷儿,和龙一起,放在笼旮儿内蒸熟。看哪个窟窿里有水,哪个月就雨水充沛。希冀顺天应时,风调雨顺,五谷丰登。十子是吃素饭的日子,不能动荤。家家在缸旮儿点上香,供奉土地爷。传说,晚上在水缸旮儿,还可以听耗子娶媳妇吹奏的唢呐声。

十一、元宵节,吃元宵

正月十五,又称"上元节"、"观灯节"。这天晚上要吃元宵和水饺,是团团圆圆的意思。

十二、正月十六,游百病,转旺火,吃苹果

正月十六晚上,凡能行动的人,都要怀揣苹果,到街上观灯,猜灯谜,在大旺火前烤旺火,转三圈,而后回家吃苹果。祈保一年消灾免难,平平安安。午饭和晚饭前有喝五谷粥或汤的习俗,告诫人们吃饭先喝稀,赛如开药方。还有除夕夜请亡(已故亲人),正月十六送亡一说。

十三、打窖吃圪团儿,盖窖吃饼

正月二十一,是小天仓节。开始用草木灰打地窖,吃圪团儿;正月二十五是老天仓节,这天盖窖,吃盖窖饼。

十四、二月二,打拦架(拦架是土语,指骨架)

二月二,又称春龙节,是龙抬头的日子。早饭吃圪团儿(猫耳朵),安龙眼;中午吃油炸糕,炖骨头,扶龙腰;晚上,吃饺子、擀面,安龙胆,挑龙。这天男人们早早地去剃龙头,女人们忌针,怕扎瞎龙眼。

十五、惊蛰吃梨

惊蛰时节,家家户户都要买梨吃梨,传说可以祛百病,治咳嗽。

十六、蟠桃节,吃水果

每年三月初三,是天上王母娘娘在蟠桃园里摆筵庆寿诞的日子。过去

右卫城要搭台唱戏,闹红火,祈求神灵保佑。现在人们都在这个节日里买水果,割肉(买肉)、喝酒,改善生活。

十七、寒食节,捏寒燕儿

在清明节的前一天,人们用白面捏成飞禽走兽等动物,上笼蒸熟,把好看的插在圪针(沙棘)枝上,栩栩如生,互相赠送诮色(土语,夸耀的意思),看谁家的手巧,捏得像。相传,这天还是介子推被晋文公放火焚死在绵山的忌日,人们为了纪念他,禁烟火三天,吃冷食。故相传至今,称寒食节。

十八、清明节,吃起面食品

三月初八前后的清明节是祭祖的日子,人们都要上坟、添土、立碑,祭祀祖先。这天还是动土的日子。黎明时天不亮就到地里,挖一锹土,以示今年动工顺利。在农村三餐吃起面食品,如蒸馒头,烙糊儿,为的是土地虚泛保墒,便于庄稼扎根。古时这天还是游春踏青节,是人们游春的好时节。右玉俗语有"好男不游春,好女不观灯"。

十九、四月八,抢堂馍

这天是浴佛节,是右卫城宝宁寺举行一年一度的庙会吉日——水陆会,男人们可观瞻到 139 幅《水陆帧画》,会期三天。水陆会接近尾声时,庙会主办方站在房顶,开始向人群投掷"堂馍馍",堂馍馍是由白面制成的小馍馍,上插五色小旗,儿童纷纷抢食。凡是抢食"堂馍馍"的儿童,传说在一年内百病远离,平安健康。

二十、端午节,吃粽子

五月初五端午节,是纪念爱国诗人屈原之祭日。这天,家家蒸凉糕,吃粽子,午宴要喝雄黄酒,传说可避毒虫叮咬,驱除瘟病邪气。在门头插艾符,门上贴雄鸡吃五毒虫图符;在水缸上、炕沿下贴绿色纸剪的青蛙。有小孩的人家给小孩的手腕、脚腕、脖颈处系上五色丝线,忌用黄丝线,胸前佩挂五色香包避五毒。

二十一、六月六,西葫芦烩羊肉

过去散养的羊比较瘦弱,春季青黄不接的时候,往往会死去,称"爬床羊"。等到农历六月初六前后,羊经过吃新鲜的水草,已经长得膘肥体壮,这时候,西葫芦刚好上市,用羊肉烩西葫芦是一道鲜美的菜肴,深受人们的喜爱。

二十二、七月七,吃荞面

七月初七是七夕节,传说是牛郎和织女通过鹊桥,渡银河相会的日子。这天人们普遍吃捏制食品,为的是心灵手巧。如荞面圪团儿、荞面煮饼、莜面窝窝等。"荞"与"巧"同音,故多食荞面。据说晚上在葡萄架下,还可以听到牛郎和织女相会时说的悄悄话哩。

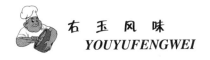
二十三、中元节，送面鱼

七月十五中元节，是地官校籍之辰，也是纪念祖先的日子。在饮食上，这天奶奶、姥姥要给孙子、外孙送面鱼儿；未过门的媳妇，婆家也要送一对大面鱼儿。相传这个习俗从元朝末期开始，元朝实行残酷的阶级压迫制，把人民分成四等，等级森严。为了防止人民反抗，刀枪剑戟等兵器都被没收，不允许民间私藏，否则治死罪。就是人们日常生活用的切菜刀，也是几家人共用一把，而且每家派驻一名鞑子监管。他不工不农，白白让汉人养活，人们敢怒不敢言。后来红巾军派出密使到各地，传出流言，说今年有大灾，让人们互相送面鱼儿避灾，其实在面鱼儿的肚里，藏有约定起义时间的纸条，人们一吃面鱼儿，才发现真相。所以，在右玉一带流传着"七月十五送面鱼，八月十五杀鞑子"的俗语。

二十四、中秋节，吃月饼

八月十五是中秋节，又称团圆节。傍晚一轮明月从东方升起，银辉洒满大地，家家摆上瓜果、月饼等供品，点燃香烛，拜祭月亮。全家人不论外出多远，都要赶在月亮升起前回家，团聚在一起，包饺子，吃月饼，共庆团圆节。

二十五、重阳节，登高野餐

九月初九是全真道教先祖王重阳的圣诞日，故名重阳节，又称登高节。此时，正值深秋，天高云淡，气候凉爽宜人，最适宜三五好友，携酒带肉，登高望远，享用野餐。

二十六、寒衣节，吃豆子咬鬼

农历十月初一为寒衣节，前一天，家家户户吃炒豆子，或大豆、或黑豆、或黄豆、或蚕豆，谓之"咬鬼"。如有不慎者咬破舌头、苦腮，则谓之"咬住了鬼"。初一这天傍晚，人们都要为死去的长辈烧纸衣，故称寒衣节。

二十七、熬冬吃骨头

冬至，俗称"小年"。前一天晚上，人们就团聚在一起，吃炖肉，煮骨头，谓之熬冬。冬至这天早上吃饺子，中午吃油糕，晚上炖鸡肉。俗语有："冬至后十天，阳历过大年。""早吃饺子午吃糕，不要饥荒过好年。"

二十八、腊八吃稠粥

十二月初八是腊八节。这天早上，家家都要赶在日出前吃一顿香甜、味美的稠粥。据说见了日头吃饭会得红眼病。粥一般用黄米、小米、大米、蚕豆、豌豆、红枣等五谷杂粮以及果脯制成。拌上红糖吃，风味更好。传说这天还是释迦牟尼佛得道升天的吉祥日子，所以，人们到河里取冰块，放到水缸和库房、粪堆等地方，祈求来年丰收。初七晚上用小布袋装上五谷籽种提到水缸里,初八早上看哪种粮食籽种先发了芽,预示今年哪种作物丰收。特别是麴坊,取上冰块开始制麴,做酒,做醋。

二十九、腊月二十三,吃麻糖

腊月二十三晚上,是送灶神爷爷升天向玉皇大帝汇报人间善恶的日子,家家都要在灶台前贴上"上天言好事,下界降吉祥"的对联,横批是"有求必应"。在摆设的供品中,必须有麻糖,意思是粘住灶神爷的嘴,不让在玉皇大帝面前说坏话。

三十、春秋两时节吃糕

在过去,朔平府春秋两节时,人们有给考生吃糕的习俗。一般早晨吃荞面拿糕,希望考生在考场发挥好,有拿手、得心应手。中午吃炸油糕,寓意高升旺长,高中得举。忌吃饼类和鸡蛋,害怕考场发挥不好,预兆考零蛋。现在中考和高考每年在五六月间,但是人们给考生吃糕这个习俗一直在流传着。

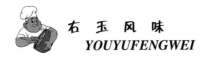
右玉饮食歌谣

张建国(整理)

一

点豆点,磨油烟;
油烟花,炒芝麻;
张三,李四;
小末根,你去。

二

捣捣碓,炒炒菜;
三六九日,吃烧卖;
烧卖甜,捏咸盐;
烧卖咸,喝冷水;
冷水凉,冷水拨;
拨下两个大板牙。

三

狼打柴,狗烧火,
猫上炕,捏窝窝,
窝窝哩? 猫吃啦。
猫哩? 上了山啦。
山哩? 雪埋啦。
雪哩? 消了水啦。
水哩? 和了泥啦。
泥哩? 抹了墙啦。
墙哩? 猪拱塌啦。
猪哩? 杀啦。
肉哩? 吃了。
皮哩? 安了鼓啦。
鼓哩? 放牛小子打烂啦。
烂鼓哩? 做了手套啦。

手套哩? 丢啦。
丢那哩? 野地里,拾粪老汉拾回啦。
煮,煮不烂,
炖,炖不烂,
气得老汉一头汗,
煮也煮烂啦,
炖也炖烂啦,
老汉头上没汗啦。

四

麻叶、麻叶、翻麻叶,
你一半,我一半,
咱们两个伙翻转。

五

板嘴嘴,忽塌塌,
蒸上莜面两节节,
有心调点辣椒椒,
又怕老爷骂顿家。

六

老娲含柴,含住小鬼,
小鬼把门,把住大门,
大人射箭,射到南殿。

七

大头大眼睛,上房瞭点心,点心没熟
哩,气得大头圪揉哩。

八

吃豆豆,长肉肉,不吃豆豆,瘦精精。

划拳　喝酒　行令

右玉人豪爽、义气、剽悍。特别是在喝酒的时候,表现得淋漓尽致。当酒喝到一定的程度,为了增加欢乐气氛,也为了多劝客人喝酒,往往以划拳助兴劝酒,一决胜负。在右玉流传着划拳定输赢的方式多种,常见的有以下几种:

一、行酒令

规则:双方唱酒令时喊的数字,与双方手指表现出的数字之和相符,则为赢家,否则为输家,规定输家喝酒。如果遇喜相逢,则他人喝酒。酒令如下:

一位高升,哥俩好啊;

三桃园啦,四喜来财;(四季发财)

五魁首啦,六留大顺;

巧七美啦,八仙寿啦;(八匹马啦)

快喝酒啦,全来到啦。(全福寿啦)

出手的手势很有讲究,如果有一方唱了哥俩好,出的是五,这是喊小出大的错误,则为输家,称之为"黑拳";还有一种是喊大出小的错误,如唱得是全来到啦,出的是五以下的手势,加起来不够十,也称"黑拳"。如果呈握拳状,不出数,只能唱"宝就宝啦";一位高升,只能伸大拇指(或不出指);出二的时候,只能出拇指和中指,绝对不能出大拇指和食指,否则视为不敬;出三的时候,只能出大拇指、中指、小指;出四的时候,食指弯曲,其他四指伸直;出五的时候,一只手全部伸展。

有划拳娴熟的人,左手出一下,右手出一下,意在扰乱对方视线和注意力,达到赢了对方的目的。

在行酒令的基础上,又演变出"戴帽子"划拳。就是在上述酒令前加一段诙谐语,以增加喝酒气氛。两人同时道白,在行酒令后面加上最后三个字。比如唱:哥俩好啦,好姑娘;四季来财,好姑娘……

1.扁担令

一根扁担软又软,挑上黄米下苏州,苏州爱我的好黄米,我爱苏州的好姑娘。

2.回娘家

今个七,明个八,七七八八回娘家,提上篮子拷上鸡,外母娘见了笑嘻嘻。

3.怕老婆

天上打雷,雷滚雷;地上打锤,锤碰锤。如今哥儿们是新社会,谁怕老婆

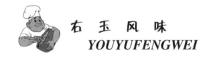
谁倒霉(谁发财)。

4.可怜虫

可怜虫,真可怜;老婆给了我九分钱,买了一盒勤俭烟,你说可怜不可怜。

二、老虎、虫子、棒子、鸡子

老虎、虫子、棒子、鸡子双方每次只能各喊一种。老虎吃鸡子,鸡子吃虫子,虫子煞棒子,棒子打老虎。要求双方每人拿一只筷子相击,两只筷子在触击时,喊出其中一种,以规则定输赢,输者喝酒。

三、哑巴拳

这种游戏,要求在场饮酒的人,谁都不能说话,也不能笑出声,谁说话为输。只有选定的监酒人可以说话。对阵双方,以相邻手指顺序决定输赢。规则为大拇指压食指,食指压中指,中指压无名指,无名指压小指,小指压大拇指。不相邻的不比,重出,再开始游戏。即使是赢家也不允许说话,以手势示意对方喝酒。有时对方有意要赖,不承认输,引诱胜方出声,性急的赢家也会上当,一说话就为输。只有监酒人说了话,玩游戏的其他人才能说话。

以上说的都是酒场双人游戏,再说说众人游戏。

四、蛤蟆拳

这是个数字游戏,比赛双方同时喊:一个蛤蟆一张嘴,两只眼睛四条腿,扑通一声跳下水;两个蛤蟆,两张嘴,四只眼睛八条腿,扑通、扑通两声跳下水,三个蛤蟆三张嘴,六只眼睛十二条腿,扑通、扑通、扑通三声跳下水……一直往下数,谁先数错谁为输,往往喝酒越多的人,越容易往错数。

五、抢数字

比赛要求双方每次数一个或两个数字,不能隔开数数,谁数倒,谁为输家。

六、猜棍子

在场喝酒的人,有几个人就找几根火柴棍,让一人握在手里。并将另一只隐藏火柴棍的手伸出来,让众人猜手里藏的是几根火柴,谁猜对谁就喝杯中酒,每人只能报一个数,一旦有人猜对,就要展出示众,后面的人就不用猜了,如果不当下展出示众,罚持棍人一杯酒,游戏重新开始。游戏中如果其他人都没猜准,那就叫"踏皮",持棍人喝酒,游戏重新开始。有度量的持棍人,往往只出一个数,"踏皮"好几次也不改变。

七、开火车

当酒喝到微醺,多数人反应迟钝、迷迷糊糊的时候,玩这个游戏最红火。酒场有几个人,就定为几个站台,主持人为1号站台,其他人按照顺时针方向，以此类推。主持人模仿火车站广播员的声音开始报站台接车："1号火车马上就要进站了,请各站台注意准备接车了。""呼哧,哗嗒……"猛然间,他喊出 1 号火车进几号,哪个站台的人马上就要反应过来,把自己对应站台号的火车开出去。反应慢了,开得迟了,视为输家,罚杯中酒。饮酒后,从他开始,继续开火车。

八、搬扑克

酒场主持人找一副扑克,除去大、小王,任意抽出一张,按照玩前约定的顺序,是几就从几开始数数,数到谁,谁就喝酒。输家饮酒后,他拿上扑克,继续抽牌数数,如此反复,尽兴方毕。

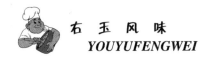
右卫城饭店挂幌子的来历

张建国

在右卫古城（右玉古称），饭店有着挂幌子的传统。挂的颜色和数量多少不同，其意义也不同，到底有什么讲究呢？笔者曾经专门走访了资深前辈赵芳、李志堂、杨毛眼等老师傅，现整理如下：

一、幌子的颜色

在右卫城，饭店门前挂幌子的颜色大致有两种：一种是蓝色的，意为是清真饭店，是由回族人开办的，表示宗教的"清真高切"。饭店所售肉类以食草类反刍偶蹄动物的肉制品为主。常售有牛、羊肉，也有骆驼肉，但是从不销售马、驴、骡、狗肉。

右卫古城里，有名的清真饭店有清末甄氏开办的五胜园饭庄，挂三个蓝色汤瓶图案的幌子，幌子的下边配有阿拉伯文字，右卫古城的老人称其为"火烧文"。还有20世纪六七十年代，县工商联开办的回民饭店。

另一种是红色的，意为汉人开办的饭店。在汉人饭店里没有太多的讲究和忌讳，荤素菜肴丰富，顾客可以任意选，也可以随意点。较有名气的有宾宴楼、同春饭店等。

二、幌子的数量

饭店门前挂幌子是有讲究的。位置在门口上方的屋檐下，如果挂一个幌子，必须居门正中；如果挂两个幌子，必须在门框两端上方各居其一；若挂三个幌子，一正两副。以此类推，但是，很少有挂四个以上幌子的。

正规的饭店，挂起幌子，就表示营业；打烊（即饭店晚上关门停止营业）就取下来，放在桌子上。

饭店挂幌子的数量是有严格要求的，不能随便挂。必须根据厨师技艺、饭菜质量、规格档次等条件，决定挂几个幌子。具体地讲：

挂一个幌子，表示有啥吃啥。这里是家常小吃店，只能吃到本地的家常便饭。客人不必强求，设备也简陋。

挂两个幌子，表示有啥做啥。这里是家常小炒店，饭店储备一些本地常用菜肴的原料以及酒水，可以根据顾客的需要上菜，是三五个亲朋好友相

聚饮酒的好地方。

挂三个幌子,表示吃啥有啥。饭菜相当丰盛,可以做席面,资金充足,备料齐全,可以做鱼、虾等海味,顾客可根据菜谱随意点菜。

挂四个幌子,表示饭店档次很高,资金雄厚。一般可以容纳二十多张桌子,也可以举办事宴。只有顾客想不到的,没有厨师做不到的。顾客可以随意点菜,南北风味皆可。但是,右卫城饭店挂四个幌子的少有,表明饭店掌柜谦虚谨慎、不事张扬的个性。

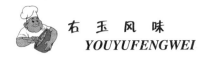
豪华盛宴　满汉全席

王德功

　　清朝时,杀虎口设税关,驻将军,使这个边关古镇,既有商铺云集、店铺林立的繁荣,也有日进斗金斗银的辉煌,既有冠盖如云的豪华,也有满汉全席的奢侈。

　　满汉全席是我国具有浓郁民族特色的巨型筵席。既有宫廷菜肴之特色,又有地方风味之精华;突出满族菜点特殊风味的有:烧烤、火锅、涮锅等几乎不可缺少的菜点;同时又展示了汉族烹调的特色,如扒、炸、炒、熘、烧等兼备,实乃中华菜系文化的瑰宝。满汉全席原是官场中举办宴会时满人和汉人合坐共餐的一种全席。满汉全席最少有108道菜(南菜54道,北菜54道),分三天吃完。满汉全席菜式有咸有甜,有荤有素,取材广泛,用料精细,山珍海味,无所不包。

　　满汉全席菜点精美,礼仪讲究,形成了引人注目的独特风格。入席前,先上茶水和手碟;台面上有四鲜果、四干果、四看果和四蜜饯;入席后先上冷盘,然后热菜、大菜依次上桌。满汉全席分为六宴,均以清宫著名大宴命名,汇集满汉众多名馔,择取时鲜海味,搜寻山珍异兽。全席计有冷荤热肴196品,点心茶食124品,计肴馔320品。合用全套粉彩万寿餐具,再配以银器,富贵华丽,用餐环境古雅庄重。席间专请名师奏古乐伴宴,沿典雅遗风,礼仪严谨庄重,承传统美德,侍膳奉敬校宫廷之周,令客人流连忘返。全席食毕,可使您领略到中华烹饪之博精,饮食文化之渊源,尽享万物之灵之至尊。

　　满汉全席以北京、山东、江浙菜为主点。闽、粤等地的菜肴也首次出现在巨型筵席之上。南菜54道:30道江浙菜,12道福建菜,12道广东菜;北菜54道:12道满族菜,12道北京菜,30道山东菜。只是当时川菜尚未流行,如果加入川菜,满汉全席将会锦上添花。

　　满汉全席起兴于清代,是集满族与汉族菜点之精华而形成的历史上最著名的中华大宴。乾隆甲申年间李斗所著《扬州书舫录》中记有一份满汉全席食单,是关于满汉全席的最早记载。

清入关以前,宫廷筵席非常简单。一般宴会,露天铺上兽皮,大家围拢一起,席地而餐。《满文老档》记:"贝勒们设宴时,尚不设桌案,都席地而坐。"菜肴一般是火锅配以炖肉,猪肉、牛羊肉加其他兽肉。皇帝出席的国宴,也不过设十几桌、几十桌,也是牛、羊、猪,以及其他兽肉,用解食刀割肉为食。清入关后,情景有了很大的变化。六部九卿中,专设光禄寺卿,专司宫内筵席和国家大典时宴会事宜。清刚入关时,饮食还不太讲究,但很快就在原来满族传统饮食方式的基础上,吸取了中原南菜(主要是苏、杭菜)、北菜(山东菜)的特色,创造了较为丰富的宫廷饮食。

据《大清会典》和《光禄寺则例》记,康熙以后,光禄寺承办的满汉席分六等:一等席,每桌价银八两,一般用于帝、后死后的随筵;二等席,每桌价银七两二钱三分四厘,一般用于皇贵妃死后的随筵;三等席,每桌价银五两四钱四分,一般用于贵妃、妃和嫔死后的随筵;四等席,每桌价银四两四钱三分,主要用于元旦、万寿、冬至三大节贺筵宴,皇帝大婚、大军凯旋、公主和郡主成婚等各种筵宴及贵人死后的随筵等;五等席,每桌价银三两三钱三分,主要用于筵宴朝鲜进贡的正、副使臣,西藏达赖喇嘛和班禅的贡使,除夕赐下嫁外藩之公主及蒙古王公、台吉等的馔宴;六等席,每桌价银二两二钱六分,主要用于赐宴经筵讲书,衍圣公来朝,越南、琉球、暹罗、缅甸、苏禄、南掌等国来使。光禄寺承办的汉席,则分一、二、三等及上席、中席五类。主要用于临雍宴文武会试考官出闱宴,实录、会典等书开馆编纂日及告成日赐宴等。其中,主考和知、贡举等官用一等席,每桌内馔有鹅、鱼、鸡、鸭、猪等23碗,果食8碗,蒸食3碗,蔬食4碗。同考官、监试御史、提调官等用二等席,每桌内馔有鱼、鸡、鸭、猪等二十碗,果食蔬食等均与一等席同。内帘、外帘、收掌四所及礼部、光禄寺、鸿胪寺、太医院等各执事官均用三等席,每桌内馔有鱼、鸡、猪等15碗,果食蔬食等与一等席同。文进士的恩荣宴、武进士的会武宴,主席大臣、读卷执事各官用上席,上席又分高、矮桌。高桌设宝装一座,用面二斤八两,宝装花一攒,内馔9碗,果食5盘,蒸食7盘,蔬菜4碟。矮桌陈设猪肉、羊肉各一方,鱼一尾。文武进士和鸣赞官等用中席,每桌陈设宝装一座,用面2斤,绢花3朵,其他与上席高桌同。

当初,宫廷内满汉席是分开的。康熙年间,曾三次举办几千人参加的"千叟宴",声势浩大,都是分满汉两次入宴。

满汉全席其实并非源于宫廷,而是江南的官场菜。据李斗的《扬州画舫录》说:"上买卖街前后寺观,皆为大厨房,以备六司百官食次:第一份,头号五簋碗十件——燕窝鸡丝汤、海参烩猪筋、鲜蛏萝卜丝羹、海带猪肚丝羹、鲍鱼烩珍珠菜、淡菜虾子汤、鱼翅螃蟹羹、蘑菇煨鸡、辘轳锤、鱼肚煨火腿、

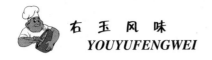
鲨鱼皮鸡汁羹、血粉汤、一品级汤饭碗。第二份,二号五簋碗十件——鲫鱼舌烩熊掌、米糟猩唇、猪脑、假豹胎、蒸驼峰、梨片伴蒸果子狸、蒸鹿尾、野鸡片汤、风猪片子、风羊片子、兔脯奶房签、一品级汤饭碗。第三份,细白羹碗十件——猪肚、假江瑶、鸭舌羹、鸡笋粥、猪脑羹、芙蓉蛋、鹅肫掌羹、糟蒸鲥鱼、假斑鱼肝、西施乳、文思豆腐羹、甲鱼肉片子汤、茧儿羹、一品级汤饭碗。第四份,毛血盘二十件——炙、哈尔巴、小猪子、油炸猪羊肉、挂炉走油鸡、鹅、鸭、鸽、猪杂什、羊杂什、燎毛猪羊肉、白煮猪羊肉、白蒸小猪子、小羊子、鸡、鸭、鹅、白面饽饽卷子、什锦火烧、梅花包子。第五份,洋碟二十件——热吃劝酒二十味,小菜碟二十件,枯果十彻桌,鲜果十彻桌。所谓满汉席也。"

这是扬州"大厨房"专为到扬州巡视的六司百官办的。从现在可得的文字资料分析,满汉全席应源于扬州。此种满汉全席集宫廷满席与汉席之精华于一席,后来就成为大型豪华宴席之总称,菜点不断地予以增添与更新,又成为中华美食之缩影。

满汉全席一共有108道菜式:

一、蒙古亲藩宴

茶台茗叙:古乐伴奏、满汉侍女、敬献白玉奶茶。

到奉点心:茶食刀切、杏仁佛手、香酥苹果、合意饼。

攒盒一品:龙凤描金攒盒龙盘柱(随上干果蜜饯八品)。

四喜干果:虎皮花生、怪味大扁、奶白葡萄、雪山梅。

四甜蜜饯:蜜饯苹果、蜜饯桂圆、蜜饯鲜桃、蜜饯青梅。

奉香上寿:古乐伴宴、焚香入宴。

前菜五品:龙凤呈祥、洪福万年、洪字鸡丝黄瓜、福字瓜烧里脊、万字麻辣肚丝、年字口蘑发菜。

饽饽四品:御膳豆黄、芝麻卷、金糕、枣泥糕。

酱菜四品:宫廷小黄瓜、酱黑菜、糖蒜、腌水芥皮。

敬奉环浆:音乐伴宴、满汉侍女敬奉、贵州茅台。

膳汤一品:龙井竹荪。

御菜三品:凤尾鱼翅、红梅珠香、宫保野兔。

饽饽二品:豆面饽饽、奶汁角。

御菜三品:祥龙双飞、爆炒田鸡、芫爆仔鸽。

御菜三品:八宝野鸭、佛手金卷、炒墨鱼丝。

饽饽二品:金丝酥雀、如意卷。

御菜三品:绣球干贝、炒珍珠鸡、奶汁鱼片。

御菜三品:干连福海参、花菇鸭掌、五彩牛柳。

饽饽二品：肉末烧饼、龙须面。

烧烤二品：挂炉山鸡、生烤狍肉，随上荷叶卷、葱段、甜面酱。

御菜三品：山珍刺龙芽、莲蓬豆腐、草菇西兰花。

膳粥一品：红豆膳粥。

水果一品：应时水果拼盘一品。

告别香茗：信阳毛尖。

二、廷臣宴

丽人献茗：狮峰龙井。

干果四品：蜂蜜花生、怪味腰果、核桃粘、苹果软糖。

蜜饯四品：蜜饯银杏、蜜饯樱桃、蜜饯瓜条、蜜饯金枣。

饽饽四品：翠玉豆糕、栗子糕、双色豆糕、豆沙卷。

酱菜四品：甜酱萝葡、五香熟芥、甜酸乳瓜、甜合锦。

前菜七品：喜鹊登梅、蝴蝶虾卷、姜汁鱼片、五香仔鸽、糖醋荷藕、泡绿菜花、辣白菜卷。

膳汤一品：一品官燕。

御菜五品：沙锅煨鹿筋、鸡丝银耳、桂花鱼条、八宝兔丁、玉笋蕨菜。

饽饽二品：慈禧小窝头、金丝烧卖。

御菜五品：罗汉大虾、串炸鲜贝、葱爆牛柳、蚝油仔鸡、鲜蘑菜心。

饽饽二品：喇嘛糕、杏仁豆腐。

山珍刺五加清炸鹌鹑、红烧赤贝。

饽饽二品：绒鸡待哺、豆沙苹果。

御菜三品：白扒鱼唇、红烧鱼骨、葱烧鲨鱼皮。

烧烤二品：片皮乳猪、维族烤羊肉，随上薄饼、葱段甜酱。

膳粥一品：薏仁米粥。

水果一品：应时水果拼盘一品。

告别香茗：珠兰大方。

三、万寿宴

丽人献茗：庐山云雾。

干果四品：奶白枣宝、双色软糖、糖炒大扁、可可桃仁。

蜜饯四品：蜜饯菠萝、蜜饯红果、蜜饯葡萄、蜜饯马蹄。

饽饽四品：金糕卷、小豆糕莲子糕、豌豆黄。

酱菜四品：桂花辣酱芥、紫香干、什香菜、虾油黄瓜。

攒盒一品：龙凤描金攒盒龙盘柱随上。

五香酱鸡盐水里脊、红油鸭子、麻辣口条。

桂花酱鸡番茄马蹄、油焖草菇、椒油银耳。

前菜四品:万字珊瑚白、寿字五香大虾、无字盐水牛肉、疆字红油百叶、万寿无疆。

膳汤一品:长春鹿鞭汤。

御菜四品:玉掌献寿、明珠豆腐、首乌鸡丁、百花鸭舌。

饽饽二品:长寿龙须面、百寿桃。

御菜四品:参芪炖白凤、龙抱凤蛋、父子同欢、山珍大叶芹。

饽饽二品:长春卷、菊花佛手酥。

御菜四品:金腿烧圆鱼、巧手烧雁鸢、桃仁山鸡丁、蟹肉双笋丝。

饽饽二品:人参果、核桃酪。

御菜四品:松树猴头蘑、墨鱼羹、荷叶鸡、牛柳炒白蘑。

烧烤二品:挂炉沙板鸡、麻仁鹿肉串。

膳粥一品:稀珍黑米粥。

水果一品:应时水果拼盘一品。

告别香茗:茉莉雀舌毫。

四、千叟宴

丽人献茗:君山银针。

干果四品:怪味核桃、水晶软糖、五香腰果、花生粘。

蜜饯四品:蜜饯橘子、蜜饯海棠、蜜饯香蕉、蜜饯李子。

饽饽四品:花盏龙眼、艾窝窝、果酱金糕、双色马蹄糕。

酱菜四品:宫廷小萝葡、蜜汁辣黄瓜、桂花大头菜、酱桃仁。

前菜七品:二龙戏珠、陈皮兔肉、怪味鸡条、天香鲍鱼、三丝瓜卷、虾籽冬笋、椒油茭白。

膳汤一品:罐焖鱼唇。

御菜五品:沙舟踏翠、琵琶大虾、龙凤柔情、香油膳糊肉丁、黄瓜酱。

饽饽二品:千层蒸糕、什锦花篮。

御菜五品:龙舟鳜鱼、滑熘贝球、酱焖鹌鹑、蚝油牛柳、川汁鸭掌。

饽饽二品:凤尾烧卖、五彩抄手。

御菜五品:一品豆腐、三仙丸子、金菇掐菜、熘鸡脯、香麻鹿肉饼。

饽饽二品:玉兔白菜、四喜饺。

烧烤二品:御膳烤鸡、烤鱼扇。

野味火锅:随上围碟十二品。

一品:鹿肉片、飞龙脯狍子脊、山鸡片、野猪肉、野鸭脯、鱿鱼卷、鲜鱼肉、刺龙牙、大叶芹、刺五加、鲜豆苗。

膳粥一品:荷叶膳粥。

水果一品:应时水果拼盘一品。

告别香茗:杨河春绿。

五、九百宴

丽人献茗:熬乳茶。

干果四品:芝麻南糖、冰糖核桃、五香杏仁、菠萝软糖。

蜜饯四品:蜜饯龙眼、蜜饯莱阳梨、蜜饯菱角、蜜饯槟子。

饽饽四品:糯米凉糕、芸豆卷、鸽子玻璃糕、奶油菠萝冻。

酱菜四品:北京辣菜、香辣黄瓜条、甜辣干、雪里蕻。

前菜七品:松鹤延年、芥末鸭掌、麻辣鹌鹑、芝麻鱼、腰果芹心、油焖鲜蘑、蜜汁番茄。

膳汤一品:蛤什蟆汤。

御菜一品:红烧麒麟面。

热炒四品:鼓板龙蟹、麻辣蹄筋、乌龙吐珠、三鲜龙凤球。

饽饽二品:木樨糕、玉面葫芦。

御菜一品:金蟾玉鲍。

热炒四品:山珍蕨菜、盐煎肉、香烹狍脊、湖米茭白。

饽饽二品:黄金角、水晶梅花包。

御菜一品:五彩炒驼峰。

热炒四品:野鸭桃仁丁、爆炒鱿鱼、箱子豆腐、酥炸金糕。

饽饽二品:大救驾、莲花卷。

烧烤二品:持炉珍珠鸡、烤鹿脯。

膳粥一品:莲子膳粥。

水果一品:应时水果拼盘一品。

告别香茗:洞庭碧螺春。

六、节令宴

丽人献茗:福建乌龙。

干果四品:奶白杏仁、柿霜软糖、酥炸腰果、糖炒花生。

蜜饯四品:蜜饯鸭梨、蜜饯小枣、蜜饯荔枝、蜜饯哈密杏。

饽饽四品:鞭蓉糕、豆沙糕、椰子盏、鸳鸯卷。

酱菜四品:麻辣乳瓜片、酱小椒、甜酱姜牙、酱甘螺。

前菜七品:凤凰展翅、熊猫蟹肉虾、籽冬笋、五丝洋粉、五香鳜鱼、酸辣黄瓜、陈皮牛肉。

膳汤一品:罐煨山鸡丝燕窝。

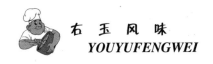
御菜五品：原壳鲜鲍鱼、烧鹧鸪、芜爆散丹、鸡丝豆苗、珍珠鱼丸。

饽饽二品：重阳花糕、松子海罗干。

御菜五品：猴头蘑扒鱼翅、滑熘鸭脯、素炒鳝丝、腰果鹿丁、扒鱼肚卷。

饽饽二品：芙蓉香蕉卷、月饼。

御菜五品：清蒸时鲜、炒时蔬、酿冬菇盒、荷叶鸡、山东海参。

饽饽二品：时令点心、高汤水饺。

烧烤二品：持炉烤鸭、烤山鸡，随上薄饼、甜面酱、葱段、瓜条、萝葡条、白糖、蒜泥。

膳粥一品：腊八粥。

水果一品：应时水果拼盘。

告别香茗：杨河春绿。

七、报菜名里面的满汉全席

蒸羊羔、蒸熊掌、蒸鹿尾儿；

烧花鸭、烧雏鸡儿、烧子鹅；

卤煮咸鸭、酱鸡、腊肉、松花、小肚儿、晾肉、香肠；

什锦苏盘、熏鸡、白肚儿、清蒸八宝猪、江米酿鸭子；

罐野鸡、罐鹌鹑、卤什锦、卤子鹅、卤虾、烩虾、炝虾仁；

山鸡、兔脯、菜蟒、银鱼、清蒸哈什蚂；

烩鸭腰、烩鸭条、清拌鸭丝、黄心管；

焖白鳝、焖黄鳝、豆豉鲇鱼、锅烧鲇鱼、烀皮甲鱼、锅烧鲤鱼、抓炒鲤鱼；

软炸里脊、软炸鸡、什锦套肠、麻酥油卷；

熘鲜蘑、熘鱼脯、熘鱼片、熘鱼肚、醋熘肉片、熘白蘑；

烩三鲜、炒银鱼、烩鳗鱼、清蒸火腿、炒白虾、炝青蛤、炒面鱼；

炝芦笋、芙蓉燕菜、炒肝尖、南炒肝关、油爆肚仁、汤爆肚领；

炒金丝、烩银丝、糖熘饹炸、糖熘荸荠、蜜丝山药、拔丝鲜桃；

熘南贝、炒南贝、烩鸭丝、烩散丹；

清蒸鸡、黄焖鸡、大炒鸡、熘碎鸡、香酥鸡、炒鸡丁、熘鸡块；

三鲜丁、八宝丁、清蒸玉兰片；

炒虾仁、炒腰花、炒蹄筋、锅烧海参、锅烧白菜；

炸海耳、浇田鸡、桂花翅子、清蒸翅子、炸飞禽、炸葱、炸排骨；

烩鸡肠肚、烩南荠、盐水肘花、拌瓢子、炖吊子、锅烧猪蹄；

烧鸳鸯、烧百合、烧苹果、酿果藕、酿江米、炒螃蟹、氽大甲；

什锦葛仙米、石鱼、带鱼、黄花鱼、油泼肉、酱泼肉；

红肉锅子、白肉锅子、菊花锅子、野鸡锅子、元宵锅子、杂面锅子、荸荠

一品锅子;

软炸飞禽、龙虎鸡蛋、猩唇、驼峰、鹿茸、熊掌、奶猪、奶鸭子;

杠猪、挂炉羊、清蒸江瑶柱、糖熘鸡头米、拌鸡丝、拌肚丝;

什锦豆腐、什锦丁、精虾、精蟹、精鱼、精熘鱼片;

熘蟹肉、炒蟹肉、清拌蟹肉、蒸南瓜、酿倭瓜、炒丝瓜、焖冬瓜;

焖鸡掌、焖鸭掌、焖笋、熘茭白、茄干晒卤肉、鸭羹、蟹肉羹、三鲜木樨汤;

红丸子、白丸子、熘丸子、炸丸子、三鲜丸子、四喜丸子、氽丸子、葵花丸子、饹炸丸子、豆腐丸子;

红炖肉、白炖肉、松肉、扣肉、烤肉、酱肉、荷叶卤、一品肉、樱桃肉、马牙肉、酱豆腐肉、坛子肉、罐肉、元宝肉、福禄肉;

红肘子、白肘子、水晶肘、蜜蜡肘子、烧烀肘子、扒肘条;

蒸羊肉、烧羊肉、五香羊肉、酱羊肉、氽三样、爆三样;

烧紫盖、炖鸭杂、熘白杂碎、三鲜鱼翅、栗子鸡、尖氽活鲤鱼、板鸭、筒子鸡。

几道"满汉全席"典型菜肴的做法

御龙火锅

做法:

1.将带皮五花肉洗净,刮去细毛。将香菜洗净,去根,切成 2 分长的段。将水发香菇、水发黄蘑菇切成长 1 寸 5 分、宽 6 分、厚 1 分的片。将粉丝放入盆中,注入开水,浸泡 10 分钟,胀发好后捞出,剪成长约 4 寸的丝。将酸菜洗净,切去根,切成长 1 寸 5 分、宽 8 分的片。将大海米放入碗中,注入开水,浸泡 20 分钟。

2.锅中注入清水,放入猪肉,上火烧开,撇去浮沫,在火上煮至六成烂时捞出,控净水,稍凉后切成长 2 寸、厚 1 分的大薄片。

3.火锅中先放入粉丝和酸菜片,然后将猪肉片、干贝、大海米、黄蘑菇片、火腿片、香菇片间隔、顺序地码在酸菜粉丝上,注入清汤,加入料酒、精盐兑好口味,用炭火烧开,烧 10 分钟。

4.将酱豆腐放入小碗内,用凉开水研成卤状。将香菜末放入小盘内。再将韭菜花、卤虾油、芝麻油、辣椒油分别放入小碗中,同白肉火锅一起上桌。

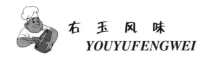

火烤羊肉串

做法：

1.羊后腿肉切成长方片,取十根银钎,一根穿七片羊肉。

2.酱油内加调料拌匀。

3.把羊肉平排架在微火上烤,随烤随将酱油刷在肉上,并撒上椒盐,3分钟后,待肉呈酱红色,用同样的方法烤背面,两面刷上葫麻油即成。

特点：色泽酱红,肉质鲜嫩,麻辣鲜香。

金钱吐丝

做法：

1.将鲜虾去头、尾及外壳,挑去沙线,用水洗净;将马蹄拍碎,用刀剁成末;将鲜虾肉及猪肥肉用刀背砸成茸;将面包切成直径1寸、厚1分的圆形片,其余剁成面包粉。

2.将虾肉蓉和猪肥肉茸放入碗中,加入精盐、料酒、玉米粉搅拌上劲,再放入马蹄末、鸡蛋清搅拌成糊状,用手挤成直径1寸的丸子,放在面包片上,四周用小刀抹齐。将切好的发菜旋转式地码在虾丸子上。将面包粉过细罗,然后将细面包末撒在虾托上面,用手压实。

3.坐煸锅,注入适量花生油,烧至六成热时下入虾托,炸至金黄色时捞出,控净油,放在盘中即成,连同花椒盐一起上桌。

双龙戏珠

原料：大连鲍或珍鲍、刺参。

调料：土豆、食盐、味精、植物油。

做法：将土豆磨成泥后,加入调料,做成小丸子,然后将鲍鱼、刺参用上汤焗后,装小沙煲内煲熟。

关于"满汉全席"的传说

"满汉全席"这一名称来源于一段相声。20世纪20年代在北京和天津献艺的著名相声演员"万人迷"编了一段"贯口"词,罗列大量菜名,名为"报菜名",颇受听众欢迎。30 年代在北京与张傻子、高德名、绪德贵、汤瞎子一同登台表演的著名相声演员戴少埔擅长这个段子(戴少埔于 20 世纪 40 年代初在天津逝世),当时仍称这段贯口为"报菜名"。后来传来传去,竟被讹传为"满汉全席"。清宫膳房根本没有"满汉全席"之说。当年在北海公园创设"仿膳"饭馆的人,的确曾是清宫膳房工作过的人。那时仿膳的菜肴确是清末宫廷膳房制品的样子,但从未提过"满汉全席",而是老老实实地做炒肉末(夹烧饼)。豌豆黄和芸豆卷等也是膳房制品样子,这才是真的。仿膳菜肴和点心的做法,严格地说,是同治光绪年代清宫御膳的遗范,在很大程度上适合慈禧太后的喜好和口味,不但与道光年代的调制法有一定区别,还与咸丰年代的做法也不尽相同。例如,乾隆皇帝有专门烹调鸭子的厨师,咸丰皇帝喜食鸭,这本是清宫菜肴的一项传统,但因慈禧太后不大喜欢吃鸭,所以同治光绪年代膳房就不大讲求烹调鸭子了。20 世纪 30 年代仿膳的老师傅说,早年膳房做"全鸭"有 47 种烹调法,后来半数都失传了。总之,"满汉全席"之称是来自"万人迷"的"报菜名"。

还有说,从康熙西征凯旋归来,在杀虎关用满汉全席宴请功臣,一直吃到皇帝退位。

林景贤是杀虎关最后一任税务监督。林景贤从北京到杀虎口税关上任,带了全家老小男女七十多口,除了一半安排到各个局卡充任司事,其余 30 多人在监督衙门做事。其中包括太太、少爷和小姐,还有四五个老妈子、三四个厨师、一个剃头梳辫子的、一个管家、两个账房先生、一个书斋师爷、一个教书师爷。林景贤有两个厨房,一大一小。大厨房每天宰一二十只大鸡,小厨房每天宰一二十只小鸡。他每天都喝燕窝银耳汤,隔一两天就吃一次烤乳猪。至于朔平府知府或上司莅临,均以满汉全席招待。这满汉全席一摆就是几桌,一吃就是几天。满汉全席已成为历史,但满族人讲究吃的风气,对右玉的餐饮文化确有很大的影响。

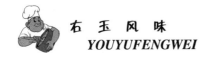

民间传说的饮食故事

李 勇

黑姑救母

右卫是山西的西北边陲小镇,这里气候凉爽,但土地贫瘠,年降水量偏低,无霜期极短,主要农作物为小杂粮。这里十年九旱,若遇灾荒、战火,老百姓生活更是饥寒交迫,苦不堪言。

相传很久以前,黑姑一家就生活在这片土地上,其父黑氏在几年前的城堡争夺混战中撒手人寰,母亲蒋氏,带着女儿黑姑,在艰难的生活中挣扎着。

一年春天,母女俩垦荒耕耘,手使镢锹,泡满如珠,天长日久,逐渐磨成僵茧。好不容易才播种下去,可是天公不作美,老天爷就是不下雨,旱情非常严重,老百姓每天抬起头望着如火的骄阳,唉声叹气!他们虔诚地祈祷天降甘霖! 等啊,等啊……希望变成了失望。

如何填饱肚子呢?黑家母女俩心急如焚,蒋氏终因劳累过度,再加上忍饥挨饿,营养不良,一病不起。哪有钱治疗? 心地善良的黑姑,更是无可奈何。

她守护在母亲的身边,侍奉着,陪伴着,就这样一天一天地打发着煎熬的日子。家中余下的粮食少得可怜,黑姑看在眼里,急在心上。有一天早晨,她一个人在野外偷偷地哭泣。说来也巧,这时候,一只野兔忽然跃入她的眼帘,只见小兔正吃着野菜,有时站立探望,有时欢快地跳跃,多么可爱的小兔子! 黑姑的内心深处充满了欢乐,她轻轻地、轻轻地向这只可爱的小兔子靠近,可是小兔子非常敏捷,很快就溜走了。于是她在兔子呆过的地方仔细地观察野兔吃过的野菜,心想这东西人大概也能吃。

于是她飞快地挖起了野菜,当她背着沉甸甸的野菜回到家中时,妈妈还在迷迷糊糊地睡着,她急匆匆地煮起苦菜来。

有诗云:

柴火灶中燃,菜香釜中飘。

清香沁心脾,巧姑炊无米。

煮着,煮着,顷刻间,屋满清香,蒋氏猛然醒来,神情恍惚,望着腾云驾雾的蒸气,愣怔着……过了一会儿,黑姑才将锅中的食物——苦菜,捞入碗内递给妈妈,妈妈迟迟没有伸手,愣了半天,一行浑浊的眼泪从那张苍凉的脸上滚落下来。又过了一会儿,她妈妈才伸出那微微颤抖的双手接过来,慢慢吞吞地尝试着、咀嚼着、品味着碗中的苦菜,忽然,她妈妈眼睛里噙满了激动的泪花,嘴里不住地嘀咕,"真是一道好菜啊!真是一道好菜啊!真是天无绝人之路呀!"

就是这苦菜救了她们母女俩的生命。

母女俩从此便经常到野外采挖苦菜,母亲的病也靠吃苦菜竟神奇般地好起来了。

又是一个大地回春,黑姑带着她的苦菜种子,撒遍荒山野岭,田间地头;撒满河畔岸边,房前屋后。黑姑走到哪里,哪里便是一片绿油油的苦菜。至此,苦菜就分为两种,叶子灰中带绿,为原有苦菜,所谓苦苣菜;叶子绿中泛黄,那是黑姑妙手所播,生机勃勃,越是干旱,越显出它顽强的生命力,即是甜苣菜。

而今,天然苦菜(甜苣菜)也登上了大雅之堂,喜庆婚宴,苦菜佳肴,让人百吃不厌。

老娃含柴

传说,右玉北岭梁上有一个左员外,千顷土地,盛产小杂粮,而且经营有方,做事踏踏实实,是一个老实巴交的庄稼人。

有一年,风调雨顺,种植的大片莜麦、荞麦丰收在望。在秋收季节,左员外全家人忙忙碌碌,一个劳力当作多个劳力使。收获的庄稼靠人背,驴驮,牛车拉,每天只有早起晚归,带干粮,在野外吃午饭。

一天,在家中照看家门的 11 岁女儿,名唤拉娣。她心灵手巧,爱做家务,还想做大人做的事情,如今她要替母亲及家人做一顿美餐。做什么饭呢?拉娣不假思索地和好莜面,学着做莜面窝窝、圪卷。这都是细活,也是巧媳妇们的绝活儿,可她是初次做,怎么也做不好。无奈之下,她将莜面擀成薄片,又将土豆片夹在中间,用刀切成细条,中午时几笼热腾腾的饭就蒸好了,拉娣亲自送到了田间地头。

为了赶着收割莜麦,中午已过,左员外一家人还在忙着干活。正当他们饥肠辘辘、疲惫不堪的时候,拉娣急匆匆地把做好的饭送到了地头。

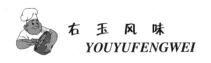
"吃饭了,吃饭了!"她高喊着招呼全家人快来吃饭。

左员外一家人高兴地跑到地头。拉娣兴奋地说:"快来看看我的手艺啊。"她把饭菜摆放好,众人围坐过来。扑鼻的香味,热腾腾的蒸气,馋得家人直流口水。左员外一家人喜出望外,你看看我,我看看你,赞不绝口。全家人狼吞虎咽地一会儿就把送来的饭吃了个精光。左员外吃完饭心里犯了嘀咕:"哎!今天的饭,叫什么?吃得不明不白,如果他人问起,怎么作答,这得起个名儿。"于是他左思右想,还是起不出个像样的名字来。正在琢磨着,忽然听到:"哇……呀……"的叫唤声,他猛然抬起头,看见一群黑老(乌鸦)在天空飞翔,左员外便信口说道,就叫"老哇含柴"吧。从此,拉娣发明的这种莜面吃法,便在右玉这片土地上流传至今。

家常便饭迎贵宾

李　勇

　　绿洲宾馆,是当时右玉县最好的宾馆,听该宾馆小招前任总经理田明讲,这里曾用右玉家常便饭接待过中央首长。

　　1985 年 6 月 14 日,时任中共中央总书记的胡耀邦,在山西省委书记李立功、地委书记白兴华的陪同下,视察了右玉高墙框乡辛堡梁、辛堡湾,听了右玉县委、县政府领导的汇报。原定中午在大同市就餐,中午时分,突然改变了原定日程,接待人员告诉说要在绿洲宾馆小招吃午饭,真是出乎意料。由于时间仓促,工作人员急了,小招的厨师们也忙了,怎么办?没有其他现成的备料,只有做右玉的家常便饭了。

　　主食:玻璃饺子、馒头、肉馅包子。

　　副食:盐煎羊肉、过油肉、大烩菜、凉拌土豆丝。

　　汤:绿豆小米粥。

　　忙碌一番后,终于正点开席。胡耀邦总书记不但吃了右玉的家常便饭,还品尝了右玉的特产沙棘汁,午饭后,与县委常委合影留念。

　　2002 年 10 月 19 日,中共中央政治局委员、书记处书记、国务院副总理温家宝,在省委书记田成平、省长刘振华、朔州市委书记梁滨、市长阎沁生以及右玉县县委书记高厚、代县长赵向东等省、市、县领导陪同下,查看了右玉实地灾情,看望了受灾群众。温总理平易近人、和蔼可亲,在威远镇牛家堡村还亲自扶犁耕作。傍晚,总理一行住进右玉县玉林苑宾馆,晚餐按照温总理一贯的吃法——清清淡淡、汤汤水水、热热乎乎的原则安排如下:

　　主食:葱花饼。

　　副食:大烩菜、炒油菜、炖羊肉、清蒸活鱼(常门铺水库鱼)。

　　汤类:豆面糊糊、小米稀饭。

　　温总理通民俗、达乡情,生活朴素,吃得是右玉土特产,粗茶淡饭。据时任服务员王菊芳回忆,温总理爽口地吃着葱花饼,大口地喝着豆面糊糊,随后,又盛了一碗小米稀饭,吃得干净利落。温总理用餐时间不到十五分钟,饭桌前无人陪同,轻装简从,他没有前呼后拥的场面。

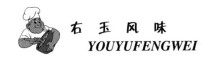

几次接待中央领导人,都是右玉的家常便饭,田明总经理深有感触地说:"中央领导的满意,就是我们的光荣。"

塞上绿洲的羊杂割

姚尚杰

"羊杂割"这一名吃,起初仅流行于塞上。右玉县是山西省唯一的半农半牧县,自古水草丰美、气候独特、蓝天白云、环境优美,这块宝地为绵羊的茁壮成长提供了良好的自然环境。右玉村民家家户户养羊历史悠久,世代相传,所产羊肉鲜、嫩、香闻名遐迩。独特的右玉羊杂割便应运而生。

羊杂割也叫"羊杂碎",主料是羊头、羊腿、羊蹄肉及肝、肺、肚、肠、血,当地人俗称"羊下水"。将这些主料洗净煮熟后,切碎并混杂在一起,经烹调、锅内一煮,即是"羊杂割"小吃了。

拾掇羊杂极其耗时费力。就拿接取羊血来说,必须在宰羊时,羊脖下方放一盆器,撒上一把咸盐,然后让新鲜的羊血放入盆中。为了血质鲜嫩,需要边加水,加用刀搅动,待其凝成坨后,再分割成小块。拾掇肚肠,必须先倒粪便,后灌水,之后用滚水汆一下,迅速剥掉肚子的脏膜。羊肠还得用筷子顶上一头,一根根地翻过来,最后放上盐或醋反复揉搓,才能除去膻味。羊的头、腿、蹄需要放在火上燎毛,烤成焦黄色,油渍渍方好。羊杂碎拾掇、洗挣后,放入锅里煮熟,再捞出来晾冷。如此繁杂地加工之后,羊杂割也仅是半成品。

地道的"羊杂割",就是把上述的半成品切成碎块,方可入锅。在入锅炖羊杂割前,先把斋面面、花椒、辣椒、葱、蒜、醋、酱油等在羊尾巴煎成的油或葫麻油里炝一下,再往锅里添水,最后放入切成碎块的羊杂,煮沸后就做成了色、香、味诱人的"羊杂割"。

现如今市场上的羊杂割,可分为纯羊杂割、混羊杂割两类。纯羊杂割其原料都是羊杂碎;混羊杂割除羊杂碎外,还有土豆条、粉条等辅料,混羊杂割不十分地道,味道上也没纯羊杂割美味可口。

吃的学问

CHI DE XUE WEN

均衡营养　合理膳食

均衡营养

1.什么叫均衡营养

"民以食为天"。人类的生存和发展乃至整个生命活动,必须从外界不断地摄取大量的食物。食物是人类获得所需热量及各种营养素的唯一来源,少食或不能进食,那么其生命活动将会受到很大程度的限制,危及生命。食物对于人类犹如太阳对于万物,水对于鱼,是其生存的必要条件。所以,食物是非常重要的。早在两千多年前,我们的先辈们在《黄帝内经·素问篇》就作了精辟的论述,认为"五谷为养,五果为助,五畜为益,五菜为充"。人类从自然界不断地摄取食物,并在人体内消化、吸收、代谢用以维持正常的生理生化功能。

食物中含有各种营养素,但没有哪一种食物可以涵盖人体所需要的全部营养素。所以,人类为获得符合机体需要的营养素,就必须合理选择各种不同的食物,以满足机体的生理需要。另外,还要注意营养素之间的适宜比例与平衡,因为营养素摄入的过多或不足以及营养素摄入的不平衡,都可能造成与营养相关疾病的发生。如营养过剩,可使肥胖、高血压、高血脂、心脑血管疾病、糖尿病、癌症等发病率增高。营养素缺乏,也可以引起营养缺乏病。根据世界卫生组织与粮农组织的调查研究,认为全世界有四大营养缺乏病:维生素 A 缺乏病、缺铁性贫血、由于碘缺乏引起的地方性甲状腺肿大、热能蛋白质缺乏(临床上表现为消瘦和恶性营养不良)。由此可见,合理营养一般可以这样认为:机体摄入各种营养素的数量要合理,可满足其生理需要。另外,各种营养之间的比例要适宜,相互之间要保持平衡。

2.什么叫营养素,营养素分哪几类

人们必须每天摄取食物和水分,维持自己的生命活动,促进生长发育、保持健康和从事各种活动。食物和饮用水中含有人体需要的各种有机和无机物质,这些物质被称作做营养素。

营养素是保证健康的基本物质,来自食物和饮用水中的营养素有数十种。按其化学性质可分为六大类,即蛋白质、脂类、碳水化合物、矿物质、维生素和水。现在有人把膳食纤维素看作第七类营养素。

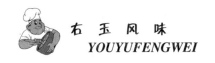
各种不同的营养素,在身体内起的作用是各不相同的,但归纳起来,有三大功能:供给热量、构成机体组织和调节生物活动。

同一种营养素可以有几种生理功能,如蛋白质有三种功能,主要为构成机体组织和调节生理活动,其次为供给能量。反之,同一种生理功能可以有几种营养素所具有,供给能量的营养素有碳水化合物、脂类和蛋白质,也叫三大生热营养素。

3.营养素来源于食物

自然界数以千计的食物都含有各种营养素,所以为获得身体所需营养素,就必须摄入足够量的食物。不同的食物含有不同的营养素,正是因为这种差别,才使各种食物具有不同的特性,有的属于酸性食物,有的属于碱性食物。

酸、碱食物的合理搭配,可以调节身体的内在环境,维持身体的酸碱平衡,使之保持最佳代谢状态,是维持身体健康的重要条件之一。

食物的酸、碱性,是由食物所含的营养素决定的。主要看食物中所含碱性元素与酸性元素或有机酸在体内代谢后,酸、碱元素以何种占优势,食物即显示何种性质。

酸性食物指食物中含氯、硫、磷等酸性元素的总量较高或含有不能完全氧化的有机酸,使体内氧化后的产物呈酸性,称为酸性食物。这类食物包括肉、鱼、禽、谷类和一部分水果(如李子、梅子、葡萄干)等。

碱性食物是指食物中含有钙、钠、钾、镁等碱性元素的总量较高,使体内氧化后的产物呈碱性,称为碱性食物。这类食物包括水果、蔬菜、牛奶、豆类、海藻类等。

4.蛋白质——生命的第一要素

蛋白质,这个名称来自希腊语,它的意思是"第一要素"、"头等重要"。恩格斯说:"没有蛋白质就没有生命。"蛋白质是构成一切细胞和组织的主要成分,在整个生命活动中起着决定性的作用,它的主要生理功能如下:

(1)蛋白质构成酶,起催化作用。新陈代谢是生命活动的基本特征。新陈代谢中化学变化借助于酶的催化作用,才能加速进行。身体内成千上万种化学变化,需要无数种专业性很强的酶起催化作用,才能完成。酶就是蛋白质。(2)蛋白质构成激素,调节生理机能。激素是由内分泌腺体细胞分泌的化学物质,对身体的生长、发育、繁殖和内环境的恒定起决定性的作用。如甲状腺素调节热能代谢,胰岛素调节血糖水平,性激素调节生殖功能,生长激素促进生长发育等,都是生命活动不可缺少的。(3)血红蛋白运送氧和二氧化碳。血红蛋白是有特殊作用的蛋白质。它在血液中随血流至肺组织,结合了氧气,又随血液流向全身每一部分,并释放出氧气供细胞利用,氧化葡萄糖产生热能,供生命活动的需要,同时结合二氧化碳,再随血液流至肺,排出二氧化碳。血红蛋白的作用如此往返不息,生命才得以持久。(4)构成和修复身体组织的基本原料。身体内所有的组织和器官都以蛋白质作为基础物质,如皮肤、骨骼、肌肉、头发、血液以及心、肝、脾、肺、肾等器官,无不由蛋白质构成。身体的健康必须有匀称的体格,饱满的肌肉,光洁的皮肤,流畅的曲线,追求一个充满生命活力的整体健康的形象。蛋白质是维持这种形象的关键性物质基础。(5)构成结缔组织,起支架作用。结缔组织分布于细胞之间,起连接和支架作用,其主要成分是胶原蛋白。(6)构成抗体,起免疫作用。抗体是免疫球蛋白,对入侵体内的细菌、病毒等有阻断作用。(7)构成遗传物,起遗传作用。核蛋白、核酸是起遗传作用的物质基础。蛋白质的食物来源可分为动物性和植物性两大类。动物性食物如蛋类、奶类、瘦肉类、鱼类、禽类、虾类等,植物性食物如谷类食物。

5.碳水化合物——最经济的热能来源

碳水化合物分三类:即单糖类(葡萄糖、果糖、半乳糖)、双糖类(蔗糖、乳糖、麦芽糖)和多糖类(淀粉、纤维素等)。碳水化合物的主要生理功能是:

(1)提供热能:包括基础代谢能量、食物特殊动力作用热能、各种体力活动热能消耗。(2)节约蛋白质和脂肪代谢作用:碳水化合物摄入充足,身体就不必分解蛋白质和脂肪作为能量之用。人体内最经济、最清洁的能源是碳水化合物,碳水化合物分解的最终产物是水和二氧化碳。易排出体外,对身体没有丝毫的毒害作用。

植物性食物是碳水化合物的主要来源,最常见的是粮谷类食物,如谷物、小麦、玉米等,根茎类食物如土豆、山芋、藕,还有豆类、水果、蔬菜。奶类是唯一动物性食品含碳水化合物最多的食品。

6.脂肪——产生能量最高的营养素

脂类包括中性脂肪和类脂。前者主要是脂肪及油,类脂有磷脂、糖脂、类固醇、脂蛋白类等。食物中脂肪的作用有:

(1)作能源:脂肪是产热高的能源,每克脂肪能提供9千克热量,是同样重量碳水化合物或蛋白质的2.25倍。(2)给人以饱腹感:脂肪在胃里停留的时间较长,大约是3.5小时。(3)作脂溶性维生素的载体:脂肪能促进脂溶性维生素A、D、E、K的吸收。(4)是必须脂肪酸的来源,是合成前列腺素的原料。(5)增进食物的香味和食欲。

膳食中脂肪最主要的来源是油脂。动物性食物的来源有猪油、牛油、黄油、肉类、蛋类,植物性食物的来源有豆油、花生油、菜籽油、坚果类等。

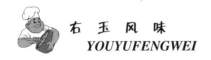
7.维生素——身体物质代谢的调节者

维生素是指维持人体正常功能所必需的一类低分子有机化合物。它不像碳水化合物、蛋白质和脂肪三大营养素一样会产生能量,亦非构成人体组织的成分。但它对人体具有非常重要的调节作用,特别是在维持人体正常的生长发育,调节新陈代谢、营养物质的能量代谢过程中起关键性作用。

维生素的种类很多,营养学家常按其溶解性分为脂溶性和水溶性维生素两大类,脂溶性维生素有维生素 A、D、E、K。水溶性维生素主要有 VB_1、VB_2、VBPP、VB_3、VB_6、VB_{12}、V_C、生物素、叶酸、胆碱等。

维生素除 V_D 接受阳光中的紫外线照射,在皮肤上合成,可免费获得外,其余维生素均都来源于食物,只要进食足够的食物,就可以得到人体所需的全部维生素,这也是最为科学的摄取途径,完全不必额外大量的补充。但对处于生长发育期、妊娠期、哺乳期、从事重体力活动及患有疾病的人群,应适当增加维生素的摄入。在人体中最易发生缺乏的重要维生素有 V_A、V_D、VB_1、VB_2、V_C 等。

8.矿物质——身体必须的多功能元素

矿物质在体内仅占人体体重的 5%左右,它在体内的数量虽然很少,但在人的生命活动中与三大生热营养素同样重要,同为身体不可缺少的组成部分。其生理功能如下:

(1)矿物质是构成人体的重要组成部分。如骨骼、牙齿的发育完全,结构完整,使其具有一定的强度和硬度,起到支持机体的作用。而骨骼、牙齿的发育是否良好,对人体健康的形象具有重要的影响。如发育良好的骨骼,使人的形态正常,男性显得气宇轩昂,英姿勃勃;女性显得亭亭玉立,焕发出生命的活力。而骨骼发育不良的人如脊椎畸形、驼背的身体,很难显示出健康的风采。(2)许多矿物质作为蛋白质、脂类等有机物的重要组成部分,如铁是构成血红蛋白的重要组成部分。(3)有些矿物质是人体内的催化剂——酶的重要组成部分或激活剂,如氯离子对于唾液淀粉酶、盐酸对胃蛋白酶原具有激活作用。(4)对调节酸碱平衡、调节渗透压都起着重要的作用。

钙的食物来源:乳类及其制品是最好的食物来源,其次是虾米、海带、豆类、绿叶蔬菜、芝麻酱等食物也是钙的良好来源。铁的食物来源:动物性食物的内脏,如心、肝、肾等,全血、鱼类等,植物性食物中豆类、绿叶蔬菜等。锌的食物来源:动物性食物是锌的良好来源,如牡蛎、海产品类、牛肉、肝脏、植物性食物中的豆类,坚果类含锌量也较高。碘的食物来源:食物中以海产品如海带、紫菜等,海盐中的原盐也含有一定量的碘,加碘盐等。

9.水——生命的摇篮

水是身体中一种非常重要的必需的营养素。水和氧一样,是所有生命的关键性物质,一个人缺氧,生命只能维持几分钟;若缺水,生命能维持几天;若缺食物,生命能维持数十天。水作为身体中各种物质的载体,营养物质、生活活性物质和代谢的废物都可以借助于水的流动,把养分带到细胞以利于应用,还可运输生物活性物质到组织,以调节机体的代谢,因为水对机体的生长发育、健康的维持均具有重要的意义。

身体中水的来源有三个途径:(1)通过摄入食物获得水;(2)通过饮水和喝饮料;(3)部分水是在碳水化合物、脂肪、蛋白质代谢中产生的代谢水。

10.膳食纤维素——身体的"第七营养素"

膳食纤维素实际上是碳水化合物的一种,是由多糖组成的,但它不能给身体提供热能,也不能被身体消化吸收和利用。它们是纤维素、半纤维素、果胶、树胶、本质素等。目前认为,它对身体的健康具有重要的生理作用。

(1)膳食纤维素有助于通便:膳食纤维素通过消化道,可吸收水分而使体积变大,促进肠蠕动,促进排便,防止便秘。(2)具有防癌作用:欧美居民以白面、精米、肉、蛋、糖、脂肪为主食,纤维素摄入量很少,排便量少、次数少,其大肠癌的发病率相当高;而吃粗粮、蔬菜量多的居民,其排便量多,次数多,肠癌少。(3)具有降低血糖和血脂的功能:膳食纤维素可以促使胆固醇在肠道中排出,从而降低血脂。多膳食纤维素不仅能降低每日糖类的摄入量和肠内糖的再吸收浓度,而且能调节胰岛素的分泌,从而降低了血糖。

膳食纤维素主要来源于植物性食物,如绿叶、蔬菜、水果、粗粮、根茎类、豆类等,动物性食物所含膳食纤维素很少。

合理膳食

1.何谓平衡膳食

平衡膳食,又称合理膳食或称健康膳食。是指全面达到膳食营养素摄入量标准的膳食。其次,摄入者从食物中摄取的各种营养素在生理上能建立起一种平衡关系:即三大产热营养素之间的比例要平衡;能量代谢与其关系密切的维生素之间的比例要平衡;蛋白质中必需氨基酸之间比例要平衡;单不饱和脂肪酸、多不饱和与饱和脂肪酸三者之间的比例要平衡;可消化的碳水化合物与不可消化的膳食纤维素之间比例要平衡;钙与磷之间的比例要平衡;呈酸性食物与呈碱性食物之间的比例要平衡;动物性食品与

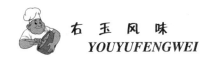

植物性食品之间的比例要平衡等。这种能使物质代谢与能量代谢达到平衡的膳食,就称为平衡膳食。膳食平衡,才有利于儿童正常生长发育、成人体质强壮、老人健康长寿。

2.膳食科学搭配的原则

膳食的科学搭配(也称编制食谱),就是要把合理营养、平衡膳食的理念体现在所搭配的膳食之中。科学搭配应考虑两个原则:能量代谢平衡的原则和物质代谢平衡的原则。

首先是能量代谢平衡的原则,要按照使用该食谱者的年龄、性别、劳动(工作)强度,来确定使用该食谱者一日总能量的摄入。即找出热能摄入量标准,根据总能量,对三大营养素(蛋白质、脂肪和碳水化合物)进行合理分配,一般人群其三大营养素热能的分配是:蛋白质占 11% ~ 14%,脂肪占 25% ~ 30%,碳水化合物占 60% ~ 70%,再根据该人一日总能量的摄入,计算出一天需要蛋白质、脂肪和碳水化合物各多少重量。

其次,是物质代谢平衡原则,同样要根据使用食谱者的年龄、性别、劳动(工作)强度,确定其一日有关的其他营养素的摄入,即找出维生素、矿物质的摄入量标准,然后确定从什么食物中摄取这些营养素,这些就是膳食的科学搭配。

3.中国居民膳食指南的八条原则

中国居民合理饮食的具体要求,中国营养学会将其概括为如下八条原则:

(1)食物多样,谷类为主。

(2)多吃蔬菜、水果和薯类。

(3)常吃奶类、豆类或豆制品。

(4)经常吃适量的鱼、禽、蛋、瘦肉,少吃肥肉和荤油。

(5)食量与体力活动要平衡,保持适宜体重。

(6)吃清淡少盐的膳食。

(7)饮酒应限量。

(8)吃清洁卫生、不变质的食物。

4.平衡膳食宝塔

为了能让广大百姓理解合理营养、平衡膳食,能让居民膳食指南实物化、图形化,世界各国相继提出自己的"食物金字塔"。中国营养学会根据《中国居民膳食指南》,以宝塔的形式,将食物按照不同的种类、地位和重量排列,成为中国居民平衡膳食宝塔,作为人们每人每日选购食物的依据。

平衡膳食宝塔,共分五层,位于宝塔底层的为谷类 300 ~ 500 克(6两 ~ 1斤),是机体最理想而又经济的热能来源。中国人每日正常所需的热能为 9204.8～16736kJ（2200～4000Kcal），其中碳水化合物提供的热量以 70%为宜。

第二层是水果蔬菜类，其中蔬菜 400～500 克（8 两～1 斤），水果类 100～200 克（2～4 两），主要为人体提供膳食纤维素和维生素 A、D、C 以及胡萝卜素。蔬果类食物，也是提供钙、钾、镁、钠、铁等无机盐的重要来源。

第三层是畜、禽、肉、蛋、鱼虾类等动物性食品，其中畜、禽、肉类 50～100 克（1～2 两）、鱼虾类 50 克（1 两）和蛋类 25～50 克（0.5～1 两），是人体优质蛋白质的来源，肉类还可提供多种维生素，特别是肝脏为多种维生素极为丰富的来源。但畜禽内脏中的胆固醇含量较高，食用时应加以限量。鸡蛋也是优质蛋白质的来源，其蛋白质的转化率仅次于牛奶，蛋黄中还含有较多的维生素 A、D、B_1、B_2 及铁、磷、钙等无机盐。

第四层是奶类及奶制品、豆类及豆制品，其中奶类及奶制品 100 克（2 两），豆类及豆制品 50 克（1 两）。奶类所含营养素成分齐全，组成比例适宜，最宜为人体吸收。为人体维生素 A、D、B_2 及钙、磷等主要来源，奶类的蛋白质属于优质蛋白质。豆类蛋白质也属优质蛋白质，且赖氨酸丰富，与奶类同为谷类食物良好的天然互补食品。

第五层宝塔顶部为油脂类 25 克（0.5 两），中国成年人通过平衡食物，每天摄入约 50 克的脂肪就能基本满足需要，扣除从畜禽肉、奶制品等食品中所摄入的脂肪，摄入纯油脂类只需 25 克左右。

抵抗力可以吃出来

在医学报道中常见"抵抗力",主要有抗外邪和清"内敌"两大作用：能预防身体意外的细菌、病毒侵袭而引发疾病；免疫力能清除体内代谢后的废物；清除自身不正常的变异细胞。

抵抗力这支身体卫兵，来自于一套精密的身体防御系统——免疫器官（脾脏、骨髓、胸腺、淋巴结、扁桃体等实体性器官）、免疫细胞（淋巴细胞等）和免疫因子（体液中的免疫球蛋白等）。它们有些负责制作免疫细胞，有些负责把免疫细胞释放到血液中，有些发送疾病信号，有些过滤血液，吞噬病毒和细菌等。它们是相互作用、协同作战的关系。

所以，抵抗力强的人不容易生病。一个抵抗力强的人和一个抵抗力弱的人如果同时接近"甲流"患者，抵抗力弱者更容易感染生病，这正是慢性疾病患者更容易感染甲流的原因。

无数医学研究发现，免疫力是能够练成的。人的生活习惯、饮食习惯能让这一套免疫系统达到完美的工作状态。

饮食均衡提升抵抗力

长期的饮食均衡程度决定抵抗力的高低。如果营养不良、偏食，营养摄入不均衡，会导致免疫力下降。要遵循的原则是：什么食物都吃，不偏食，各类别食物都吃一点，但不过量。营养专家推荐的判定方法为荤素搭配，一周吃 50 种以上不同的食物。在此基础上，部分食物能强化抵抗力。

脾脏是人体重要的免疫器官，承担着过滤血液、吞噬病毒和细菌，能激活 B 型淋巴细胞使其产生抗体的功能。因而，补气健脾的食物能帮助提高抵抗力。这类食物包括灵芝、淮山、芡实、沙参、黄芪等，可以在保证日常饮食的基础上，以这类食物为食材，添加到日常饮食中。

此外，维生素 C 有助于清除体内自由基，增强身体免疫功能。所以，身体底子差的人可以多吃富含维生素 C 的水果蔬菜，如樱桃、番石榴、红辣椒、黄辣椒、柿子、草莓、芥蓝、花菜、猕猴桃、橙子等。

大蒜也是公认的可以提高人体免疫功能的食物，平时可以作为辅料加入食物中烹饪,对提高抵抗力有一定帮助。不过体内热气重、易上火的人就不适合了。

滥用抗生素,抵抗力受损

我们知道,抗生素对细菌感染才有用,对病毒性感染无效。有些轻微的细菌感染,并不需要吃药,人体自身抵抗力就能够清除。抗生素被滥用是目前医学界和大众普遍存在的问题。滥用抗生素也许让身体对某一类型的细菌有抑制作用,但却让其他类型的病原体变得更顽固、更难清除、更难治。

当身体偶有小恙时,不要急着消除病症马上吃药,要给身体适当的缓冲和调整时间,让自己的抵抗力积极发挥作用。比如,有些感冒病症,只要自己注意休息,多喝白开水,过几天就能康复。习惯性依赖抗生素反而更不容易康复。

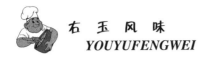

荤素搭配吃法好

按中国居民"荤素搭配"的饮食习俗,荤菜的选择尤为重要。以肉类为例,我们通常所说的肉类包括畜肉、禽肉、鱼和虾类。这些食物可供给人体优良的动物蛋白质、脂肪、矿物质和维生素,尤其是蛋白质营养价值高。如畜肉,含蛋白质10%～20%,富含各种必需的氨基酸,能补充植物蛋白质缺乏某些必需氨基酸的缺陷,经适宜方式烹调的各种肉类,易于消化吸收,能满足人体需要。此外,肉类尤其是红肉类含丰富血色素铁,易吸收,是人体重要的铁来源。

食畜肉应注意的营养问题。其一,不同部位的畜肉脂肪含量不同,如肥猪肉含脂肪90%,五花肉35%,里脊肉7.9%。其二,不同畜肉的脂肪饱和程度不同。其中以牛肉、羊肉的饱和脂肪酸最多,过多摄入脂肪和饱和脂肪容易引起肥胖、心血管疾病等。因此,营养学家建议人们少吃或不吃肥肉,尽可能选择瘦肉,并适量食用牛、羊、猪等畜肉。

禽肉,指鸡、鸭、鹅、鸽、鹌鹑等肉类。其蛋白质营养价值与畜肉大致相同。与畜肉不同的是,禽类脂肪含量低,约9.4%,并主要集中在皮肤和皮下组织,其中饱和脂肪酸含量较畜肉低,并有约20%为必需脂肪酸,常选择禽肉作为盘中餐,比吃畜肉更利于健康。

鱼肉,鱼类的肌肉含蛋白质15%～20%,因其肌肉纤维短、细滑,比畜肉、禽肉更易于消化。鱼类脂肪含量仅为1%～3%,其主要成分是长链多不饱和脂肪酸,如20碳5烯酸EPA和俗称脑黄金的DHA,在海鱼体内二者占总脂肪酸的80%,EPA具有降低血脂、防治冠心病的作用,而DHA为胎儿、婴儿大脑及视网膜发育所必需。因此,肉类食物选择时,鱼类应是首选。

素菜的选择也有学问。蔬菜大致可分为三大类:叶菜,如白菜、苋菜、菜心等;瓜茄,如青椒、黄瓜、西红柿等;根茎类,如土豆、胡萝卜等。总的来说,蔬菜是饮食中维生素、矿物质和膳食纤维的主要来源。蔬菜可提供的维生素主要是维生素C、叶酸、胡萝卜素以及B族维生素等。维生素C、胡萝卜素、叶酸在黄、红、绿等深色叶菜中含量较高。绿叶蔬菜的矿物质含量也很丰富,但某些蔬菜(苋菜、菠菜、通心菜等)中的草酸会影响其吸收,烹调这些菜时,应先经开水漂烫,以去掉草酸。此外,蔬菜提供的膳食纤维具有促进肠蠕动,利于通便,降低或阻止胆固醇的吸收,延缓血糖吸收等作用。营养学家建议人们多食用各种蔬菜,最好保证每天食用一斤左右。根茎类含有较多淀粉和糖类,糖尿病患者应适当食用,其他人则不必有什么顾虑。就能量分配来说,早餐应占 30%、午餐 40%、晚餐 25%～30%,必要时下午三点左右可吃一次午点。

早餐不可马马虎虎,应该吃好。一顿质量好的早餐,可以供给人体和大脑需要的能量和营养素,使人精力充沛,思维活跃,工作和学习效率提高,记忆力增强;不吃早餐或吃得太少,使人没有精神,思维迟钝,记忆力下降,甚至会产生低血糖,所以应该重视早餐。早餐的内容应包括谷类(馒头、面包、小点心等)、肉蛋类(一个鸡蛋或少量熟肉、肠等)、一杯牛奶(约 200 毫升)、水果或蔬菜(一些小青菜、泡菜或纯果汁)。碳水化合物、豆浆的营养成分不如牛奶,其蛋白质、维生素含量均低于牛奶,特别是钙的含量还不如牛奶,所以最好搭配着吃。至于炸油饼、油条虽是人们所好,但只宜少吃,多吃则对身体不利。

午餐是一日之正餐,这段时间人们的工作、学习各种活动很多,且从午餐到晚餐要相隔 5～6 小时甚至更长,所以要供给充足的能量和营养素,谷类、肉类、蔬菜类要搭配好。午餐的内容应包括谷类(主食),要粗、细粮搭配,肉类(鱼、禽、肉、蛋)、青菜(红、黄、绿色菜搭配)、豆腐或豆制品。下午如加点心也可吃水果及酸奶。

晚餐不宜吃得过多。因晚餐后一般活动较少,吃得太多宜造成肥胖,且吃的过多会影响睡眠。晚餐内容宜清淡些,少吃油腻食物,可吃低脂肪、低能量的食物,如多些蔬果,适量的谷类、豆类及肉类。

一日三餐是保证我们生存和健康的物质基础,有人只重视吃保健品,而不重视基本的一日三餐,这是不对的。家庭主妇应尽可能安排好一日三餐,保质保量。在制作时,要注意食物的色、香、味,使家庭成员在摄取营养的同时享受到生活的乐趣。

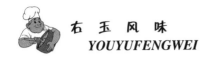

一日三餐怎样做到粗细搭配

中国营养学会热线专家、主任医师高慧英在养生报告中告诉我们,《中国居民膳食指南》第一条提出:"食物多样,谷类为主,粗细搭配。"谷类食物是我国传统膳食的主体,是最好的基础食物,也是平衡膳食的基本保证。以谷类为主的膳食可以提供充足的能量,避免摄入过多含高能量、高脂肪的动物性食物,有利于预防某些营养相关的慢性病。鉴于 2002 年"中国居民营养与健康状况调查"结果显示:我国城乡居民的膳食营养状况虽然明显改善,但有些慢性病如高血压、糖尿病、高脂血症、肥胖也有增加,而且还在继续增多,已成为威胁居民健康的严重问题,所以《中国居民膳食指南》专家委员会对原指南进行了修改,在食物多样、谷类为主的基础上又提出粗细搭配。

粗细搭配有两层意思,一是要多吃一些粗粮。如玉米、小米、杂豆、荞麦、燕麦、红小豆、绿豆等等。二是要适当增加一些加工程度低的米面。这是因为在粗粮和低加工的粮食中,膳食纤维、B 族维生素和矿物质,比口感好的精米、白面多,而这些成分也正是人体容易缺乏的。

近年的研究表明,进食粗杂粮后血糖变化小,它可以减慢淀粉的吸收和利用,可以降低血糖,有利于糖尿病人血糖的控制;也有助于降低患缺血性中风的危险。由于粗粮含有较多膳食纤维,它吸水后能增加粪便体积,促进肠蠕动,防止便秘,防治痔疮;还可以增加饱腹感,对减肥有利;且能降低血清胆固醇,预防高脂血症、冠心病及胆石症。研究资料还证明,膳食纤维可以黏着稀释致癌物,缩短致癌物在肠道的存留时间,减少癌症的发生。

《中国居民膳食指南》中建议:每人每天最好能吃 50 克(1 两)以上的粗粮。老年人容易便秘,患心脑血管病、糖尿病、肥胖病的危险性增加,每日可吃到 100 克(2 两)。消瘦、营养不良、消化不良的老人则要少吃些。两岁以下的幼儿食物还是要细软,尽量避免摄入含有过多膳食纤维的粗制食物。肥胖及有"三高"症者还应适当多吃些粗粮。

在日常膳食安排中怎样做到粗细搭配呢? 可以适当选择全谷、全麦食物,如早餐吃全麦面包、玉米面包,或燕麦片、豆浆;每日在主食中以部分粗粮替代细粮,如吃糙米饭,白面、玉米面、小米面混合馒头,玉米面加各种蔬菜制成菜团子、八宝粥等。对于儿童,粗粮不宜作为主食,可作为副食搭配,如小米粥、小红豆粥、玉米面粥、小金银卷等。零食也可吃全麦饼干、煮玉米或粗粮制成的糕点等。总之,粗粮虽口感差些,但只要精工细作,同样能做成多种多样诱人的美味食品。

如上面所说,粗粮好。但也不是多多益善,要按照《中国居民膳食指南》中推荐的量上下浮动一些就好。因为粗粮毕竟口感粗糙些,一般不好消化。胃肠功能减弱的老年人、怀孕期和哺乳期妇女以及发育期的儿童、青少年,建议不过量食用,以免影响其他营养素的吸收和利用。

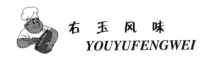

家庭日常的科学吃法

1.科学吃法的原则是什么

我国的营养学家根据《中国居民膳食指南》的要求,并结合我国居民膳食结构特点,设计了一个十分形象的"中国居民平衡膳食宝塔"。该"膳食宝塔"共分五层,包含我们每天应当吃的各种各样的食物。根据膳食宝塔由底层到顶层食物分布多少不同, 提醒人们对于五谷杂粮和薯类要吃最多,蔬菜和水果类要多吃,鱼、禽、肉、蛋等要适量吃,奶类和豆类要每天吃,油脂、糖等吃最少。

在我国各地开展学生营养餐中, 营养学家提出了这样一句口号:"一把蔬菜一把豆,一个鸡蛋加点肉,五谷杂粮必须有,两杯牛奶要入口。"即提示每天摄入食物多样化,要注重粮豆搭配、荤素搭配、粗细搭配,如任何一种食物摄入过多、过少都不利于健康。综上所述,合理营养与平衡膳食的科学吃法,基本原则是全面、适量、均衡。

所谓全面,就是要求每人每天对谷类、薯类、瓜果、蔬菜类、鱼肉、蛋奶类等各种食物都要吃,这也是膳食营养科学的基本要求。所谓全面,还应包含"全吃"与"吃全"的概念。所谓"吃全",就是对自然界中一切可以吃的东西都要吃,这是因为各种各样的食物其营养含量是不一样的。所谓"全吃",就是要求对每一种食物的每一个部分或部位都要吃,这是因为每一种食物的不同部分,其营养含量也不尽相同。

所谓适量,就是要求每天吃各种各样食物的数量要适量,不能过多也不能太少,这是膳食营养科学的基本原则。这个适量还应包含所吃食物量的恰当,也就是要求每天所吃各种各样的食物,对其每天营养健康的需要量恰到好处,并未出现因食物引起相应的不良毒副反应。

所谓均衡, 就是在每天摄入各种各样食物中对所获得各种营养素的量,能够基本达到人体营养生理需求量,这也即是膳食营养科学的核心所在。而对于任何一种营养素的摄入量,要是远远超过或是远未达到人体营养需要量,都不利于营养健康,而会导致相应的营养性疾病发生。为此,应将营养理念融入每天每餐进食中,使筷子每挟一筷菜,都将考虑哪一种营养素的摄入已可能过量或不足,并进行自我调整。

2.哪些蔬菜可以生吃

一般说来,蔬菜中的各种营养素,生菜较熟菜多。因为蔬菜中的部分营养成分,在烹调过程中不同程度地流失或被破坏。但从人体对蔬菜的消化吸收情况分析,并非每一种蔬菜都可以生食。常见可以生食的蔬菜有番茄、萝卜、香菜、生菜、黄瓜、小白菜等,而最宜生吃的蔬菜是萝卜和番茄。

要说番茄是一种最适宜生吃的蔬菜,是因为番茄不仅营养丰富,而且生吃番茄酸甜可口,别具风味。番茄所含有的糖主要是葡萄糖和果糖,所含有的酸主要是柠檬酸和苹果酸,这两者都是对人体健康有益的营养活性物质。番茄中的维生素 C 含量也相当丰富,每 100 克番茄中含有 19 毫克的维生素 C。由于番茄是一种最适宜生吃的蔬菜,因而也是人体维生素 C 的最理想来源。所以,番茄被誉为营养丰富的"菜园里的水果"。

萝卜也是一种很适应生吃的蔬菜,萝卜所含有的淀粉酶,生吃可以助消化。传统医学认为,萝卜能健胃消食,这与现代饮食科学不谋而合。而如果将萝卜加热高于 55℃时,就会使其变性而失去酶的活性。萝卜所含酶类还可消除亚硝胺类的致癌作用。在生吃萝卜时,有时有辣味,这是因为萝卜含有芥子油的缘故,该芥子油对人体健康并无影响。

另外,在每次吃饭时适当吃点生蒜头,既起到消化、抑菌作用,又补充了相应的营养素,一举多得。

3.哪些蔬菜不宜生吃

随着人们对营养科学需求和饮食文化水平的日益提高,生吃蔬菜已越来越流行起来。但是,对于蔬菜的生吃问题绝不能一概而论。有些蔬菜生吃不仅不能消化吸收,而且还可能会引起食物中毒事故的发生。从营养与食品卫生的角度分析,有下列三类蔬菜不宜生吃:

第一类是富含淀粉的蔬菜如土豆、芋艿、山药等,这类蔬菜不宜生吃而必须熟吃。这是因为淀粉经过加热后,淀粉分子本身动能增大,原来稳定紧密的结构变得疏松,形成稳定的网络结构即淀粉糊化后,才能被人体消化吸收与利用。

第二类是可能含有某些有害物质的蔬菜,不宜生吃而必须熟吃。如在生土豆中含有一种叫龙葵素的有毒物质,这种有毒物质只有通过充分加热才能被破坏,吃了才安全。又如四季豆、刀豆、扁豆等蔬菜中,可能含有一种叫做皂素或称植物血凝素的有毒物质,在蔬菜没有充分加热烧熟时这种有毒物质的含量较高,吃后易引起恶心、呕吐、腹痛、头痛、头晕等中毒症状。

第三类不宜生吃的蔬菜是塌地生长的绿叶菜。这类蔬菜在常规栽培条件下,往往要泼浇人畜粪尿施肥,以致生物污染十分严重。如寄生虫卵沾染

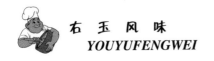

在蔬菜的茎、叶上，使本来应当生吃的蔬菜如生菜、香菜等也不能生吃了。因为这些污染在蔬菜的病原微生物上，如用清水洗一下，一般很难去除。当然，如果是在无土栽培条件下生产的蔬菜，就可以放心地吃。

4.各种水果怎样吃

通常说起水果，人们往往随即联想到水果中含有丰富的维生素 C。其实不然，水果不仅仅含有维生素 C，同时还含有人体必需的糖类、有机酸、矿物质等营养素，而且不是所有的水果都含有丰富的维生素 C。又则水果也有寒、热、温、平、凉等不同性味，每一种水果所含有的各种营养成分又不尽相同。因此，吃水果也不能种类单一，要各种各样的水果合理食用，具体应做到以下几点：

（1）吃水果不可偏吃某一种，因为每一种水果的营养成分不尽相同，各种水果都有各自的营养特点。为了能在水果中摄入到各种营养素，必须做到各种各样的水果都要均衡地吃。

（2）在吃各种水果时一定彻底清洗干净，以免吃进细菌、虫卵、农药等。对于苹果、梨等水果的皮（即表面蜡质层），虽然也富有营养成分，如怀疑在水果皮中可能含有农药，那就一定要削去再吃。

（3）吃水果要适量，如果不加控制地过量吃某一种水果，则对人体健康有害无益。如多吃柿子易患"胃结石"，多吃柑、橘、梨等会伤脾胃，易出现"拉肚子"。

（4）吃水果后要漱口，因为有些水果含有糖分很高，要是多吃含糖分很高的水果，吃后又不漱口，久而久之易引起龋齿。

（5）吃水果的时间，应在饭后 2 小时或饭前 1 小时左右为宜，以免扰乱消化功能而影响主食的消化吸收。

（6）有些水果不能和其他食物混吃，如水果与萝卜不能同食，要是同食易产生一种叫硫氰酸盐的化学物质，该物质将抑制体内甲状腺素的形成，从而诱发或导致甲状腺肿病。

5.菠菜的营养吃法

菠菜又称菠斯菜，含有丰富的维生素、钙、磷、铁等营养素，尤其是胡萝卜素含量高于其他绿叶蔬菜。菠菜性平和，并且具有通小便、清积热、促进胃肠和胰腺分泌消化液，有帮助消化吸收的作用。菠菜同时具有较多医疗作用，如治疗鼻衄、牙龈出血，通便和缓解便秘，配合治疗糖尿病、高血压、夜盲症等，因而深受百姓的普遍青睐。

至于菠菜中含有较多的草酸，并有涩味和影响人体对钙的吸收等缺点，通过简单的处理方法即可解决，即在烹调前将它放到开水中焯几分钟捞出,这些缺点就可基本消除,使菠菜成为色、味俱全的美蔬。应注意的是不可烫煮时间过长,以免使相应的营养素遭受破坏。

菠菜的食用方法较多,可凉可热,可荤可素,通常较为合理的吃法有以下几种:

(1)菠菜泥 取菠菜适量,洗净摘去黄叶、老叶,在沸水中烫过,把水沥净,一棵棵摆齐,切成极细末,挤去水分,再剁成泥状,装盘,将醋倒入碗中,加上香油、精盐、味精、白糖等调成汁,浇在菠菜泥上即成。

(2)菠菜拌豆腐皮 豆腐皮适量,投入沸水中煮透,捞出过凉,切成长条。菠菜洗净,在沸水中烫一下,捞出过凉,切成寸段。将豆腐条、菠菜段放入大汤盘,加上香菜段、香油、酱油等调料拌匀即成。

(3)菠菜炖豆腐 取适量豆腐切成片,菠菜洗净,切成寸段,放入沸水中烫,捞出过凉,沥去水。锅内放入适量的油,油热后放入鲜汤,汤烧沸后放入豆腐片,再烧沸后,放入菠菜、木耳,加入精盐、味精搅匀即成。

(4)鱼丸菠菜汤 成品鱼丸适量,将菠菜洗净,用猪油先炒一下,加上肉清汤一碗,将鱼丸、味精、细盐适量,放入烧沸,盛入碗内,撒上少许胡椒粉,淋上点鸡油即可。

(5)菠菜松 将适量的菠菜洗净,取叶切成细丝,锅内放上菜籽油,烧至五六成热时,将菜丝分数次投入,见菜丝发挺时捞出,将沥过油的菜丝趁热拌入盐、味精即成菜松。

6.四季豆的营养吃法

四季豆又称菜豆、豇豆、豆角、芸豆等,为四季都有的家常蔬菜之一。菜豆除脂肪含量较少外,其他各种营养素的含量较为均匀,尤其是四季豆所含的蛋白质中有着较多的蛋氨酸和胱氨酸等氨基酸,因而是一种营养价值较高的蔬菜。

四季豆较为合理的家常做法是,根据菜豆的老嫩程度分别采用炖和炒的烹调方法。对于较为老的菜豆可采用炖的方法,即先用适量肉炝锅,再将菜豆和土豆以及少量香菇一起下锅,经过一段时间的翻炒后,加上调料,然后加上一些骨头汤或鸡汤,用小火慢慢地炖。注意在炖的时候进行适当翻动,以使原料入味均匀,风味美不胜收。

对于较嫩的宽扁四季豆可采用炒的方法,即先将菜豆斜切成细丝,然后切一些肉丝和少量红椒丝或(红胡萝卜丝)、嫩姜丝等待用。在肉丝炒好后,将四季豆丝和红椒丝、嫩姜丝等一起下锅,翻炒时加上调料,待四季豆丝普遍泛出绿色至变黄前起锅。在炒菜豆时,也可将肉丝改为鸡肉丝、香肠丝等,同时还可加一点蒜末,替代红椒丝或嫩姜丝,从而成为又一种风味的

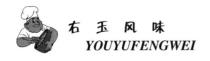

四季豆美肴。

在吃菜豆时应注意,对于未充分加热的菜豆不能食用。因为菜豆中含有一种叫皂素及红细胞血凝素的有毒物质,吃后易引起菜豆中毒。因而,在烹调菜豆,尤其是采用炒的烹调方法时,应采用旺火快炒,并不断翻炒的方法,使整锅四季豆受热均匀,即使充分加热并不变黄,同时还破坏了四季豆中的皂素等有毒物质,以便吃后安全无害。

7.土豆的营养吃法

土豆正名为马铃薯,其营养成分比较齐全,尤其是所含蛋白质较为优质,并且赖氨酸含量也比较高。有实验证明,马铃薯和全脂奶粉同食,可提供人体需要的全部营养素。马铃薯既可用以代替主粮,又具有蔬菜的功能。因此,《中国居民膳食指南》中也明确提出:"多吃蔬菜、水果和薯类。"

土豆的烹调方法较多,如炒、炸、烧、煮、煨、蒸、煎等均可。由土豆做成的盛名菜肴有土豆烧牛肉、咖喱土豆片、土豆炒洋葱等,盛名小吃有土豆薯片、土豆沙拉等。土豆在家常美食做法上,可将土豆切成丝,下水焯一下,捞出过水后再加上作料。可以用红、青椒或胡萝卜切成的细丝点缀其中,最后将烧好的油倒进拌匀,即成一道又香又脆的炝土豆丝美味佳肴了。

炒土豆丝也是家庭常做的菜肴,其烹调要点是将切成的土豆丝并配以红、青椒点缀,尽快下锅快炒,在炒时适度地加上一些水以免糊锅。如果喜欢吃脆一点的土豆丝,炒时加上一点醋,可使土豆丝脆香可口,更具风味。

土豆的另一个功能,就是在多种菜肴中担当配菜的角色。如在炒肉丝、炖排骨、煮汤菜时,都可根据营养特点和口味要求,配上一定量的土豆丝、片、丁、粒、泥等。因为土豆所含的淀粉在菜肴中能起到一定的勾芡作用,而且许多汤和菜加了土豆会起到提味增鲜的作用。

在食用土豆时要当心土豆中毒,因为土豆中常含有一种有毒物质叫龙葵素。特别是在土豆发芽部位,其幼芽及芽眼里含龙葵素量特多。因此,必须削去发芽处及其周围部,在烹调时注意加热彻底。对于发芽严重的土豆不能食用,以防土豆中毒。

8.辣椒的营养吃法

辣椒又称番辣、辣子,俗称辣茄。辣椒以形状不同可分为长椒、灯笼椒、樱桃椒等,以味不同可分为辣与不辣两类。辣椒味辛性热,是一种中医的温中散寒药,其营养特点是含有相当丰富的维生素 C。因而,吃辣椒具有开胃、抗寒、减肥、防病等多种作用。

辣椒的家常吃法较多,常可通过爆、炒、焖等做成各种美食菜肴。如家常菜的辣椒干丝,具体做法是选择质嫩柔软的豆腐干切成丝并用开水烫一下,同时将辣椒也切成丝待用。用少量肉丝炝油锅,将辣椒丝和豆腐干丝同时下锅炒至辣椒变绿,加上调料稍盖一下即成。在炒辣椒丝时还可加一点笋尖丝,以起到嵌镶作用,同时增加了营养与美食风味。

辣椒嵌肉也是营养美食菜肴,即选择较为圆整的辣椒,洗净并挖去内容物,嵌塞入根据营养美味所要求的肉馅。然后在少量油锅内稍爆炒一下,盖上锅盖烧熟即成一道别有风味的美食。

由于辣椒色泽鲜绿又特具辣味,因而可与大多数食物搭配做成各种各样的营养美食菜,如辣椒与鹌鹑蛋、肉片、黑木耳同炒,并用胡萝卜加以点缀炒出的菜肴,既色彩艳丽、滋味丰富,又营养全面。

有的家庭还经常做油煸辣椒,即选择不太辣的樱桃小辣椒,先将整只辣椒放进油里煸炒,待煸至颜色全部变绿成熟时加上调料,然后继续煸炒一下即成,该菜肴又香又辣并可增进食欲。

应当注意的是,由于辣椒具有较强的刺激性,容易引起口干、咳嗽、嗓子疼、大便干燥等,因而对于患有口腔炎、咽喉炎、胃溃疡、便秘、肺结核、高血压、痔疮的病人,以及职业演员、教师等都不宜多吃辣椒。

9.黄瓜的营养吃法

黄瓜原名叫"胡瓜"。黄瓜肉质脆嫩,味甜多汁,系果蔬兼用佳品。黄瓜虽然其营养含量不太丰富,但较为齐全,同时有着不少出人意料的保健作用。如黄瓜所含的膳食纤维,对于促进肠道中腐败食物的排泄和降低胆固醇有着一定的作用;黄瓜所含的丙醇二酸具有减肥作用;黄瓜汁还具有清洁和保护皮肤的美容作用。因而黄瓜长久以来一直深受人们的青睐。

对于黄瓜的家常美食吃法,有生食、凉拌、热炒等。生食黄瓜可分为代替水果吃和作为菜吃两种。代替水果吃,即清洗干净带皮吃;作为菜吃,即清洗干净后,拍松,剖开切段装盘,盘内一角放着富有营养的甜面酱或辣酱蘸着吃。

凉拌黄瓜的做法是,将洗净的黄瓜切成条,用食盐腌一下滤去水分,与煮熟的花生米装盘,并用胡萝卜丁或丝点缀。然后将炸好的油、芝麻等调料浇入略拌即成,这道菜既清香又营养。

由于黄瓜脆嫩,又在烹调时不易变色,所以成为许多菜肴的配料或点缀料。如北方人的家常菜苜蓿肉,用黄瓜与鸡蛋、肉片、黑木耳等做成的苜蓿肉菜既营养丰富,又色、香、味、美齐全。

黄瓜的另一种营养美食做法是黄瓜嵌肉。即将洗净的黄瓜去皮、去瓤、切段,嵌塞入根据营养美食所需的肉馅,然后在油锅内稍炒,加上酱油、黄酒等调料,焖烧片刻,起锅盛在垫着黄瓜皮的盘内。该菜肴既别具形状与风

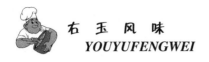
味,又营养搭配较为合理。

10.西红柿的营养吃法

西红柿又称番茄,含有丰富的营养,维生素 C 含量比西瓜高约 10 倍。由于番茄既有蔬菜的佳味,又是果中美品,并且还具有美观迷人的外形,因而深受众人喜爱。

食用番茄的方法有生食、烹制、做汤等,均可成为美味佳肴。生食番茄的方法是:先将番茄洗净,用开水烫洗去皮,然后切块或切片拌点白糖即成。这样吃法,既酸甜适度又清凉爽口,并且一点都不会破坏其营养成分。

番茄的家常吃法是番茄炒鸡蛋,具体做法是:先将鸡蛋炒好,再将番茄下到锅里炒,至九成熟时将鸡蛋加入,然后加上调料翻炒几下即成。在番茄炒蛋时,可在鸡蛋中加点虾皮或虾仁,并用适量的黑木耳加以点缀,从而使菜肴更富特色,又含有丰富的维生素 C 和钙、铁等营养素。

番茄也可与菠菜一起吃。做法是:先将粉丝在温水中泡软,切成段放盘中撒适量精盐拌匀,菠菜适量洗净放沸水烫熟。取几个番茄用热水去皮,切成半圆片,放在粉丝上,上面撒上菠菜段,再加上味精、白糖、醋和香油各适量拌匀即可。

番茄还可与鸡肉一块做成番茄鸡丁。取生鸡脯肉适量,切成丁放在碗中,用两个鸡蛋清以及适量淀粉、精盐等拌匀。番茄用开水烫后去皮切成小丁。锅内放精油,热后投入鸡丁用勺散开出锅,然后将番茄丁煸炒几下再将鸡丁放入,颠翻几下,稍勾芡即可。

11.鸡蛋的营养吃法

鸡蛋中的营养素含量,除维生素 C 以外,各种营养素含量相当丰富和均匀。尤其是鸡蛋中的蛋白质含有人体所必需的 8 种氨基酸,因而营养学家将鸡蛋称为"完全蛋白质",并誉为"人类理想的营养库"。

鸡蛋的吃法有多种多样,可做出几十种甚至上百种的蛋类菜肴。但从营养美食要求衡量,其烹调方法服从于身体对鸡蛋的消化吸收率。据烹调营养检测结果,身体对不同烹调方法鸡蛋的吸收率分别为:水蒸蛋 100%,水煮蛋 95.2%,荷包蛋 92.5%,炒鸡蛋 87.5%,茶叶蛋 80%左右。

因此,对于鸡蛋的家常营养与美食做法应以蒸、煮、炒为主。水蒸蛋的做法为:将鸡蛋磕入碗里,同时加入肉末及胡萝卜末、葱末、盐等配料(或加入银鱼、虾仁类海鲜),然后加点开水,充分打碎搅匀后蒸 10 分钟左右即成。如仅鸡蛋而未加配料清蒸后,撒些葱末,滴上几点熟酱油,其味道特具自然美味。

水煮蛋的做法是:先将适量的水烧开,然后将鸡蛋去壳磕入,待溢泡时改小火烧至蛋黄半凝固状态,用葱末、盐或白糖调味即成。如在水煮蛋时加入桂圆、荔枝并用蜂蜜调味,则更具营养滋补作用。

由蛋与肉末做成的肉蛋饺,既味美,营养价值又高。其基本做法为:每煎一张小蛋皮,随即放入肉馅折叠即成一只蛋饺。对做好的蛋饺,用蒸的方法或在锅里加入调料煮一下均可。

炒蛋类是家常菜肴,由于鸡蛋很容易烹制成各种各样的菜肴,因而可以根据家庭主妇烹调技术,随意做出多种多样的炒蛋类美味佳肴。如番茄炒蛋、韭菜炒蛋、辣椒炒蛋、瓜炒蛋、香椿炒蛋、虾仁或银鱼炒蛋(其他小海鲜类均可)等都是营养相当丰富的家常美食。

烹制鸡蛋,不能烧得太嫩,也不能烧得太老。如将鸡蛋烧得太嫩即半生不熟,则生蛋清中所含有的抗生物素蛋白和抗胰蛋白酶,将影响食欲和阻碍蛋白质的吸收。如将鸡蛋烧得太老,则使蛋白质过分凝固,不同程度地降低了身体对鸡蛋的消化吸收率。

12.花生的营养吃法

花生又称长生果,具有很高的营养价值。花生的蛋白质含量达到25%,相当于小麦的3倍。尤其是花生中的脂肪含量高达40%,为所有植物性食物中脂肪含量之最。并且所含的脂肪绝大多数为不饱和脂肪酸,其中必需脂肪酸的亚油酸含量达37.6%。因而花生可使肝内胆固醇分解为胆汁酸并增强排泄,从而对降低胆固醇、防止动脉粥样硬化和冠心病有明显效果。

花生煮着吃,最容易被人体吸收。即把花生米连衣洗净,然后随同调料置于锅中加适量清水炖煮,用高压锅烧后焖上15分钟左右即成。在炖煮花生时,也可根据所炖花生的生熟程度,分阶段放入适量的芹菜和胡萝卜丁,使炖花生更具特色和营养。

油炸花生米是家庭最为常见的吃法。具体做法是:将花生米下入热油锅里稍炸,待还没有改变颜色的时候捞起晾凉就可食用。吃时在花生上撒些细盐调味,使花生香味浓郁,沁人心脾。

花生的另一种吃法是烤花生。其做法为将盐、味精、菜卤等调料,拌入洗净的花生米内腌渍两三小时,然后放在微波炉中烤熟,稍晾凉就可以吃了。味道鲜美,清香松脆。

花生米也可以作为有关食物的配料,做成各种各样的营养菜肴,如宫保鸡丁中不可缺少的食物种类之一便是花生。

但是,花生容易受潮发霉。如一旦受潮发霉就容易产生致癌性很强的黄曲霉菌毒素。

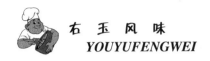
13.豆腐的营养吃法

豆腐是中华民族最为传统的食品,早在2000多年前,我国人民就有制作豆腐的记载。豆腐又是我国在世界上影响最大的食品。如在1954年,周恩来总理出席日内瓦会议时,北京厨师的"口袋豆腐",令外宾称之为"终生难忘的美味佳肴"。1990年9月15日,海峡两岸分别在北京和台中举办了首届"中国豆腐文化节",并确定每年9月15日为"国际豆腐节"。

豆腐中蛋白质、脂肪、钙、铁等各种营养素含量较为丰富,而且在蛋白质中所含8种必需氨基酸的比例相当合理,因而它是一种营养价值较高的优质蛋白。由于豆腐中所含有的脂肪酸是不饱和脂肪酸,对于预防高血压、动脉硬化、冠心病等有着积极作用,又由于豆腐的消化吸收率高达90%以上,所以深受世界各国人民的普遍青睐。

豆腐的科学吃法要同时考虑豆腐菜肴的色、香、味、形和消化吸收率,使豆腐更具营养美食的意义。一般可选择以下几种吃法:

(1)家常豆腐类:烹制家常豆腐的原料,一般有豆腐、肉末或虾仁、青椒或青菜、胡萝卜、黑木耳、豆瓣酱等,也可根据家庭现有食物种类搭配,其烹调方法也可根据家庭主妇烹调基础,制成相应口味的家常豆腐。

(2)豆腐沙锅类:豆腐与相关食物搭配制成的沙锅别具风味,最为著名又营养合理的是豆腐鱼头沙锅。其原料为豆腐、鲢鱼头以及芦笋、香菇、姜片、红辣椒丝等,由于豆腐的淡与鱼头的肥两者的味道融合,又由于两者的蛋白质、脂肪、钙、铁等各种营养素相得益彰的完美结合,从而使该菜肴更具营养价值。

(3)豆腐羹类:豆腐与鸡蛋、海鲜、火腿丝、蘑菇、菜梗、鸡汤等做成的豆腐羹营养丰富,男女老少皆欢喜。

(4)豆腐馅类:在江南不少家庭中,常常以豆腐为主,配以肉末、黑木耳末、虾仁末、胡萝卜末或枸杞子、葱末等点缀料,做成较宁波汤圆大一些,既营养丰富,风味又别具一格。

(5)酸豆奶类:由豆奶接种乳酸杆菌、双歧杆菌等人体有益菌,经过发酵制成的酸豆奶,既营养丰富,又对改善胃肠道功能有积极作用,同时更有利于预防高血压、动脉硬化、冠心病等心血管疾病。

14.海参的营养吃法

红焖海参

原料:泡发海参750克,肚肉500克,带骨老鸡肉500克,湿香菇50

克,肉丸仔 10 粒,生蒜 1 头,虾米 25 克,猪油 150 克。

调料:精盐、味精、绍酒、酱油、红豉油、芫荽、姜、葱、芝麻油、甘草、湿淀粉各少许。

做法:

(1)将海参切成长五六厘米、宽约 2 厘米的块,和姜、葱、精盐一起下锅用水煮沸,投入绍酒,焯去海参腥味后捞出,去掉姜、葱。肚肉、老鸡肉各斩成几块。

(2)将猪油下鼎烧热,放入海参略炒,然后倒入锅内(锅用竹箅垫底),顺鼎把肚肉、老鸡肉炒香,加入绍酒、芫荽头(扎成一把)、生蒜、酱油、红豉油、二汤、甘草片同滚然后倒入海参锅内,先用旺火烧沸,后用文火焖约 1 小时,再加入香菇、肉丸仔、虾米,海参软烂后去掉肚肉、老鸡肉、生蒜、芫荽头、甘草片。再把海参、香菇、肉丸仔、虾米捞起,盛入汤碗,将原汁下鼎,加入精盐、味精,烧至微沸,用湿淀粉调稀勾芡,加入芝麻油、猪油拌匀,淋在海参上面即成。上席时,跟上香醋 2 碟。

特点:此菜烂而不糜,软滑可口,鲜味浓郁,营养丰富。

15.黑豆的几种吃法

黑豆鸡汤

原料:黑豆 2 两,白莲子 1 两,鸡 1/2 只,姜五片。

做法:

鸡用水洗净;黑豆及白莲子用清水浸 2 小时备用;煮沸适量清水后,把所有材料放入煲内,再沸后,慢火煲 2 小时即成。

黑豆鲤鱼汤

原料:黑豆 30 克,鲤鱼 1 条(约 250 克),生姜 1 片。

做法:

(1)将黑豆洗净,浸 3 小时;生姜洗净;鲤鱼去鳞、腮、肠脏,洗净,起油锅,略煎。

(2)把全部原料一齐放入锅内,加清水适量,武火煮沸后,文火煮至黑豆稔,调味即可。随量饮汤食肉。

特点:补肾利水。肾病水肿属肾虚者,症见水肿反复发作,以下半身肿为多,小便不利,口干渴,面色萎白,四肢不温等。

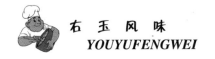

注意:若肾虚寒者,黑豆可炒后用。

黑豆焖猪蹄

原料:黑豆 400 克,猪蹄 750 克,猪耳 125 克,猪尾 125 克,猪皮 75 克,猪肥膘 100 克,番茄 125 克,葱头 75 克,大米 250 克。

调料:食油 75 克,蒜炼油 100 克,精盐、胡椒粉各适量。

做法:

(1)将黑豆洗净,用水浸泡 3 小时左右;把猪蹄洗净,竖劈两片片;猪耳、猪尾、猪皮、猪肥膘洗净,切成小块;番茄洗净,切块;葱头洗净,切末;大米洗净,控干备用。

(2)把盐、黑豆、猪蹄、猪耳、猪尾、猪皮、猪肥膘放在一起拌匀,放入锅内,用大火煮沸后,改用文火焖至熟透,加入少许蒜炼油调好口味备用。

(3)把锅烧热后倒入蒜炼油,待油温六成熟时,放入葱头末炒至黄色,加入番茄块炒透后,盛入锅内,倒入清水煮沸。再把锅烧热后,倒入食油,待油温五成热时,放入大米炒至黄色,盛入盛有番茄的焖锅加盐,用大火煮沸后,改用小火焖熟。食用时,盛上黑豆焖猪蹄,配上番茄米饭即可。

特点:营养丰富,味道香醇。

黑豆猪肝汤

原料:猪肝 200 克,黑豆 100 克,枸杞子 25 克,沙参 30 克,生姜 2 片(去皮),香油、盐各适量。

做法:

(1)将黑豆放入锅中,用中火炒至豆衣裂开,再用清水洗净,沥干水分;将猪肝洗净,切成块;枸杞子、沙参、姜片分别洗净。

(2)将猪肝、黑豆、枸杞子、沙参、生姜放入锅中,加清水适量,用文火煲至豆烂熟,加香油、盐调味即成。

特点:稍辣。

功效:黑豆含蛋白质、脂肪、糖类、胡萝卜素、维生素 B_1、维生素 B_2、烟酸等成分。其味甘、性平,功能主要是活血、利水、祛风、解毒。

沙参味微苦,性微寒,有清肺火,除虚热,养胃阴之功效。以上二物与猪肝、枸杞子配伍,有补血养肝、益精明目之功效。适用于身体虚弱所致面色苍白、头晕眼花、视物不清。

16.山药的5种吃法

烩山药丸子

原料:山药、肉末、蒜薹、香菇、红辣椒、蛋液。

调料:料酒、盐、味精、糖、胡椒粉、酱油、淀粉、汤、葱、姜。

做法:

(1)蒜薹洗净,切段;香菇、红椒洗净,切块。

(2)山药去皮煮熟后压成泥,加入肉末、蛋液、料酒、盐、胡椒粉搅拌成肉馅。

(3)锅中放入大量油,油热后将肉馅挤成丸子状下油锅炸硬即可捞出。

(4)锅中留少量油将葱、姜块煸香,加料酒、酱油、汤、糖、味精、盐、胡椒粉调味。

(5)待丸子熟时下蒜薹、香菇、红辣椒,烧熟后用水淀粉勾芡即可。

特点:荤素搭配,味道浓厚。

烹调时间:15分钟。

山药熘肉片

原料:山药、干木耳、猪里脊。

调料:料酒、糖、盐、味精、胡椒粉、蛋清、水淀粉、葱末。

做法:

(1)山药去皮洗净,纵切一分为二,然后斜刀切片;干木耳用水泡软,去根洗净。

(2)里脊肉切薄片,加盐、味精、料酒、蛋清、水淀粉上浆。

(3)锅烧热,倒入少量凉油涮锅后倒出,再倒入凉油,油温二三成热时下肉片滑嫩,同时下山药片、木耳滑熟,倒出控油。

(4)锅中留少许油,煸香葱花,加料酒、水、盐、味精、糖、胡椒粉调味,用水淀粉勾芡,再倒入刚做好的菜料翻炒均匀即可。

特点:又滑又嫩,味道咸鲜。

烹调时间:5分钟。

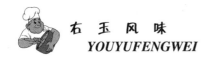
拔丝山药

原料:山药。

调料:绵白糖、干淀粉。

做法:

(1)山药洗净,去皮切成菱形块,控水后蘸干淀粉,然后下油锅炸至金黄色捞出。

(2)将锅洗净,放少许油,加入绵白糖及少量水,用小火炒匀。

(3)当糖液炒至黄色时倒入刚炸好的山药块,翻炒均匀。

(4)最后盛入抹过凉油的盘中即可。

特点:香甜酥脆,每块山药间都可以拔出细长晶亮的糖丝。

烹调时间:5分钟。

山 药 饼

原料:山药。

调料:糯米粉、澄面(超市有售)、面包糠、淀粉、鸡蛋。

做法:

(1)将山药洗净去皮,上锅蒸12分钟,取出压成山药泥。

(2)澄面用热水烫熟,鸡蛋打成蛋液。

(3)山药泥中加入澄面、糯米粉和成面团,然后分别做成圆形小饼状。

(4)将山药饼依次蘸干面粉、鸡蛋液,最外层裹上面包糠,放入油锅中炸至金黄色即可。

特点:色泽金黄,口感香糯。

烹调时间:20分钟。

山药豆腐羹

原料:山药、盒豆腐、鸡蛋液、香菇、香菜。

调料:鲜汤、盐、味精、鸡精、胡椒粉、水淀粉。

做法:

(1)将山药去皮,切小丁并焯水,盒豆腐切成与山药等大的丁。

(2)香菜洗净切末,香菇洗净切丁。

(3)锅中加鲜汤,调入主料,然后加盐、味精、鸡精、胡椒粉调味。

（4）汤沸腾时用水淀粉勾芡至浓稠状,淋入蛋液并撒香菜末即可。

特点:味道鲜美,入口润滑。

烹调时间:5分钟。

17.五谷杂粮的科学吃法

首先,应粗细兼备,混合食用,提高主食的营养价值。

有些人终年只吃大米,也有人终年只吃面粉,这样的吃法都不好。

最好的吃法是:既吃米又吃面,还要吃些杂粮,以获得全面营养。比如,米、面蛋白质中缺乏赖氨酸、色氨酸,将几种粮食混合食用,就能使蛋白质与氨基酸在搭配上取长补短。

这种吃法在营养学上叫"蛋白质互补"。比如,大豆富含赖氨酸,在谷类粮食中补充适量大豆,可大大弥补赖氨酸的不足,提高粮食蛋白质的营养价值。各种豆类、荞麦、莜麦、高粱、小麦和薯类都是蛋白质互补的好原料。

其次,要提高粗粮的食用品质,调剂口味,最常用的方法是粗粮细做。

比如,用粗细粮混合制作金银花卷、杂合面条、杂合面煎饼、杂合面窝头、粟子面馒头、小米面馒头等。还有很多干稀搭配的科学方法,如油条配豆浆,馒头、花卷配玉米粥或小豆、小米粥,窝头、发糕配面汤或大米粥等。这样既可增进食欲,也可提高人体消化率,提高蛋白质的营养价值。随着食品科技的发展,新开发的多种杂粮食品很受消费者欢迎。如荞麦和莜麦制成的麦片粥、麦仁粥、麦粉羹、玉米片、膨化玉米食品等,都是营养价值高又易消化的优质食品。

五谷杂粮能提高人体所需的大部分蛋白质。而肉、蛋、奶副食品含有优质蛋白质,可弥补主食的缺陷。包子、饺子、馄饨、豆沙包等是蛋白质互补的理想吃法,在生活水平提高的基础上应提倡这种吃法。

18.粽子的科学吃法

不少市民喜欢把粽子当早饭吃,个别酷爱粽子的市民甚至放弃了正餐,顿顿都把粽子当饭吃。有些人每周都从食品商店、超市或单位食堂里买粽子,一买就是十来个,回到家往冰箱里一放,每天一个当早饭。消化内科医生说,粽子是糯米做的,本来就不容易消化,一大早就吃粽子,糯米停留在胃里的时间更长,会刺激胃酸分泌,可能导致有慢性胃病、胃溃疡的人发病。粽子从冰箱拿出来后,建议充分加热,变软后再吃。

专家建议,吃粽子时最好能同时喝茶水,以帮助吞咽和消化;每次尽量少吃一点。同时,粽子也要吃得清淡一点。有胃病的人吃粽子可选白米粽,别蘸糖,不要吃得太甜;有胆结石、胆囊炎和胰腺炎的病人,建议不要吃肉

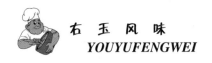
粽、蛋黄粽,过于油腻以及脂肪、蛋白过高的粽子,以免引起消化不良、胀气,使疾病急性发作。

19.一日三餐该怎么吃

一日三餐的摄取,对我们来说非常重要。这一日三餐该怎么吃才是比较营养、科学的呢? 营养专家在这里为您指点迷津。

不吃早餐的人更容易感觉疲劳、精神不集中、易怒、体重增加、皮肤干燥、起皱和贫血,易患感冒、心血管疾病等各种不同疾病。

人在睡眠时,绝大部分器官都得到了充分休息,而消化器官却仍在消化吸收晚餐存留在胃肠道中的食物,到早晨才渐渐进入休息状态。一旦吃早餐太早,势必会干扰胃肠的休息,使消化系统长期处于疲劳应战的状态,扰乱肠胃的蠕动节奏。所以能在 7 点左右,即起床后 20~30 分钟再吃早餐最合适。另外,早餐与中餐以间隔 4~5 小时为好,也就是说早餐在 7~8 点为好。

宜软不宜硬。早晨,人体的胃肠功能呆滞,常使人胃口不开、食欲不佳,老年人更是如此。故早餐不宜进食油腻、煎炸、干硬以及刺激性大的食物,否则易导致消化不良。早餐宜吃容易消化的温热、柔软的食物,如牛奶、豆浆、面条、馄饨等,最好能吃点粥。

宜少不宜多。饮食过量会超过胃肠的消化能力,食物便不能被消化吸收,久而久之,会使消化功能下降,胃肠功能发生障碍而引起胃肠疾病。另外,大量的食物残渣贮存在大肠中,被大肠中的细菌分解,其中蛋白质的分解物苯酚等会经肠壁进入人体血液中,对人体十分有害,并容易患血管疾病。因此,早餐不可不吃,但也不可吃得过饱。

早餐不宜选用油炸食物。如炸油饼、炸油条、炸糕、油炸馒头片等。

午餐的作用可归结为四个字:"承上启下"。既要补偿早餐后至午餐前 4~5 小时的能量消耗,又要为下午 3~4 小时的工作和学习做好必要的营养储备。如果不吃饱吃好午餐,往往在繁重工作数小时后(特别是下午 3~5 时)出现明显的低血糖反应。表现为头晕、嗜睡、工作效率降低,甚至心慌、出虚汗等,严重的还会导致昏迷。午餐食物的选择大有学问,它所提供的能量应占全天总能量的 35%,这些能量应来自足够的主食、适量的肉类、油脂和蔬菜。与早餐一样,午餐也不宜吃得过于油腻。

晚餐以清淡、量少为好。如晚餐吃得过饱,多余的热量合成脂肪在体内储存,可使人发胖。晚餐摄入的热量不应超过全天摄入的总热量的 30%,这对于防止和控制发胖来说至关重要。

晚餐过好过饱,加上饮酒过多,很容易诱发急性胰腺炎,使人在睡眠中休克。如果胆道壶腹部原有结石嵌顿、蛔虫梗塞以及慢性胆道感染,则更容易因诱发急性胰腺炎而猝死。

晚餐过饱,鼓胀的胃肠会对周围的器官造成压迫,使大脑相应部位的细胞活跃起来,诱发各种各样的梦。噩梦常使人疲劳,会引起神经衰弱等疾病。

晚餐摄入过多热量,可引起血胆固醇增高,而过多的胆固醇运载到动脉壁堆积起来,就会成为诱发动脉硬化和冠心病的一大原因。如果中年人长期晚餐过饱,反复刺激胰岛素大量分泌,往往会发生糖尿病。大量血脂就会沉积在血管壁上,从而引起动脉粥样硬化。

20.勤换花样少生癌

科学家的最新调查数据显示,饮食单一、长期偏食、挑食才是诱发癌症的罪魁祸首。研究发现,长期以玉米、山芋、豆类等富含粗纤维的食物为主食,食管、胃等上消化道细胞容易被食物磨损,这就需要相当数量的蛋白质来进行修复。如果食谱中又缺乏蛋白质,可能导致上消化道上皮细胞异常分化,细胞缺损严重,进而促使癌症提早发病。长时间以肉类等含脂肪过多的食品为主食,脂肪容易在下消化道,即大肠、胰脏等器官周围聚集,形成厚厚的脂肪膜,从而影响细胞分解,致使上皮细胞增生,时间一长同样诱发癌变。

21.不同颜色的蔬果作用各异

哪些食物最有营养?哪些食物对健康的贡献最大? 光彩夺目的农副产品里蕴藏了许多与疾病作斗争的植物营养,而这些植物营养与食物的颜色密切相关。

红色、紫色的蔬菜和水果中含有花青素,具有强烈的抗血管硬化作用,可以阻止心脏病或中风等疾病发作。这些食物有:黑草莓、樱桃、橘子、茄子、李子、红葡萄、红苹果、红色卷心菜、黑胡椒粉、红酒等。

橙色以胡萝卜为代表,所含的胡萝卜素有助于眼睛与皮肤的健康,减少罹患癌症的风险。这类食物有:橘子、南瓜、杏子、芒果与红薯等。

蔬菜、水果中含有丰富的防止细胞受损的叶黄素。叶黄素可以更好地保护眼睛,有助于防治白内障与视网膜黄斑恶化。这类食物有:油桃、橙子、木瓜、桃子、菠萝、橘子与黄色柚子。

绿色蔬果的优势在于富含一种天然化学成分,能刺激肝脏产生抗癌的酶,这类食物有:小白菜、卷心菜、花菜等。

白色蔬果,如大蒜与洋葱含有大蒜素。它是与肿瘤战斗的"斗士"。蘑菇则蕴藏有与其他疾病作斗争的化学成分。这类食品的共同特点是含有丰富的类黄酮,可以发挥护心抗癌等保健作用。因此,安排食谱时充分考虑食品

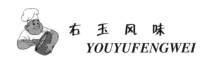

的颜色,让你的餐桌上四季色彩缤纷,你将受益匪浅。

22.注重春季饮食

春季是春归大地、冰雪消融、万物复苏的时节,是一年四季中气候最为变化无常的季节。人体的整个生理机能在春季要进行相应的调整,以达到减少能量消耗、保障机体战胜初春寒意所需的能量和各种营养素供应。同时在这气温波浪回升的春季,体内各种生理机能和代谢率在相应加强,体内生物钟的韵律也较冬季加快。因此,在春季安排好合理营养饮食的同时,还应适当注意做到以下几点要求:

(1)要多吃一些性味以辛、甘、温等为主的蔬菜,以抗衡冬季尚未退去的丝丝寒意。如选择蒜、韭菜、油菜、芹菜等蔬菜,尤其是韭菜,为春天的最好蔬菜。大枣性味甘平宜于春季食用,它是滋养血脉和强健脾胃的佳品。

(2)要注意多吃些黄、绿色蔬菜,以避免"春困"。一到春天每个人总有频频打呵欠的"春困"现象,其主要原因是春暖花开后,人体毛孔开放,汗腺分泌活跃,皮肤血流量增加,大脑血液相对供应减少,从而影响大脑兴奋,以致表现出精神不振和困倦。因此,应多吃些黄、绿色蔬菜,而不宜进食寒凉、油腻、发黏的食物。

(3)要注意多吃些植物性脂肪,以补充适当的不饱和脂肪酸,使原来较为干燥的皮肤滋润起来,同时补充大脑能量以提高学习、工作效率。植物性脂肪的来源,一是来自每天菜谱中的烹调油,二是多吃富含植物性脂肪的小食品,如花生米、核桃仁、松子、葵花子、西瓜子等。

(4)要注意多吃富含丰富维生素 C 的食物,以提高大脑神经的灵敏度,使大脑对刺激的反应灵活,同时还能提高抗病能力,有效预防因春季气候干燥所致的出血症等。含丰富维生素 C 的果蔬有:辣椒、西兰花、鲜枣、柑橘、番茄等。

(5)要注意多吃些富含钙丰富的食物,这对于正处在生长发育阶段的少年儿童更为重要。这是因为在一年四季中,儿童生长发育最快的时期是春季。因此,在春季儿童更应多吃含钙丰富的食物,以有利于儿童的生长发育。而对于中老年人来说,也应注意补钙,以补充春天因工作时间与内能、强度与幅度随之增加而导致对钙的正常生理需要量。含钙丰富的食物有:虾皮、豆制品、海带、鱼干、牛奶等,其中牛奶中所含钙的吸收率最好。

吃菜的学问

蔬菜是可供佐餐的草本植物的总称。"菜"字是由"采"字演化而来的。"采"字的上半部为"爪",以喻人的手指,下半部为木,比喻植物。"爪"和"木"结合在一起,意为以手指摘取植物之意。后来又从"采"字分化出"採"和"菜"两字,"採"系动词,"菜"系名词。野菜是自然生长未经人工栽培的蔬菜,栽培的蔬菜源于野菜。

《中国居民膳食营养指南》建议,一个健康的成年人每日食用蔬菜量应为 500 克。在保证每日蔬菜摄入量的前提下,建议成年人每日最好能吃 3 种以上的蔬菜。我国目前人工栽培的蔬菜种类(包括种、亚种及变种)在 15 类 300 种以上。蔬菜所能提供的营养主要为维生素、矿物质、膳食纤维和抗氧化物等。

《中国居民营养膳食指南》建议,成年人每日食用蔬菜量为 500 克。而目前在我国大城市,很多居民每日蔬菜食用量未达到这一标准。

此外,在保证每日蔬菜摄入量的前提下,建议成年人每日最好能吃 3 种以上的蔬菜,包括绿叶蔬菜、茄果类蔬菜、根茎类蔬菜、豆类蔬菜等。

蔬菜是一种天然易富集硝酸盐的植物性食品,据检测,人体内 81.2% 的硝酸盐来自蔬菜。经体内微生物的作用,硝酸盐极易还原成亚硝酸盐。亚硝酸盐是一种有毒物质,可与人体内的胺类物质结合,形成亚硝胺。现已证明,亚硝胺是致癌物。

早晨的菜比较新鲜,蔬菜一般在清晨上市,所以,早晨的菜大都比下午的菜新鲜。

新鲜菜含水量充足,所谓鲜鱼水菜,其中之一说的就是含水量充足的菜比发蔫的菜新鲜。

其他窍门:买茄子要选那些表皮暗黑色,摸起来有点涩手的,这样的茄子比较鲜嫩。买西红柿不选顶上出尖、颜色不均的,要选表皮鲜亮、从果顶到果蒂颜色一致、用手摸起来紧实有弹性感、成熟度适中的西红柿。而颜色过于深红,摸起来发软的西红柿就有点过熟了。买冬瓜要选表皮带霜、摸上去比较硬实的。买倭瓜要买用指甲掐不动瓜蒂的,这样的倭瓜成熟老到,口感好。

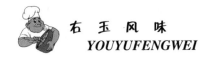

现代营养学认为,蔬菜所能提供的营养主要如下:

维生素 一般来说,叶菜的 V_C 含量比较高,多在 25 毫克 /100 克以上。经检测,每 100 克大椒的 V_C 含量为 140～220 毫克。绿色和橙色蔬菜富含胡萝卜素。胡萝卜素进入体内后能转变为 V_A,每 1 毫克 β - 胡萝卜素可在体内转化成 557 国际单位的 V_A。绿色和橙色蔬菜还含有丰富的 V_E、V_K 和叶酸。需要纠正的错误做法是,把芹菜叶和萝卜缨扔掉。

矿物质 雪里蕻、苋菜、茴香、芹菜叶、小萝卜缨、荠菜、马兰头、草头,特别是扁豆、豌豆苗、小白菜、油菜、塌棵菜等含钙量均很高,在 150 毫克 /100 克以上,而且铁、碘、硅、锰、锌、硒等微量元素的含量也很丰富。

膳食纤维 每天适当吃菜,其中的膳食纤维可促进肠道蠕动,使废物及时排出体外,大大减少有毒物质侵袭人体的机会,有助于降低肠癌的发病率。膳食纤维还能在肠道内与食物中的胆固醇结合成人体不能吸收的复合体,从而减少胆固醇的吸收。在维持血糖正常平衡方面,膳食纤维也能起到重要作用。

相比之下,蔬菜的蛋白质、脂肪、糖的含量都较低。例如,叶菜的糖含量多在 5% 以下,根茎类蔬菜在 5%～10%,土豆、山药类可达到 15%。蔬菜所能供应的热量也很少,叶菜多在 10～40 千卡 /100 克,而根茎类可达 80 千卡 /100 克。可见,超重和肥胖者多吃些蔬菜有助于减肥。

蔬菜的特殊功能是维持体液酸碱平衡。

人吃的食物可分为酸性食物和碱性食物两种。但是食物的酸碱性是由食物在体内的代谢产物的酸碱度来决定的,而不是靠味觉来区分的。几乎所有的动物性食物,如鱼、肉、蛋、奶等都属于偏酸性食品,所有五谷米麦类、所有糖类及甜食、少部分豆类等也属于偏酸性食品。

在正常情况下,人的体液微偏碱性。如果进食酸性食品过多,又不能用碱性食品加以调节,机体就会不断动用缓冲系统加以中和,使体液维持偏碱性状态。长此以往,机体负荷增加,容易产生肌肉酸痛、周身疲乏、精神不振等症状。

减少酸性食品的摄入量,多吃碱性食品。蔬菜是很好的碱性食品,洋葱的碱性度是 1.68,茄子是 1.93,黄瓜是 2.16,南瓜是 4.35,马铃薯是 5.36,而番茄是 13.67。

蔬菜还可高效抗氧化。蔬菜之所以有诱人的色泽,是因为它含有叶绿素和花青素两种色素。叶绿素是植物呼吸时进行光合作用的物质,其功能基是由含镁的物质组成的。镁能促进人体生长发育,是造血、造骨、维持人的正常新陈代谢及保持神经肌肉正常功能所不可缺少的微量元素。常吃绿色蔬菜可以使人体获得充足的镁。花青素则包括使蔬菜从红到紫的多种鲜艳的颜色。

过去,人们普遍认为色素只是增加了蔬菜的色彩,可诱发人的食欲。然而,科学研究发现,蔬菜中的色素对人体健康具有重要作用。例如番茄中的番茄红素具有高效抗氧化特性,经胃肠道吸收进入血液循环后,能有效地阻止自由基对组织细胞的损伤。

人体自身不能合成番茄红素,必须从食物中摄取。番茄红素在自然界中分布范围很窄,主要存在于番茄、西瓜、葡萄柚、木瓜等食物中,其中以番茄含量最高,为14毫克/100克。果实的成熟度对番茄红素含量的影响较大,在番茄刚开始成熟时,番茄红素的含量可达到最大值。但番茄红素是存在于番茄的细胞内部,因此,要想获取番茄红素,最好吃熟番茄,例如我国新疆出产的番茄酱,番茄红素高达40毫克/100克。

药食同源,大自然中许多蔬菜可入药。

辛香类蔬菜包括子苏叶、薄荷叶、茼蒿、藿香、茴香、芫荽、水芹、蕺菜、旱金莲、蜂斗菜,以及作为调料的葱、姜、蒜、花椒、八角、桂皮等。传入我国的辛香类蔬菜有日本的鸭儿芹、山葵,印度的咖喱、小豆蔻、胡椒及印尼的丁香等。这类蔬菜的气味是由酯类、醇类及酮类等多种挥发性物质构成的。

辛香类蔬菜含有多种对人体有用的化学成分,如紫苏含有紫苏醛、紫苏醇、薄荷酮、薄荷醇、丁香油酚、白苏烯酮等。祖国医学认为,紫苏叶有发汗、行气、镇咳、镇痛、健胃、利尿和解鱼蟹毒之功效,其梗有顺气、安胎、散寒和化痰的功效。又如鲜薄荷,可作为蔬菜凉拌食用,也可以除腥去膻,是烹调牛羊肉的必备调料。薄荷具有解热、祛风、防腐、消炎、镇痛、止痒、健胃等功效。此外,现代医学研究证明,每天进食少量葱、蒜,可降低血液中的胆固醇水平。大蒜中有6种有效成分可以抑制肝脏中胆固醇的合成,同时使高密度脂蛋白升高,也有防止心血管病的作用。

由于辛香类蔬菜具有一定药性,因此,食用时应谨慎,一是少量食用,二是病人应咨询医生后,再决定是否食用。

充足的营养是美化肌肤的基础,均衡的饮食是维持健康肌肤的条件。有些蔬菜含有果酸,使菜(如番茄等)具有爽口的酸味,能促进食欲和帮助消化。果酸还具有柔软皮肤角质、使皮肤保湿的功效。如果每天睡觉前将西红柿切片用来敷面,坚持一段时间后,会有一定柔嫩皮肤的效果。

在日常生活中,常有人问到下面几个问题:

问:蔬菜生吃还是熟吃好?

答:能生食的蔬菜最好生食,因为生食能最大限度地保存蔬菜中的养

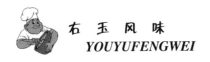
分,而且清脆爽口。像糖拌西红柿、酸黄瓜、炝苦瓜等,都是营养丰富、口味宜人的菜肴。还有一些蔬菜,如从荷兰引进的芽球菊苣,生食味道微苦,清凉爽口,如果熟食,那真是糟蹋了好菜。

考虑到中国人讲究煎、炒、烹、炸的烹饪习惯,在烹饪一些用于熟食的蔬菜时要大火快炒,以减少营养的损失。但是像菜豆、黄豆等蔬菜,则不但要熟食,还要熟透了才能吃,以免发生食物中毒。

问:吃水果能代替吃蔬菜吗?

答:人们时常将水果和蔬菜通称为果蔬,可见二者十分相近,有时甚至难以区分。早在1883年,有一位名叫约翰·尼克斯的美国人从西部印第安群岛带回一批番茄到纽约。海关认为番茄属于蔬菜而要征税,但尼克斯说番茄是水果,并将海关告上法庭。这段公案拖了7年才最终解决,法院最后判决番茄应属于蔬菜,约翰·尼克斯败诉。公平地说,番茄既是蔬菜又是水果。

虽然蔬菜和水果都含有较高的维生素C、膳食纤维和多种矿物质,但大体上还是能够划分的。从总体上说,水果含糖量高于蔬菜,因此有些人(如糖尿病病人)就要限制水果摄入量。再如蔬菜的风味繁多,便于丰富菜肴的味道和增加食欲。所以说,蔬菜不应被水果等食物所代替。

问:能用吃维生素制剂的办法代替吃菜吗?

答:中国有句俗话:药补不如食补。这是千真万确的科学道理。在早年航海中,船员由于长期缺少新鲜蔬菜,很多人患有坏血病。虽然服用维生素C药片对于坏血病患者来说是必要的治疗手段,但人体还要通过吃菜获取其他营养成分。例如食物色素、膳食纤维等,以满足健康需要。如果长期不吃蔬菜或蔬菜摄入量不足,而用药片补充维生素,势必导致消化不良、食欲不振等健康问题。劝君按量吃菜,除非身患重病,切莫以药代菜。

冬吃羊肉需分体质

羊肉是冬季备受青睐的防寒佳品。不过专家提醒,冬季吃羊肉是有讲究的,否则不但起不到防寒保暖的效果,反倒越吃越寒。

清华大学第一附属医院营养科主管营养师王玉梅介绍,羊肉有山羊肉、绵羊肉和野羊肉之分,营养成分无太大区别,都有很高的蛋白质和一定量的脂肪。但中医认为,山羊肉是凉性的,绵羊肉是热性的。因此,冬季最好少吃山羊肉,如果吃了山羊肉,最好不要再吃凉性的食物和瓜果。不过,山羊肉胆固醇含量比绵羊肉低,可以起到防止血管硬化的作用。特别适合高血脂患者和老人食用。为除去山羊肉的膻味,可在烹煮时放入山楂或萝卜,炒时可放入葱、姜、孜然等。

冬天吃绵羊肉可以进补,尤其适合体虚胃寒者,可提高体质、益气补虚。由于绵羊肉属热性食品,吃多了易上火,因此有发热、牙痛、口舌生疮、咳嗽吐黄痰等上火症状者不宜食用。此外,吃涮肉时一定要涮熟些,以免寄生虫和致病菌没有彻底杀灭而引起食物中毒。

要鉴别山羊肉和绵羊肉,首先要看肌肉,绵羊肉黏手;山羊肉发散,不黏手。其次看肋骨,绵羊的肋骨窄而短,山羊的肋骨宽而长。三是看肌肉纤维,绵羊肉纤维细、短,山羊肉纤维则粗、长。

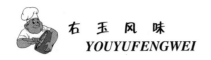
冬季餐桌上要有"大拌菜"

复旦大学附属中山医院营养科高键医生曾专门写文章建议,冬天可以适当吃点凉菜,因为,南方整天开着空调,北方暖气也是热乎乎的,吹得体内的细胞张着小嘴都等着喝水;大冷天大家又爱吃牛、羊肉等热性食物,导致体内积热比较多。此时,适当定期给身体"泻泻内火",一周吃一次"大拌菜"是不错的选择。

和每顿吃一两种蔬菜相比,含有各种蔬菜的"大拌菜"更能提供给身体丰富的维生素。对于应酬族来说,"大拌菜"还有另外的作用——解酒。因为糖对肝脏及血液循环有一定的保护作用,而维生素和多种微量元素可以加速酒精分解。

白菜是冬季的应季菜,在蔬菜中水分含量非常高,纤维素也很多,有清热解燥、利尿通便的效果。所以冬天吃"大拌菜",不妨把传统的生菜换成白菜,再加些紫甘蓝、红番茄、绿黄瓜等,营养可以更丰富。内火大的人,不妨把调料中的白糖换成蜂蜜,甜的口感柔和一些,还为"大拌菜"添一份解燥的功效。"大拌菜"是凉菜,胃寒的人吃前最好先喝杯温水。

怎样使腌菜不致癌

　　日常生活中,人们常将雪里蕻、圆白菜、大白菜,加入适量的辣椒、蒜头、花椒等调料腌制,吃起来清新爽口,质嫩味鲜,香脆微辣,别有一番风味。腌制的菜的确好吃,但腌菜中的亚硝胺是造成消化系统癌症的"元凶"之一。

　　那么,怎样防止腌菜产生致癌物质呢? 这里介绍一些腌菜方法供读者参考。

　　北方地区酸菜的腌制方法:大白菜去根、帮和老叶,洗净后纵切为 2～4 瓣,置开水中烫 1～2分钟,既可消毒杀菌,又使菜变软。捞出晾干后,加入盐、辣椒、蒜头、花椒等调料拌匀后,一层层平码在缸里,加冷开水浸过菜层约 10 厘米,上压重石,渍 20 天左右食用,每次取食后重新压好。据卫生防疫部门对酸菜的检测表明,此法腌制的酸菜中亚硝酸盐含量均小于 10 毫克／千克,大大低于国家规定的肉制品亚硝酸小于30毫克／千克的卫生标准。

　　预防腌菜产生致癌物,可以在腌制加工时投入维生素 C,即每千克的腌菜中加入 400 毫克维生素 C,这时亚硝酸盐在胃内细菌作用下,产生亚硝胺的阻断率为 75.9%。因为维生素 C 在人体内可产生多种生物学活性及生理、药理作用,其作用的综合效应就是对癌的抑制。美国国立癌症研究所早在 1978 年就正式宣布维生素 C 对癌有预防作用。所以,提倡腌菜在腌制过程中加入适量维生素 C, 确实是解决腌菜致癌物的好方法,这样人们就可以放心地吃腌菜了。

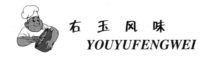

吃完狗、羊肉不宜马上喝茶

尽管冬季吃狗、羊肉滋补营养,但在吃的过程中,如果不注意和其他食物的搭配,就有可能产生相反的作用。据贵阳医学院研究营养与食品卫生的孙教授介绍,吃狗、羊肉火锅需注意以下几点:

首先,吃完狗、羊肉火锅后不宜喝茶。因为狗、羊肉中含有丰富的蛋白质,而茶叶中含有比较多的鞣酸,如果刚吃完狗肉就马上喝茶,会使茶叶中的鞣酸与狗肉中的蛋白质结合,形成一种叫鞣酸蛋白质的物质。这种物质具有一定的收敛作用,可使肠蠕动减弱,进而诱发便秘。所以,刚吃完狗肉后请不要急着喝茶,尤其是浓茶。感觉口干时,应以白开水解渴。吃过狗肉后两个小时方宜喝茶。

其次,不宜与醋同食。因为酸味的醋具有收敛作用,不利于体内阳气的生成。醋与狗、羊肉同吃,温补作用大打折扣。此外,也不宜与西瓜、南瓜同食。因为狗、羊肉性味甘热,而西瓜性寒,属生冷之品,进食后不仅大大降低羊肉的温补作用,且有损脾胃。而南瓜则相反,属于温热食物,如果放在一起食用,极易"上火"。同样的道理,在烹调羊肉时也应少放点辣椒、胡椒、生姜、丁香、茴香等辛温燥热的调味品。

姜醋汁的功效

醋有助消化、防衰老、去油腻、解毒杀菌的作用,还有扩张血管、保护肝脏、降低胆固醇的功效。生姜中的姜辣素进入体内后,能产生一种抗氧化酶,它有很强的对付自由基的本领,从而延缓衰老。姜的挥发油能增强胃液的分泌和肠壁的蠕动,帮助消化。此外,生姜也有解毒杀菌的功效。所以,生姜和醋是契合的搭配。我们在吃松花蛋或鱼蟹等水产时,通常会加入一些姜醋汁;吃凉拌菜的时候,姜醋汁也是最佳选择。

需要注意的是,姜性热,秋冬干燥季节不宜多吃。而且,冬天的烂姜、冻姜不要吃,因为姜变质后会产生致癌物。

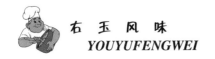
会吃火锅　美味不上火

1.多配些蔬菜

蔬菜富含维生素及叶绿素,其性多偏寒凉。将其作为火锅料,不仅能消除油腻、补充营养,还有清热、解毒、去火等作用。所以,下火锅料时,除了鱼、肉等,别忘了多放点蔬菜,如马蹄、萝卜等。当然,专家提醒,放入的蔬菜不要煮太久,否则没有"下火"功效。

2.调料要清淡

过多的辣椒、蒜、葱等调料,或是沙茶酱、辣椒酱等酱料对胃黏膜会造成一定的损害,特别是患有肺结核、痔疮、胃炎以及十二指肠溃疡病的人更要少吃。

所以,吃火锅时最好选择一些如酱油、麻油等较清淡的调料,以避免对肠胃的刺激,防止"上火"。

3.放些泻火食物

此类食物包括豆腐、白莲、生姜、西红柿、白菜、黄瓜、苦瓜以及各类食用菌等。

豆腐是含有石膏的豆制品,在火锅内适当放入豆腐,不仅能补充多种微量元素,而且还可发挥石膏的清热、泻火、除烦、止渴的作用。

白莲不仅含有多种营养素,也是人体滋补的良药。火锅内适当加入白莲,有助于均衡营养,有益健康。另外,白莲最好不要抽弃莲子心,因为莲子心有清心、泻火的作用。

生姜能调味、抗寒,火锅内可放点不去皮的生姜,因姜皮辛凉,有泻火散热的作用。

4.餐后多吃水果

一般来说,吃火锅三四十分钟后可适当吃些水果。水果性凉,能清凉、解毒、去火。餐后两小时,只要吃上一两个如雪梨、香蕉等水果,就可有效防止"上火"。

专家还提醒说,"上火"并不一定要喝凉茶,因为凉茶也属药,乱喝会影响身体。

吃水果的学问

　　水果不仅含有丰富的维生素、水分及矿物质，而且果糖、果胶的含量也比其他食品高，这无疑给人们的健康提供了充足的营养成分。

　　夏季吃西瓜不能空腹吃，因为西瓜是防暑降温非常好的一种食品。中医讲，西瓜性寒。另外，西瓜的水分比较多，空腹吃了以后，会使人的胃液稀释，胃液稀释以后胃酸就少了，这样容易引起消化不良、食欲减退，还容易影响胃肠的蠕动。番茄里有黏胶酚，这些东西容易和胃酸结成不可溶解的块状物，影响胃肠道的功能，所以也不宜空腹吃。

　　不宜空腹吃的水果还有香蕉、柿子、橘子、荔枝、甘蔗。

　　在瓜果旺季，对于不同体质的人来说，吃水果也是很有讲究的。虚寒体质的人基础代谢率低，体内产生的热量少，在吃水果的时候应该选择温热性的水果。这些水果包括荔枝、龙眼、石榴、樱桃、椰子、榴莲、杏等等。相反，实热体质的人由于代谢旺盛，产生的热量多，经常会脸色潮红、口干舌燥，这样的人群要多吃些如香瓜、西瓜、水梨、香蕉、芒果、黄瓜、番茄等凉性的水果。而平和类的水果如葡萄、菠萝、苹果、梨、橙子、芒果、李子等，无论是虚寒体质或者实热体质的人均可食用。

　　平常我们在看望病人的时候，总是喜欢带些水果，但您知道吗？不是所有的水果都适合病人吃的，买水果的时候要考虑病人的病情。溃疡和胃酸过多的人不宜吃酸梨、柠檬、杨梅、李子等含酸较高的水果，以防有损溃疡愈合。哮喘病人不宜吃枣，枣易生痰助热，有碍脾胃功能。便秘和有痔疮的患者不宜吃柿子、山楂、苹果、莲子，因为这些水果含鞣酸较多，会涩肠止泻，加重病情。患有贫血的病人也不宜吃含鞣酸较多的橙子和柿子等水果，因为鞣质易与铁质结合，从而会阻碍机体对铁的吸收。肾炎、浮肿和肾功能不好的病人不宜吃香蕉，因为香蕉中含有较多的钠盐，吃了会加重浮肿，增加心脏和肾脏的负担。

　　吃水果的最佳时间应在饭前一小时或饭后两到三小时为宜。

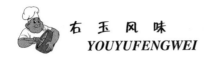

肠胃弱者水果不妨煮着吃

在寒冷的冬季,生吃冰凉的水果,肚子似乎总爱"闹情绪"。尤其是胃肠功能虚弱的人,营养专家支招——冬季水果不妨"煮"着吃。

全国高健委养生产业专业委员会秘书长王城生认为,冬季水果煮着吃有一定的养生保健道理,而且在冬季常见的大部分水果都适合煮着吃。

水煮水果,水温一般保持在 100℃左右。这样的水温,对水果中营养物质的影响不会太大。像多酚类这样的抗氧化物,也基本能保持"原生态"。也就是说,煮熟后的水果的润燥、通便、促进消化等保健作用与生水果差别不会太大。

冬天肠胃喜暖怕冷,寒冷时节喝点热腾腾的"水果汤",既利于补充相应的水分,也便于获取丰富的营养,同时还避免了生冷水果对肠胃的刺激。但也不是所有水果都适合水煮或者水煮时间过长,比如猕猴桃、橙子、柚子、草莓之类的水果,就不适合煮得过久,以免这些水果中的维生素 C 受到破坏。

这些食物不能一起吃

吃,是一门很大的学问,各种美食之间,常常相冲相撞。如果将这些相冲撞的食物同食,不但不会得到美的享受,反而会损害身体,不可不防呀!

啤酒忌白酒　啤酒中含有大量的二氧化碳,容易挥发,如果与白酒同饮,就会带动酒精渗透。有些朋友常常是先喝了啤酒再喝白酒,或是先喝白酒再喝啤酒,这样做实属不当。想减少酒精在体内的驻留,最好是多饮一些水,以助排尿。

酒精忌咖啡　酒中含有的酒精,具有兴奋作用,而咖啡所含咖啡因,同样具有较强的兴奋作用。两者同饮,对人体产生的刺激甚大。如果是在心情紧张或是心情烦躁时这样饮用,会加重紧张和烦躁情绪;若是患有神经性头痛的人如此饮用,会立即引发病痛;若是患有经常性失眠症的人,会使病情恶化;如果是心脏有问题,或是有阵发性心跳过速的人,将咖啡与酒同饮,其后果更为不妙,很可能诱发心脏病。一旦误将二者同时饮用,应饮用大量清水,或是在水中加入少许葡萄糖和食盐喝下,可以缓解不适症状。

解酒忌浓茶　有些朋友在醉酒后,饮用大量的浓茶,试图解酒。殊不知茶叶中含有的咖啡碱与酒精结合后,会产生不良的后果,不但起不到解酒的作用,反而会加重醉酒者的痛苦。

鲜鱼忌美酒　含维生素 D 高的食物有鱼、鱼肝、鱼肝油等,吃此类食物饮酒,会减少人对维生素 D 吸收量的 6～7 成。人们常常是鲜鱼佐美酒,殊不知这种吃法会丢失很多的营养成分。

虾蟹类忌维生素　虾、蟹等食物中含有五价砷化合物,如果与含有维生素 C 的生果同食,会令砷发生变化,转化成三价砷,也就是剧毒的"砒霜",危害甚大。长期食用,会导致人体中毒,免疫力下降。

菠菜忌豆腐　菠菜中所含的草酸,与豆腐中所含的钙产生草酸钙凝结物,阻碍人体对菠菜中的铁质和豆腐中蛋白的吸收。

以下是相克食物 2 小时内不可同吃,谨记。

1.鸡蛋忌糖精——同食中毒、死亡。

2.豆腐忌蜂蜜——同食耳聋。

3.海带忌猪血——同食便秘。

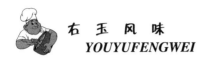
4.土豆忌香蕉——同食生雀斑。

5.牛肉忌红糖——同食肚胀。

6.狗肉忌黄鳝——同食则死。

7.羊肉忌田螺——同食积食腹胀。

8.芹菜忌兔肉——同食脱头发。

9.番茄忌绿豆——同食伤元气。

10.螃蟹忌柿子——同食腹泻。

11.鹅肉忌鸭梨——同食伤肾脏。

12.洋葱忌蜂蜜——同食伤眼睛。

13.黑鱼忌茄子——同食肚子痛。

14.甲鱼忌苋菜——同食中毒。

15.皮蛋忌红糖——同食作呕。

16.人参忌萝卜——同食积食滞气。

17.白酒忌柿子——同食心闷。

18.牛奶和菠菜——同食有毒。

19.羊肉和酪——同食伤五脏。

20.羊肉和醋——同食伤心脏。

21.葱和鲤鱼——同食容易生病。

22.牛肉和豆酱——同食伤五脏。

23.柿子和螃蟹——同食会腹泻、腹痛。

24.猪肉和田蟹——同食眉毛脱落。

25.李子和白蜜——同食破坏五脏的功能。

26.芥末和兔肉——同食会引起邪恶的疾病。

27.蜂蜜加葱、蒜、豆花、鲜鱼、酒——同食中毒、腹泻。

注意饮食阴阳平衡

所有的食物,都可分为阴阳两大类。所谓"阴",就是食用后有助于"降火",适用于"火"(阳)大的人食用;所谓"阳",就是食用后有利于畏寒的虚症人强身,适用于"寒"(阴)大的人食用。由此可见,如果糖尿病、脑血栓后遗症、高血压、动脉硬化、高血脂、冠心病、胶原性疾病或头痛、心烦、口苦等火症大的人的疾病,就要选用阴性食物为主;如果畏寒怕冷等,就多选用阳性食物。现将常见食物阴阳性质列表如下:

阴性食物

动物类:猪肠、猪皮、猪髓、猪脂、牛头蹄、羊肝、马乳、兔肝、鸭肉、鸡蛋清、鸭蛋、鳗鱼、海螺、蛏肉、蛤蜊、牡蛎肉。

植物类:小米、黍米、小麦、小麦麸、荞麦、青稞、绿豆、黑小豆、油菜、小白菜、芹菜、菠菜、黄花菜、空心菜、木耳菜、芦笋、萝卜、茄子、西红柿、黄瓜、冬瓜、丝瓜、苦瓜、藕、蒲公英、海带、龙须菜、紫菜、西瓜、大白菜、甜瓜、苹果、柿子、梨、橙子、香蕉、柚子、猕猴桃、罗汉果、冬瓜子、西瓜皮、豆腐、香油。

阳性食物

动物类:猪肝、猪肚、火腿、水牛肉、牛肾、牛筋、牛髓、牛脑、牛脾、牛脂、羊肉、羊乳、羊血、羊脑、羊心、羊肚、羊外肾、羊髓、羊骨、骆驼乳、鹿肉、骆驼脂、鹿肾、熊掌、狗肉、鸡肉、鱿鱼、带鱼、鲑鱼、海虾、龙虾、海参、鲢鱼、淡水鱼、羊头骨、羊胫骨、蚕蛹。

植物类:籼米、糯米、红曲米、高粱米、刀豆、韭菜、芥菜、白菜花、香菜、蔓菜、南瓜、瓜豆菜、山药、生姜、辣椒、蒜、葱、杏、桃、黄果、乌梅、石榴、山楂、大枣、橘饼、金橘、槟榔、佛手柑、胡桃仁、栗子、柏子仁、龙眼肉、杏仁、樱桃、胡椒、桂皮肉、豆蔻、花椒、醋、酒、豆油、棉籽油、赤砂糖、饴糖、八角、茴香。

中老年人尤其不能盲目滥补人参、海鲜等热性食物。

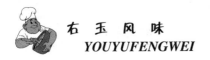

四种能止痛的天然食物

台湾《康健》杂志近期撰文指出，食物中有四种天然的"止痛药"。

1.咖啡治头痛。咖啡因（茶、可可、可乐等饮料里也有）能使细胞接收不到疼痛信号，从而减少疼痛感。所以许多常见的止痛药，如阿司匹林，会加入一些咖啡因来加强效果。不过对那些每天咖啡不离手的人来说，它反而可能导致疼痛。

2.鱼油能消炎。关节炎、头痛病，都是身体出现炎症的表现。大量研究发现，富含欧米伽3脂肪酸的鱼油能治疗类风湿性关节炎、偏头痛病，对缓解疼痛有明显疗效。

3.莓类和阿司匹林一样有效。研究发现，樱桃类及莓类的水果有惊人的抗发炎效果，作用好比阿司匹林等止痛药。美国研究发现，樱桃、草莓、黑莓等都有类似效果。

4.姜、咖喱和辣椒等辛香料是天然止痛剂。近年来，姜因为舒缓疼痛、辅助治疗关节炎而备受瞩目。其实，印度的传统医疗很早就用姜治疗风湿及关节炎。咖喱中的姜黄可以减少可能导致老年痴呆症的大脑发炎作用，并能抑制肿瘤生长。辣椒中的辣椒素，可以阻止疼痛信息传到中枢神经系统，减少疼痛感，能被用来控制头痛、神经痛、骨关节炎及类风湿性关节炎等疼痛。此外，辣椒中本来就存在一种物质叫"柳酸盐"，它正是止痛药阿司匹林的成分。

还要注意避免一些引发疼痛的"危险分子"：加工肉品、巧克力、红酒和乳制品（尤其是奶酪）、烟熏的鱼和肉类、加酵母的食物（如面包、馒头）及坚果等。

胃弱少吃酸　眼差少吃辣

　　中医认为,咸、甜、酸、苦、辣分别与人体的五脏相对应,各有其作用。五味适量,对五脏有补益作用;如果过量,则会打乱人体平衡,损伤脏器,招致疾病。《彭祖摄生养性论》中说:"五味不得偏耽,酸多伤脾,苦多伤肺,辛多伤肝,甘多伤肾,咸多伤心。"反过来,也就是说,脾胃不好的人,最好少吃酸;肝血不旺的人,少吃辣;肾虚的人不能多吃甜的;心有问题,咸味食物一定要控制住。

　　酸多伤脾　酸能补肝,但过多的酸味食物会引起肝气偏胜,克脾胃,导致脾胃功能失调。脾主肌肉,其华在唇,因而酸味的东西吃得过多,嘴唇也会失去光泽,并往外翻。建议饭后容易消化不良,且有大便稀,说话声音低微等脾虚症状的人,少吃酸食。

　　甘多伤肾　甜味可以补脾,过多的甜食却会引起脾气偏胜,克伐肾脏。由于肾主骨藏精,其华在发,因此,甜味的东西吃多了就会使头发失去光泽、掉发。常会腰膝酸软、耳鸣耳聋的人,多有肾精虚的症状,建议不要多吃甜食。

　　苦多伤肺　苦味能补心,过多的苦食则会克伐肺脏。所以,当我们吃入的苦味东西过多时,就会损伤肺的功能。肺主皮毛,苦东西吃多了,皮肤会枯槁,毛发会脱落。易咳嗽、咳痰的人,多为肺气虚的表现,要尽量控制苦味食品的摄入。

　　辛多伤肝　过食辣的东西会引起肺气偏胜,克伐肝脏。由于肝藏血主筋,辣的东西吃多了,会导致筋的弹性降低,血到不了指甲,就会易脆易裂。因此,常出现头晕目眩、面色无华、视物模糊等肝血虚症状者,应少吃点辣。

　　咸多伤心　咸味可以补肾,但吃多则会克伐心脏,损伤心的功能。心主血,咸味的东西吃多了,就会抑制血的生发,使血脉凝聚,脸色变黑。因此,常会出现心悸、气短、胸痛等,心气虚症状的人,咸要少吃。

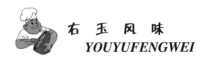

吃羊肉有讲究

在冬季里,羊肉备受青睐。其性味甘温,含有丰富的脂肪、蛋白质、碳水化合物、无机盐和钙、磷、铁等。羊肉除了营养丰富外,还能防治阳痿、早泄、经少不孕、产后虚脱、腹痛寒疝、胃寒腹痛、纳食不化、肺气虚弱、久咳哮喘等疾病。不过,冬吃羊肉还应有些讲究。

合理搭配防"上火" 羊肉性温热,常吃容易"上火"。因此,吃羊肉时要搭配凉性和甘平性的蔬菜,能起到清凉、解毒、去火的作用。凉性蔬菜一般有冬瓜、丝瓜、菠菜、白菜、金针菇、蘑菇、茭白、笋等。吃羊肉时最好搭配豆腐,它不仅能补充多种微量元素,其中的石膏还能起到清热泻火、除烦、止渴的作用。而羊肉和萝卜做成一道菜,则能充分发挥萝卜性凉,可消积滞、化痰热的作用。另外,羊肉反半夏、菖蒲,不宜同用。

不宜与醋、茶及南瓜同食 《本草纲目》称:"羊肉同醋食伤人心。"羊肉大热,醋性甘温,与酒性相近,两物同煮,易生火动血。因此,羊肉汤中不宜加醋。羊肉中含有丰富的蛋白质,而茶叶中含有较多的鞣酸,吃完羊肉后马上饮茶,会产生一种叫鞣酸蛋白质的物质,容易引发便秘;若与南瓜同食,易导致黄疸和脚气病。

羊肉好吃应适可而止 羊肉甘温大热,过多食用会促使一些病灶发展,加重病情。另外,肝脏有病者,若大量摄入羊肉后,肝脏不能全部有效地完成蛋白质和脂肪的氧化、分解、吸收等代谢功能,而加重肝脏负担,可导致发病;经常口舌糜烂、眼睛红、口苦、烦躁、咽喉干痛、齿龈肿痛者及腹泻者均不宜多食。

忌用铜器烹饪 《本草纲目》记载:"羊肉以铜器煮之,男子损阳,女子暴下物;性之异如此,不可不知。"这其中的道理是:铜遇酸或碱并在高热状态下,均可起化学变化而生成铜盐。羊肉为高蛋白食物,以铜器烹煮时,会产生某些有毒物质,危害人体健康,因此不宜用铜锅烹制羊肉。

难吃的食物最养人

俗话说："良药苦口。"粗粮扎嘴、柠檬发酸、大蒜太冲、苦瓜太苦……很多食物的"口感"并不好，但它们却是被营养学家们推崇的保健食物。

发涩的食物。中国农业大学食品学院副教授范志红表示，未熟的柿子、紫色的葡萄皮，这些都是涩味很重的食物。它们的涩味是食物中的单宁、植酸和草酸带来的。这些都是强力的抗氧化物质，对预防糖尿病和高血脂有益。不仅如此，同一种水果，发涩的品种营养价值更高，比如，酸涩的小苹果就比大而甜的富士苹果好。

粗糙的食物。比如扎嘴的粗粮、难嚼的芹菜秆和白菜帮子。这是因为此类食物含有丰富的不可溶性膳食纤维。可就是这些膳食纤维，能帮助人们预防便秘、防止肠癌、有利金属离子排出，帮助身体排毒，减轻体重。在吃水煮鱼、红烧肉等高脂菜肴和八宝饭等使血糖升高快的甜食，动物内脏、蛋黄等高胆固醇食物的时候，都是粗糙食物发挥效力的最佳时刻。

苦的食物。像柠檬皮、茶叶、黑巧克力等，其中富含各种甙类、萜类物质和多酚类物质，正是它们让食物变苦。比如柠檬皮和柚子皮中的柚皮甙，茶中的茶多酚，红酒、巧克力中的多酚，都能预防癌症和心脏病，也给食物带来了一点苦涩的风味。

"冲"的食物。比如萝卜、大蒜、洋葱等。这些食物味道很冲，甚至吃完了还会有味。原因就是它们含有硫甙类物质和烯丙基二硫化物，这些物质都对预防癌症很有帮助。比如大蒜就是人的"健康卫士"。大量流行病学调查显示，大蒜产区和长期食用大蒜的人群，其癌症发病率均明显偏低。

"臭"的食物。榴莲气味强烈，说它"臭气熏天"毫不夸张。但在泰国，由于其营养价值很高，常被用来当作病人、产后妇女补养身体的补品。中南大学湘雅医院营养科教授李惠明称，榴莲性热，可以活血散寒，缓解痛经，特别适合受痛经困扰的女性食用；它还能改善腹部寒凉的症状，可以促使体温上升，是寒性体质者的理想补品。榴莲虽然好处多多，却不能一次吃太多，否则容易导致身体燥热，还会因肠胃无法完全吸收而引起"上火"。

"怪香"食物。有些食物虽然以"香"字命名，但味道却很奇怪，比如香菜、香椿等。香菜中含硼量很多，这种物质能帮助身体吸收矿物质，保护骨

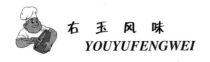

骼,最适合进入40岁后的中老年人。香菜中还富含铁、钙、钾、锌、维生素 A 和维生素 C 等元素,有利于维持血糖稳定,并能防癌。而香椿中含有香椿素等挥发性芳香族有机物,可健脾开胃,增加食欲。它具有清热利湿、利尿解毒之功效,是辅助治疗肠炎、痢疾、泌尿系统感染的良药。有研究表明,香椿中含维生素 E 和性激素物质,具有抗衰老和补阳滋阴作用,对不孕不育症有一定疗效,故有"助孕素"的美称。

辛辣食物。食物中的辣味一般是由辣椒素或挥发性的硫化物提供的。辣椒素具有镇痛作用,还能提高新陈代谢,起到燃脂、减肥的功效。中国中医科学院杨力教授告诉《生命时报》记者,芥末辣味强烈,具有较强的刺激作用,可以调节女性内分泌,增强性功能,还能刺激血管扩张,增强面部气血运行,使女性脸色更红润。芥末呛鼻的主要成分是异硫氰酸盐。这种成分不但可预防蛀牙,而且对预防癌症、防止血管斑块沉积、辅助治疗气喘也有一定的效果。此外,芥末还有预防高血脂、高血压、冠心病,降低血液黏稠度等功效。

酸味食物。沙果、山楂、泡菜等,它们的酸味是柠檬酸、苹果酸等有机酸带来的,这些天然的酸性物质能促进矿物质的吸收,比如铁等。同一品种的水果,味道酸的一般维生素 C 含量更高,维生素也更稳定,更容易保存。

热爱甜美、精细、香浓的食物,不喜欢苦涩、粗糙的食物——其实从我们很小的时候,这种口味就已经形成了。这也不能怪人们挑剔。其实,上述这些保健成分,也同时有一些副作用——在摄入量过大的时候,会妨碍蛋白质、淀粉、钙、铁、锌等营养的吸收。在千万年前,甚至六十年前,人们的确经常吃糠咽菜,那时,人们的主要担心不是患上糖尿病、心脏病、肥胖症,而是如何避免营养不良。

可现在,我们的饮食结构已经和祖先完全不一样,担心的更多的是如何预防肥胖,如何降低血液中的脂肪,如何减轻癌症的风险。那么,我们是否也该让自己的口味与时俱进呢?

先吃菜后吃主食不健康

　　人们就餐往往有个习惯，先吃菜后吃主食，其实，这样不仅不利于营养均衡，还影响胃肠的消化功能。要想吃得健康，除控制食量外，一定要重视主食，主食是一种"天然消化药"。

　　去餐馆吃饭，要记着先点一些主食，或是一些粗粮。如南瓜、红薯、山药等，用餐开始就上，尽量先吃，或者一口主食一口菜搭配着吃。这是因为，首先，碳水化合物容易让人有饱腹感，故能减少荤菜的摄入，避免吃得太油腻或不消化。其次，先吃主食有利于刺激唾液分泌淀粉酶，对食物进行消化，进而刺激胃酸的分泌，增强胃的消化能力。再次，米饭、面条等主食属于碳水化合物，很容易被人体消化吸收，不会给肠胃增加负担。同时碳水化合物在人体的代谢过程中，几乎不会产生毒素。相比而言，一些高蛋白或高脂肪类的食物，在人体代谢中会产生许多对人体有害的物质。

　　在主食里，粗粮是首选。富含纤维，可以促进胃肠蠕动，还能让多余脂肪排出体外。

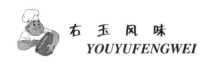

糖尿病饮食十大误区

对糖尿病患者而言,饮食控制得好坏,直接影响到病情的发展。但很多糖尿病患者对饮食有误解,以下是最有代表性的 10 个误区:

误区一:少吃主食。不少患者认为,主食越少吃越好,甚至连续数年把主食控制在每餐仅吃半两到一两,这会造成两种后果:一是由于主食摄入不足,总热量无法满足机体代谢的需要,导致体内脂肪、蛋白质过量分解、身体消瘦、营养不良,甚至产生饥饿性酮症。二是控制了主食量,但对油脂、零食、肉蛋类食物不加控制,使每日总热量远远超标,且脂肪摄入过多,如此易并发高脂血症和心血管疾病,使饮食控制失败。其实,糖尿病饮食主要是控制总热量与脂肪。而主食中含较多的复合碳水化合物,升血糖的速度相对较慢,应该保证吃够量。

误区二:不甜就能随便吃。部分患者错误地认为,糖尿病就不该吃甜的食物,咸面包、咸饼干以及市场上大量糖尿病专用甜味剂食品不含糖,饥饿时可以用它们充饥,不需控制。其实,各种面包、饼干都是粮食做的,与米饭馒头一样,吃下去也会在体内转化成葡萄糖,导致血糖升高。因此,这类食品可以用来改善单调的口味,提高生活乐趣,但必须计算进总热量。

误区三:吃多了加药就行。一些患者感到饥饿时,常忍不住吃多了,他们觉得,把原来的服药剂量加大就能把多吃的食物抵消。事实上,这样做不但使饮食控制形同虚设,而且,在加重了胰岛负担的同时,增加了低血糖及药物毒副作用发生的可能,非常不利于病情的控制。

误区四:控制正餐,零食不限。部分患者三餐控制比较理想,但由于饥饿或其他原因养成吃零食,如花生、瓜子、休闲食品的习惯。其实这样也破坏了饮食控制。大多数零食均为含油脂量或热量较高的食品,任意食用会导致总热量超标。

误区五:荤油不能吃,植物油多吃没事。尽管植物油中含有较多的不饱和脂肪酸,但无论动物油、植物油,都是脂肪,都是高热量食物。如果不控制,就容易超过每日所规定的总热量。因此,植物油也不能随便吃。

误区六:只吃粗粮不吃细粮。粗粮含有较多的膳食纤维,有降糖、降脂、通大便的功效,对身体有益。但如果吃太多的粗粮,就可能增加胃肠负担,影响营养素的吸收,长此以往会造成营养不良。因此,无论吃什么食品,都应当适度。

误区七:少吃一顿就省一顿药。有些患者为了控制好血糖,自作主张少吃一顿饭,特别是早餐,认为能省一顿药。其实,吃药不仅是为了对抗饮食导致的高血糖,还为了降低体内代谢和其他升高血糖的激素所致的高血糖。并且,不按时吃饭也容易诱发餐前低血糖而发生危险。另外,少吃这一顿,必然下一顿饭量增大,进而导致血糖控制不稳定。因此,按时、按规律地用药和吃饭很重要。

误区八:打胰岛素针就可以随便吃了。有些患者因口服药控制血糖不佳而改用胰岛素治疗,认为有了胰岛素就"天下太平",不需再费神控制饮食了。其实,胰岛素治疗的目的是为了血糖控制平稳,胰岛素的使用量也必须在饮食固定的基础上才可以调整。如果饮食不控制,血糖会更加不稳定。因此,胰岛素治疗的同时,不但需要配合营养治疗,而且非常必要。

误区九:用尿糖试纸评估食物。有些患者为了监测所吃的食物尤其是甜味剂食品是否含糖,将食物溶液滴于尿糖试纸上,发现变色就非常恐惧,认为是高糖。其实只要是含糖(包括精制糖、多糖)的食物溶解后都会产生葡萄糖,而使试纸变色;无糖食品中只是没有蔗糖,其他形式的糖都会使试纸变色,但是它们不会使血糖上升太快或太高。这种做法只会让您徒增烦恼。

误区十:山楂等流传的降糖食疗方法都可以降糖,无须限制。糖尿病饮食治疗的黄金法则告诉我们,所有饮食都要控制在总热量范围内。山楂对普通老年人有软化血管、抗凝的作用,但含有较高量的果糖,多吃可能影响血糖控制。食疗偏方中的食品,如果热量过高或脂肪量过高,也会影响血糖。因此,应慎重选用。

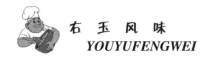
防癌远离这些饮食坏习惯

癌症"年轻化"除与遗传因素、癌前病变等因素有关外,不良饮食习惯是主要的诱发因素。如年轻人推崇的"辣"饮食,会破坏胃肠道黏膜,使其失去原有防御功能,给癌细胞以可乘之机。世界癌症研究基金会建议:不吃腌制、辛辣、熏制、油炸食品,进食不宜过快过烫,不饮烈酒、不抽烟,多吃含纤维素丰富的新鲜蔬菜、水果等。

人体本身对癌症有一定的防御能力,这种能力因人而异。每个人身体中或多或少都存在着癌细胞,而我们自身健全的免疫系统具有杀死癌细胞的强大能力。这就需要我们精心维护自身健康、健全的免疫系统。从远离那些坏的饮食习惯做起。

一、茶垢

有人认为,茶垢是茶水长期沉积形成的,对身体无害,平时很少去洗,其实这是错误的。茶垢中含有镉、铅、汞、砷等多种有害金属和某些致癌物质,如亚硝酸盐等,可导致肾脏、肝脏、胃肠等器官发生病变。

二、水果中烂掉的部分

水果腐烂后,微生物在代谢过程中会产生各种有害物质,特别是真菌的繁殖加快。有些真菌具有致癌作用,可以从腐烂部分通过果汁向未腐烂部分扩散。所以,尽管去除了腐烂部分,剩下的水果仍然不能吃。

三、用报纸包的食品

油墨中含有一种叫做多氯联苯的有毒物质,它的化学结构跟农药差不多。如果用报纸包食品,它就会渗到食品上,然后随食物进入人体。人体内多氯联苯的储存量达到 0.5~2 克时会引发中毒。轻者眼皮红肿、手掌出汗、全身起红疙瘩,重者恶心呕吐、肝功能异常、肌肉酸痛、咳嗽不止,甚至导致死亡。

四、霉变的大米、花生和玉米

霉变的大米、花生和玉米中含有黄曲霉素,是目前世界上公认的强致癌物质,容易引起肝癌和食道癌。有人以为,多洗几次或高温消毒就能去除有毒物质,其实黄曲霉素一旦污染食物,是很难彻底清除的。

五、碱性食品中的味精

味精遇碱性食品会变成谷氨酸二钠，使其失去鲜味；当它被加热到120℃时，会变成致癌物——焦谷氨酸钠。因此，在有苏打、碱的食物中不宜放味精；做汤、菜时，应在起锅前放味精，避免长时间煎煮。

六、烧焦的鱼和肉

鱼和肉里的脂肪不完全燃烧，会产生大量的 V- 氨甲基衍生物，这是一种强度超过了黄曲霉素的致癌物。因此，烹调鱼肉时应注意火候，一旦烧焦，千万别吃。

七、腐烂的白菜

腐烂和没腌透的白菜中，都含有致癌性亚硝酸盐。

八、烧烤食品

所有的烧烤食品中，都容易出现一种致癌能力相当强的物质——苯并芘，这和油炸食品中的油反复使用所产生的是同一物质。

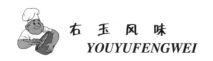
常食香菇可防感冒

据《健康报》报道,香菇是一种很多人都爱吃的食品。近年来,科学家研究发现,香菇具有抗肿瘤和抗病毒的功效。日本医生发现,常吃香菇能促进新陈代谢,使人精力旺盛,不易发生感冒。

吃香菇有助防感冒,是因为香菇有抗病毒和增强机体抵抗力的双重作用。据测定,香菇富含蛋白质、维生素、亚油酸等营养素,还有大量钙、铁、铜等矿物质,香菇还含有人体必需的多种氨基酸。所以,常吃香菇既能增加营养,又能增强人体的抗病能力。

研究还发现,香菇中所含的蘑菇核糖核酸,能刺激人体产生和释放干扰素,而干扰素能消灭人体内的病毒,加强人体对流感病毒的抵抗力。

此外,香菇中所含的香菇嘌呤也有较强的抗病毒功能。

先吃饭还是先喝汤

有句民谚,饭前喝汤,胜似药方。说明了汤与饭两种食品的先后。而且符合科学。吃饭前先喝几口汤,等于给消化道加了点"润滑剂",使后来的食物顺利下咽,防止干硬食品刺激胃肠黏膜,从而有益于胃肠对食物的消化与养分的吸收,并能在某种程度上减少食管炎、胃炎等疾病的发生。(如果反其道而行之,饭前不喝水,反而会冲淡胃液,影响食物的消化与吸收。)再说水果,主要成分是果糖,无须通过胃来消化,而是直接进入小肠被人体所吸收。而米饭、面食、肉食等含淀粉及蛋白质成分的食物,则需要在胃里停留一段时间。如果进餐时先吃饭菜,再吃水果,消化速度慢的淀粉、蛋白质会阻碍消化快的水果,致使所有的食物一起搅和在胃中,水果在胃肠 37℃ 高温下,产生发酵反应甚至腐败,引起胀气、便秘等症状,给消化道带来负面影响。

因此,有关专家建议,人们就餐最好按照这样的顺序,即汤—蔬菜—米饭—肉类—半小时后再吃水果。如果你吃了鱿鱼、龙虾、藻类等富含蛋白质与矿物质的海味,则须将食用水果的时间延后到 2～3 小时,切忌两者同食,特别是柿子、石榴、葡萄、杨梅、酸柚等。原因在于这些水果中鞣酸较多。鞣酸不仅降低蛋白质的营养价值,而且易与海味中的钙、铁等结合,生成不易消化的新物质,失去进食美味的快感。其次,还可刺激胃肠而引起恶心、呕吐、腹痛等症状,成为致病的祸根。

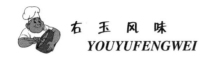
六种食物是人体的天然"清道夫"

现代污染无处不在。好在大自然中也有天然的"清道夫",让我们在享受美味之余筑起污染的防线。下面介绍 6 种可清除体内污染的食物。

海带抗辐射

海带素有"海中蔬菜"之称,它含有胡萝卜素、维生素 B_1、维生素 B_2、蛋白质等,且含有大量的碘,被誉为"碘的仓库"。

最近武汉大学教授罗琼发现,海带的提取物海带多糖能抑制免疫细胞凋亡,从而对辐射引起的免疫功能的损伤起到保护作用。海带这种天然的抗辐射食物的应用,将给进行放射治疗的肿瘤患者带来福音。

小米抗噪音

根据科学检测发现,小米中蛋白质含量是谷类中最高的,特别是其中色氨酸含量较高(202 毫克 /100 克)。色氨酸有镇静安眠的作用,这与中医提到的小米能养心除烦相同。

在噪声环境中,体内的 B 族维生素消耗量很大,因而多吃小米可以减少噪声的损害,提高听力,预防听觉器官损伤。

牛奶驱铅

科学家发现,牛奶是驱铅的好食物。一方面是牛奶中含有丰富的钙,而钙磷比例恰当,可以降低机体铅负荷。中国食物中一般不缺磷,但钙相对不足,适当补充钙可以减少铅吸收。其二,牛奶所含的蛋白质能与体内的铅结合成可溶性化合物,可以促进铅的排泄。

猪血抗粉尘

血豆腐不仅是滑嫩可口的营养食品,还是治病的良药。

现代医学研究发现,猪血中的蛋白经胃酸分解后,可产生一种消毒、润肠的物质。这种物质能与进入体内的粉尘和有害金属微粒起生化反应,将这些粉尘带出体外。

大蒜抗亚硝胺

长期进食腌制、熏烤制品是消化道恶性肿瘤的重要危险因素。这些食品中有较多量的硝酸盐和亚硝酸盐,可与肉中的二级胺合成亚硝胺,而亚硝胺是导致胃癌的直接原因。大蒜对亚硝胺的合成有明显的抑制作用,因

此,常吃大蒜可以预防消化道肿瘤。

黑木耳抗镉

黑木耳可以软化血管、降低血液黏度,预防动脉硬化和高血压。现代社会中镉污染也很常见,如废电池中的金属镉,吸一包烟体内镉增加 2～4 微克……慢性镉中毒会造成人体肾脏损害,或引起骨骼疾病等。而黑木耳含有植物胶质,可吸附通过消化道进入体内的镉,使其排出体外。

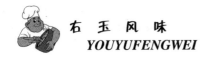
早晨吃水果营养最好

从营养角度看，何时食用水果真有些讲究。

相对肉、禽、鱼、蛋和谷物，水果蔬菜，含有丰富的维生素和膳食纤维。维生素是一类小分子的有机物，虽然人体的需要量比较少，但却有多方面的重要生理功能，问题是作为有机物，性质不大稳定，在加工烹饪过程中，容易变性破坏。特别是维生素C，对温度尤为敏感，烧煮时损失很大。第三次全国营养调查显示，我国人均消耗的食物中维生素C数量达到推荐需要量的180%，但人群中轻度缺乏维生素C的情况普遍存在，原因就是蔬菜烧煮成菜肴，维生素C大量丢失，人体实际摄入的量就大为减少。

水果生食，基本不经加工，维生素极少损失，弥补了蔬菜的不足。因此最好把水果也作为膳食结构的组成部分，每餐都安排一份水果，借以补充维生素特别是维生素C，这对提高每餐的整体营养质量大有裨益。

不少家庭习惯一天吃一次水果，那显然在早餐时食用更理想，因为早餐较为简便，很少有菜肴佐餐，更需要水果来提供维生素。另外，经过一夜熟睡，胃肠道已经清空，水果中的膳食纤维更能起到"清道夫"的作用，清除肠壁上的有害物质，消除肠道患肿瘤的风险。膳食纤维还有调节改善血糖血脂、提高人体免疫力的功能。维护健康，从早晨开始。

饮食过咸　血压升高

　　广州市红十字会医院心血管内科主任吴同果称，医学研究明确表明，盐摄取过多是高血压的重要发病原因，吃盐越多的国家与地区高血压发病率越高。

　　世界卫生组织建议每日盐摄入量在 6 克以下，吴同果认为最好控制在 2.5 克以下。但实际生活中这些标准难以实行，原因是口味习惯与一些错误的观念在作祟。

　　老年人中的高血压患者很多，病人只能长期吃药控制。吴同果称，其实高血压并不是老年病，有些高血压是吃盐吃出来的。

　　在我国，高血压的平均患病率为 11%～17%，在地理分布上从南到北递增。"我们不难发现，北方人的口味比南方人重，吃盐吃得比南方人多，而北方人的高血压发病率也比南方人高。"吴同果说，广东人吃的粤菜较清淡，日均摄入盐（氯化钠）5～6 克，高血压患病率为 10%；上海人食盐日均摄入量为 7～9 克，高血压患者比广东人也多一些；而北方居民食盐日均摄入量高达 9～11 克，高血压患病率达 20%～30%。农民吃盐比城里人多，高血压也多于城镇。

　　吃盐多，为何可能导致高血压？吴同果介绍，食盐导致高血压的机理是钠离子和水分大量滞留在机体内，使血管里血液过多，血管壁的钠张力增高，血液流动变慢，流动阻力变大。

　　同理，减少人体内钠离子的含量可缓解高血压。在高血压药物里，有一大类是利尿剂，可将过多的钠通过尿液排出体外，起到降血压的作用。

　　美国旧金山研究人员公布的临床试验结果显示，限盐能减少高血压等多种疾病的发生。如果全世界每人日摄盐量都在 2.5 克之内，每年将减少 250 万心脑血管疾病病人。

　　值得注意的是，高盐饮食不但造成高血压，还和心血管疾病、脑中风、肾病等有。

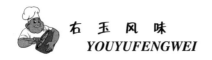
香菇、木耳、生姜汤，
可降压、降脂肪、防止动脉硬化

　　冬天是心脑血管病高发期，多吃香菇对保护老年人的心脑血管可以说是好处多多。

　　现代营养学家研究发现，香菇中所含一种叫香菇肽生的物质(香菇腺嘌呤和腺嘌呤的衍生物)，可以预防血管硬化，还具有降血压、降低血脂的作用。另外，香菇中富含多种维生素、矿物质以及钙、磷等微量元素，对于糖尿病、高血脂能起到一定的治疗作用。

　　从中医角度讲，香菇具有补肝肾、益气血的作用。冬天经常吃一些香菇，可以补气养血。香菇味道鲜美、易消化，非常适合老年人食用。

　　由于冬天诱发心脑血管病的因素很多，如感冒、便秘、受寒等，建议可以用香菇等食物做一道"香菇、木耳、生姜汤"，经常食用，效果会更好。

　　制作香菇、木耳、生姜汤方法简单，选新鲜的香菇 50 克，干木耳 30 克用水泡，生姜丝 10 克，盐 2 克。然后，把这几样一同倒入沙锅中，加入 300 毫升水，煎至 200 毫升即可食之。

　　在这道汤中，香菇、木耳、生姜齐上阵，不仅可以降血压、降血脂、降胆固醇、防止动脉硬化，还能增强免疫力、防寒保暖、抵御感冒。

冬季常吃梨、甘蔗等四类水果有益健康

冬季首选的水果有：梨、甘蔗、柚子、柑橘。

梨　梨中含苹果酸、柠檬酸、葡萄糖、果糖、钙、磷、铁以及多种维生素，且有润喉生津、润肺止咳、滋养肠胃等功能，最适宜于冬春季节发热和有内热的病人食用，尤其对缓解肺热咳嗽、小儿风热、咽干喉痛、大便燥结等症较为适宜。但梨性寒冷，脾胃虚寒、消化不良及产后血虚者不可多食。

甘蔗　甘蔗汁多味甜，营养丰富，含铁量在各种水果中雄踞冠军宝座。我国古代医学家还将甘蔗列入"补益药"，具有清热、生津、润燥、补肺益胃的特殊效果。但由于甘蔗性寒，脾胃虚寒和胃肠疼痛者不宜食用。

柚子　柚子含有非常丰富的蛋白质、有机酸、维生素以及钙、磷、镁、钠等人体必需的元素，具有健胃、润肺、补血、清肠、利便等功效。由于柚子含有生理活性物质皮甙，可降低血液的黏滞度，减少血栓的形成，对脑血栓、中风等脑血管疾病有较好的预防作用。而鲜柚肉由于含有类似胰岛素的成分，是胰岛素相对不足或缺乏的糖尿病患者的理想食品。

柑橘　柑橘维生素 B1 含量丰富。维生素 B_1 对神经系统的信号传导具有重要作用。中医认为，柑橘可理气开胃、消食化痰，肺部不适的人适宜吃，不妨每天吃 1~2 个柑橘。但因为柑橘性热，吃多了容易"上火"。

适宜冬季吃的水果还有苹果、香蕉、山楂等。苹果可生津止渴、和脾止泻；香蕉清热润肠、降压防痔出血；山楂可扩张血管、降低血脂、增强和调节心肌，有防止冠状动脉硬化的作用。

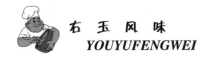
"朝盐晚蜜"并不适合任何人

网络流传"朝盐水、晚蜂蜜水",不但可清宿便又排毒养生,真的这么有效吗?恐怕得区分个人的身体状况及所处环境。

现代人经常外食,加上冬季寒冷,摄入肉类食物相对更多,不少人容易出现便秘的问题。而网络上一直有这么个说法,称早晨喝杯盐水、临睡前再喝点蜂蜜水,可以帮你排毒清理宿便,这也是自古流传的养生方法。对于蔬果摄取不足的现代人来说,这种轻松方法真的有用吗?

不出大汗没必要喝盐水

首先不可否认水的作用,人体需要水分。那盐水有没有必要呢?喝盐水养生这个观念源于中医,中医认为盐有明目镇心、清理胃火的功能。中山三院营养科副主任卞华伟说,有没有必要喝盐水要结合实际情况,不可一概而论。古人认为喝盐水有好处,这是因为古人多要下地干活卖苦力,需要喝盐水补充矿物质,维持体力需要。并且盐在古代得来不易,属于珍贵食物。

现代人活动量出汗量很少,额外喝盐水没有必要。并且现代人从一日三餐、零食中摄取的盐分已经足够多,远远超过营养协会每人每天不超过6克盐的标准。不久前公布的《广东省居民膳食营养调查结果》发现,广州人每人每天平均摄盐量达到了8.7克,过多摄入盐会增加患高血压等疾病的风险。看来目前的形势是控制摄盐量比提倡喝盐水更有必要。除非你有特殊需要,比如腹泻需要喝淡盐水补充电解质,要出去做强体力活,做强度运动要大量出汗,喝点盐水免得身体消耗太多矿物质。

所以,"朝盐"这个说法看用在什么人身上,什么生活环境,个体情况如何,不可毫无前提一概提倡。其实喝水对人身体有益是肯定的,人体需要水分,对都市大多数上班族,喝盐水就没有必要了,应注意每天水分的摄取量要达标,早晨喝点温水无论对肠胃、对身体新陈代谢都大有好处。

蜂蜜润肠不拘时间

分析完了"朝盐",我们再来说说"晚蜜"。卞华伟说,首先蜂蜜确实有通便润肠的作用,但便秘分为两种,一种患者大便成形不好,没有足够压力排出,这类人确实要多吃含纤维素的蔬菜水果,多喝水或蜂蜜水都可以帮助改善便秘症状。

另一些人的便秘问题不是出在大便成形上，而是肠道无力，多见于老年人、长期吃减肥药的年轻女性。这类人吃纤维素食物、喝蜂蜜水非但不能改善其便秘，反而会加重肠道负担，使便秘问题雪上加霜。对这类患者便秘的改善以增加肠道活动力为主，建议其多锻炼身体，必要时还得通过灌肠解决"大问题"。

看来得分清自己便秘的类型。如果因这段时间肉吃得过多，可以喝蜂蜜水润润肠道，促进排便，这并不拘于白天喝还是晚上喝，一样都能改善便秘。如果排便的时候就像挤牙膏，有便意拉不出，喝水、喝蜂蜜水，吃水果蔬菜都不能改善，就要上医院请医师判定便秘是什么原因引起的，以便采取相应医疗措施。

总的来说，"朝盐晚蜜排毒"这种说法并不科学，一定要分清什么环境，身体状况如何。而不是大众普及人人"朝盐晚蜜"。此外，不少美容书常提到一个"排毒"的概念，卞华伟认为，人身体的平衡功能其实非常好，"排毒"这种说法值得商榷。

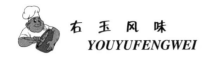

食物对思想的作用

"维生素能改善性生活！""矿物质能激发大脑能量！""巧克力能帮助人战胜忧郁！"类似这样的说法，遭到人们很长时间的非议。20世纪80年代晚期，诺贝尔奖获得者莱纳斯·鲍林，建议使用大剂量维生素来治疗某些精神失常，但却几乎没有研究者听取他的建议。占主流的医学权威将鲍林的维生素疗法，等同于那些号称包治百病的声名狼藉的偏方（如蛇油和水蛭）。

现在，大多数心理健康专业人士，对心理疾病的营养治疗仍然持怀疑态度。但饮食能影响大脑进而影响行为，已不再被认为是疯狂的想法了。饮食也许确实在促进认知功能和治疗某些种类的精神障碍方面起着重要的作用。在一个试验中，研究者要求患抑郁症的被试者戒掉精制糖和咖啡，三个月后，这些被试者的症状比另一组被要求不食用红肉和人工甜味剂的被试者得到了显著的改善。在另一个研究中，老年被试者每天补充适量的维生素、矿物质和微量元素，在一年结束时，他们比服用安慰剂的被试者在短时记忆、问题解决能力、抽象思维和注意力等方面均有所改善。

一些与饮食和行为有关的、最令人兴奋的研究，着眼于营养对大脑的化学信使即神经递质的合成所起的作用。色氨酸是一种能够从富含蛋白质的食物（日常食品、肉、鱼和家禽）中找到的氨基酸，也是含于血液中的复合胺的原始成分。酪氨酸是能在蛋白质中发现的另一种氨基酸，也是去甲肾上腺素、肾上腺素和多巴胺的原始成分。胆碱（维生素B复合体之一）存在于蛋黄、大豆制品和动物肝脏中，是乙酰胆碱的原始成分。

对于色胺酸来说，人们晚餐时吃的东西和大脑的联系是间接的。色胺酸引起血液中含有的复合胺的生成，这会使人降低警觉、促进放松，并加速睡眠。由于色胺酸存在于蛋白质中，你也许会认为高蛋白质膳食会令人变得昏昏欲睡，而碳水化合物（糖果、面包、意大利通心粉、土豆）则会使人保持警觉。事实上，情况正好相反。高蛋白质食物含有数种氨基酸，而不仅仅只有色胺酸，这些氨基酸要为搭乘运载分子进入脑细胞而展开竞争。由于色胺酸在食物中的含量很少，因此，如果你吃的都是蛋白质的话，它能进入脑细胞的机会就很小。这就像一个小孩为了占据地铁的一个座位而试图推走一群大人那样困难。

不过,碳水化合物会刺激胰岛素的分泌,胰岛素则会将所有其他的氨基酸从血液中清除,但对多巴胺却影响不大。因此,碳水化合物增加了多巴胺进入大脑的机会。但矛盾的是,不含蛋白质的高碳水化合物的膳食既可能让你保持冷静,也可能使你昏昏欲睡,而含高蛋白质的膳食同样如此。一项对在压力环境中倾向于灰心、愤怒或沮丧的被试者的研究表明,高碳水化合物的食物确实能减轻这些反应,并有助于被试者处理此类问题。

尽管如此,还是应该谨记,有许多其他因素影响着人的心境和行为,营养物质的影响是很微小的,而且这些影响还取决于人的年龄、环境,甚至是在一天中的哪个时间段内食用。进一步来讲,营养物质之间存在着复杂的互相影响。如果不吃蛋白质,就不能吸收足够的色胺酸,但如果不同时食用碳水化合物,那么,从蛋白质中吸收的色胺酸也没有用处。

总之,如果想寻找适合于大脑的食物,很可能并非一粒神奇的药丸,而是一份完美搭配的饮食清单。

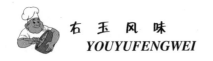

各个内脏"专属"的排毒药膳

很多人大概都知道毒素积聚会引起疾病,应该排毒。却不知道那"毒"到底是什么,很多人都选择洗肠、吃药来排毒,却不知道那实在是一个严重的错误。其实,"毒素"包括各种对健康不利的物质,既有外部环境带来的,也有身体内部产生的。中医认为体内湿、热、痰、火、食积聚成"毒",其中宿便的毒素是万病之源;西医则认为人体内脂肪、糖、蛋白质等物质,新陈代谢产生的废物和肠道内食物残渣腐败后的产物是体内毒素的主要来源。在改善环境的同时,有意识地选择一些排毒食物,并且坚持运动才是清除毒素的正确方法。

具体方法如下:

助肝排毒。肝脏是重要的解毒器官,各种毒素经过肝脏的一系列化学反应后,变成无毒或低毒物质。我们在日常饮食中可以多食用胡萝卜、大蒜、葡萄、无花果等来帮助肝脏排毒。

胡萝卜:是有效的排汞食物。含有的大量果胶可以与汞结合,有效降低血液中汞离子的浓度,加速其排出。每天进食一些胡萝卜,还可以刺激胃肠的血液循环,改善消化系统,抵抗导致疾病、老化的自由基。

大蒜:大蒜中的特殊成分可以降低体内铅的浓度。

葡萄:可以帮助肝、肠、胃清除体内垃圾,还能增加造血机能。

无花果:含有机酸和多种酶,可保肝解毒,清热润肠,助消化,特别是对SO_2、SO_3等有毒物质有一定抵御作用。

助肾排毒。肾脏是重要排毒的器官,它过滤血液中的毒素和蛋白质分解后产生的废料,并通过尿液排出体外。黄瓜、樱桃等蔬果有助于肾脏排毒。

黄瓜:黄瓜的利尿作用能清洁尿道,有助于肾脏排出泌尿系统的毒素。含有的葫芦素、黄瓜酸等还能帮助肺、胃、肝排毒。

樱桃:樱桃是很有价值的天然药食,有助于肾脏排毒。同时,它还有温和通便的作用。

助肠排毒。肠道可以迅速排除毒素,但是如果消化不良,就会造成毒素停留在肠道,被重新吸收,给健康造成巨大危害。魔芋、黑木耳、海带、猪血、苹果、草莓、蜂蜜、糙米等众多食物,都能帮助消化系统排毒。

魔芋:又名"鬼芋",在中医上称为"蛇六谷",是有名的"胃肠清道夫"、"血液净化剂",能清除肠壁上的废物。

黑木耳:黑木耳含有的植物胶质有较强的吸附力,可吸附残留在人体消化系统内的杂质,清洁血液,经常食用还可以有效清除体内污染物质。

海带:海带中的褐藻酸能减慢肠道吸收放射性元素锶的速度,使锶排出体外,因而具有预防白血病的作用。此外,海带对进入体内的镉也有促排作用。

猪血:猪血中的血浆蛋白被消化液中的酶分解后,产生一种解毒和润肠的物质,能与侵入人体内的粉尘和金属微粒反应,转化为人体不易吸收的物质,直接排出体外,有除尘、清肠、通便的作用。

苹果:苹果中的半乳糖荃酸有助于排毒,果胶则能避免食物在肠道内腐化。

草莓:含有多种有机酸、果胶和矿物质,能清洁肠胃,强固肝脏。

蜂蜜:自古就是排毒养颜的佳品,含有多种人体所需的氨基酸和维生素。常吃蜂蜜,在排出毒素的同时,对防治心血管疾病和神经衰弱等症也有一定效果。

糙米:是清洁大肠的"管道工",当其通过肠道时会吸掉许多淤积物,最后将其从体内排除。

芹菜:芹菜中含有的丰富纤维可以像提纯装置一样,过滤体内的废物。经常食用,可以刺激身体排毒,对付由于身体毒素累积所造成的疾病,如风湿、关节炎等。此外芹菜还可以调节体内水分的平衡,改善睡眠。

苦瓜:苦味食品一般都具有解毒功能。对苦瓜的研究发现,其中有一种蛋白质能增加免疫细胞活性,清除体内有毒物质。尤其女性,多吃苦瓜还有利经的作用。

绿豆:绿豆味甘性凉,自古就是极有效的解毒剂,对重金属、农药以及各种食物中毒均有一定防治作用。它主要是通过加速有毒物质在体内的代谢,促使其向体外排泄。

茶叶:茶叶中的茶多酚、多糖和维生素C,都具有加快体内有毒物质排泄的作用。特别是普洱茶,研究发现,普洱茶有助于杀死癌细胞。常坐在电脑旁的人坚持饮用,还能防止电脑辐射对人体产生的不良影响。

牛奶和豆制品:所含有的丰富钙质是有用的"毒素搬移工"。

肠道尤其大肠是粪便堆积的地方。多饮水可以促进新陈代谢,缩短粪便在肠道停留的时间,减少毒素的吸收,溶解水溶性的毒素。最好在每天清

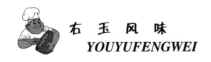

晨空腹喝一杯温开水。此外清晨饮水还能降低血液黏度,预防心脑血管疾病的发生。

　　每周吃两天素食,给肠胃休息的机会。因为过多的油腻或刺激性食物,会在新陈代谢中产生大量毒素,造成肠胃的巨大负担。

　　多吃新鲜和有机食品,少吃加工食品、速食品和清凉饮料,因为其中含有较多防腐剂、色素。

　　在日常饮食中控制盐分的摄入,过多的盐会导致闭尿、闭汗,引起体内水分堆积。如果你一向口味偏重,可以试试用芹菜等含有天然咸味的蔬菜替代食盐。

　　适当补充抗氧化剂。适当补充一些维生素 C、E 等抗氧化剂,以帮助消除体内的自由基。吃东西不要太快,多咀嚼。这样能分泌较多唾液,中和各种毒性物质,引起良性连锁反应,排出更多毒素。

让马铃薯多上餐桌

假如你每周平均能吃上 5 ~ 6 个马铃薯,患中风的危险性可减少 40%。美国的一份研究报告指出, 马铃薯与其他含丰富的钾元素食物诸如香蕉、杏、桃一样,能减少中风危险,又没有任何副作用。钾在人体中主要分布在细胞内,维持着细胞内的渗透压,参与能量代谢过程,维持神经肌肉正常的兴奋性,调节心脑血管的正常收缩功能,具有抗动脉硬化,防止心脑血管疾病的功能。马铃薯还有降血压的成分,能阻断血管紧张素 I 转化为紧张素 II,使周围血管舒张,血压下降,有利于减少中风的危险。

马铃薯的吃法:

水煮马铃薯:用水煮熟后剥皮,可当主食。

马铃薯番茄猪骨汤:将番茄去皮,马铃薯切厚片。猪骨斩小块后与马铃薯放进煲内,加清水煲半小时后,再放入番茄以中火同煲一小时后调味即成。此汤营养丰富,甜酸适中,增进食欲,有助消化。

注意:马铃薯含有龙葵素,有一定的毒性。被日光照射、发芽或青皮的马铃薯中,龙葵素含量很高。因此,马铃薯应避光保存。食用时应削皮,挖尽芽眼,烹制菜肴时加点醋,以减少龙葵素的含量。

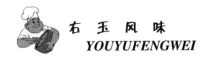
豆浆五大新吃法

豆浆米饭

用黄豆打制豆浆,去渣,用豆浆替代白水加入电饭锅中煮米饭。这样做的米饭味清香,米饭可口,能充分发挥豆和米的营养互补作用。夏天吃这种米饭清爽、滋养、健康。

豆浆粥

把不知该怎么处理的剩米饭取出来,加一倍水煮成稠粥,然后加入等量的豆浆继续煮几分钟即可。这种粥有豆浆的清香和米粥的橙黄,美味可口。

豆浆软煎饼

面粉糊中加入柔软的豆渣,再打入一个鸡蛋,摊在平锅里,放点葱花点缀,制成软煎饼,豆渣中的纤维、低聚糖、异黄酮和矿物质全能得到利用,而且味美。

豆浆小窝头

用玉米粉做窝头,口感比较硬,加入豆浆和豆渣替代水来做窝头是个好主意。其中的纤维有吸水性能,而大豆卵磷脂会让窝头变软。再加点鸡蛋和小米粉,口感更好。

豆浆蒸蛋羹

用豆浆替代水来蒸蛋羹,蛋羹又嫩又滑。比例大约是鸡蛋一份,豆浆2~3份。其他调味品按照平日蒸蛋羹来加,如盐、料酒、胡椒粉、鸡精、香油等,还可以加上虾仁、香菇、葱花、香菜。

煮米饭时加点醋、油会更好

加点儿醋：煮米饭时，按 500 克米加 1 毫升醋的比例煮，可使米饭松软之外还易于存放、防变馊，而且煮出来的米饭肯定没有酸味，反而香味更浓。

加点儿油：放入一汤匙油(油食品)搅拌均匀做出来的米饭，香滑软糯，粒粒分明，而且绝对不会粘锅。

加点儿盐：蒸剩饭时放入少量食盐水，能去除米饭异味。

加点儿茶：用茶水煮饭，可使米饭色香，营养俱佳，并可去腻、助消化。做法很简单，把做饭的水换成泡好的茶水就行了，不过记得用绿茶，而且茶叶不要太多。

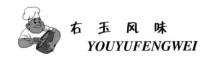

老胃病少吃山楂

山楂是冬令的应季水果,有消食、活血、化淤的功效,很多人都喜欢吃,但是,山楂也可引起胃结石。

酸甜可口的山楂不是能健胃消食吗?怎么会给胃惹祸呢?复旦大学附属中山医院营养科副主任高键解释说,"老胃病"如果空腹大量吃山楂,容易引起胃结石,所以,这些人要离山楂远一些。

山楂中含有大量的果胶和单宁酸,这些物质有个特点,就和胃酸"亲",遇到胃酸会"紧紧拥抱"凝结成沉淀物。而冬天气温骤降,会刺激胃酸大量分泌,一些"老胃病",如胃溃疡、十二指肠溃疡的患者,胃酸本身就比较多,如果再大量食用山楂,很容易变成胃结石发作的诱因。

除了"老胃病",其他人也不建议过量吃山楂,特别是饿着肚子空腹吃,胃肯定会闹别扭。山楂健胃消食的功效,只是在特定的数量下才能发挥作用,比如一次吃不超过 10 个。喜欢吃的,不妨细水长流,可以天天吃,但不要"一次吃个够"。

世界公认的抗衰老食物盘点

1.鱼肉：能在鱼肉中摄取大量蛋白质，而青椒和红尖椒是维生素 C 含量最丰富的食物（100 克青椒含有 100 毫克维生素 C），而富含维生素 E 最丰富的食物就数坚果类（诸如松仁）。

2.鲫鱼：鲫鱼含有全面而优质的蛋白质，对肌肤的弹力纤维构成能起到很好的强化作用。尤其对压力、睡眠不足等精神因素导致的早期皱纹，有奇特的缓解功效。

3.西兰花：西兰花富含抗氧化物维生素 C 及胡萝卜素，开十字花的蔬菜已被科学家们证实是最好的抗衰老和抗癌食物，而鱼类则是最佳蛋白质的来源。

4.冬瓜：冬瓜富含丰富的维生素 C，对肌肤的胶原蛋白和弹力纤维，都能起到良好的滋润效果。经常食用，可以有效抵抗初期皱纹的生成，令肌肤柔嫩光滑。

5.洋葱：洋葱可清血，降低胆固醇，抗衰老，而海鲜能提供大量的蛋白质，同时富含锌。

6.豆腐：除了鱼虾类，豆腐也是非常好的蛋白质来源。同时，豆类食品含有一种被称为异黄酮的化学物质，可减少强有力的雌激素活动空间。若你担心自己会患乳腺癌，可经常食用豆类食品。

7.圆白菜：圆白菜亦是开十字花的蔬菜，维生素 C 含量很丰富，同时富含纤维，促进肠胃蠕动，能让消化系统保持年轻活力，并且帮助排毒。

8.苹果：含有纤维素、维生素 C 和糖，可防止皮肤生疹，保持肌肤光泽。

9.胡萝卜：富含维生素 A，可使头发保持光泽，皮肤细腻。

10.牛奶：含有维生素 D 和钙，使人的骨骼和牙齿强健。

11.矿泉水：可使人的皮肤柔软、娇美、白皙，有助于消化解毒、促进胆汁的分泌。

12.贝类：含有维生素 B12，有助于健康皮肤，保持皮肤弹性和光泽。

13.西红柿：防癌、助食欲，精力旺盛、美白。

14.菠菜：不贫血，体质强，皮肤好，排毒，保护视力，稳定情绪，可远离缺铁性贫血。菠菜中的叶酸对准妈妈非常重要，怀孕期间补充充足的叶酸，

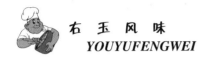

不仅可以避免生出有发育缺陷的宝宝,还能降低新生婴儿患白血病、先天性心脏病等疾病的概率。

15.橙子:防癌,一个中等大小的橙子可以提供人一天所需的维生素C,提高身体抵挡细菌侵害的能力。橙子能清除体内对健康有害的自由基,抑制肿瘤细胞的生长。

16.麦芽:能降低结肠和直肠癌的发病率,因为它易被吸收。麦芽本身是无味的,因此要把它撒在麦片或加在酸奶中。

17.金枪鱼:金枪鱼脂肪酸能降低血压,预防中风,抑制偏头疼,防治湿疹,缓解皮肤干燥。

18.草莓:草莓不但汁水充足,味道鲜美,还对人体健康有极大益处。草莓可改善肤质,减轻腹泻,缓解肝脏及尿道疾病。同时,草莓还可以巩固齿龈,清新口气,滋润喉部。

19.大豆:大豆是植物中雌激素含量较高的食物之一,这对女性的健康是极其重要的。

20.酸奶:酸奶不仅有助于消化,还能有效地防止肠道感染,提高人体的免疫功能。与普通牛奶相比,酸奶脂肪含量低,钙质含量高,还富含维生素 B_2,这些元素都对人体大有裨益。

21.香菜:香菜中富含铁、钙、钾、锌、维生素 A 和维生素 C 等元素,香菜还可利尿,有利于维持血糖含量并能防癌。

22.巧克力:拥有快乐——巧克力有镇静的作用,它的味道和口感还能刺激人大脑中的快乐中枢,使人变得快乐。护齿——脱矿化的结果是龋齿的形成,而巧克力可以延缓这一过程的速度。

23.马铃薯:护脾胃,多吃些马铃薯可以缓解燥热、便秘,还可以养护脾胃,益气润肠。消除眼袋,把马铃薯片贴在眼睛上,可以减轻眼袋。

24.蘑菇:营养丰富,提高免疫力,减肥,蘑菇中有大量无机质、维生素、蛋白质等丰富的营养成分,但热量很低,常吃也不会发胖。且蘑菇中含有很高的植物纤维素,可防止便秘、降低血液中的胆固醇含量。蘑菇中的维生素C 比一般水果要高很多,可促进人体的新陈代谢。

25.鸡蛋:可增强记忆力,还可美容。蛋黄不仅不会消耗维生素 H,还可以帮助我们合成它。

26.核桃:可健脑,一斤核桃的营养价值相当于 5 斤鸡蛋或 9 斤牛奶。核桃中的蛋白质有对人体极为重要的赖氨酸,对大脑很有益。

右玉特色农副产品的药用性能

荞 麦

别名:荞子、花荞、乌麦、甜荞。

成分:含蛋白质、脂肪、糖类、维生素 B、水杨胺、4- 羟基苯甲胺等。

性味:味甘性、平微、性寒。

功效:下气利肠,清热解毒。用于痢疾,小儿丹毒、热疖、出黄汗、头风畏冷。常食荞麦可预防高血压引起的脑出血。荞麦叶用于紫癜、眼底出血辅助治疗。对糖尿病人更为适宜。

莜 麦

别名:燕麦、雀麦、牛星草。

成分:含淀粉、蛋白质、钙等多种维生素、微量元素和粗纤维等矿物质。

性味:味甘、性平。

功效:经常食用对糖尿病、高血压有辅助疗效。

胡 麻

别名:巨胜、方茎、方金、油麻。汉代张骞从西域带回内地种植,故称胡麻。

性味:味甘、性平、无毒。

功效:补五脏,增气力,长肌肉,长智力。又能润养五脏,滋实肺气,止心惊,利大小肠,耐寒暑,驱逐湿气,游风,头风,能催生胞衣尽快剥离,补产后体虚疲乏。将胡麻和白蜜蒸成糕饼,可治百病。

胡麻油,利大肠,去肠内结热和下三焦热毒气。

胡麻油加白酒,一日三次,可治白癜风。同时忌食生冷,猪肉、鸡肉、鱼肉、大蒜 100 天。

胡麻花可使秃顶生发,润滑大肠。用胡麻花擦身体可使肌肤光滑且有弹性,是护肤美容的佳品。

山药蛋

山药蛋学名马铃薯,别名洋芋、土豆、地蛋。

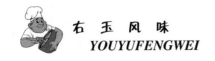

成分:含糖类、蛋白质、维生素 C、钙、磷等。

性味:味甘、性寒平。

功效:解毒,消炎。用于药物中毒、烫伤、腮腺炎等病的辅助调养。

豌 豆

别名:荷兰豆、雪豆。

成分:含蛋白质、脂肪、糖类、钙、磷、铁、维生素 B_1、烟酸、维生素 B_2、植物凝集素等。其中含磷较丰富,每 100 克豌豆含磷 400 毫克。

性味:味甘、性平。

功效:和中下气、利尿,解疮毒。用于糖尿病、产后乳汁不下、心脏病、高血压病、霍乱等病症的辅助调养。

豌豆粉可除臃肿痘疮。用豌豆粉洗浴,可除去污垢,使肌肤光亮白洁。

黑 豆

性味:味甘、性平、无毒。

功效:豆粉涂抹肿疮,可愈。黑豆粥,能杀邪毒。治水肿,消除胃中热毒,去淤血,散五脏内寒。炒黑豆趁热放入酒中,能治中风、瘫痪、口吃,以及产后伤风头痛。饭后吃半两黑豆,可使耳聪目明,使人皮肤润泽,精力旺盛,不易衰老。长时间服用,可润肌肤,使人长寿。炒黑豆加酒服用,可治腰肋疼痛。黑豆加水泡湿炒热,以白布包裹,熨患处,可治腰痛。黑豆花,可治眼花,视物不清,眼内生白翳。

扁 豆

别名:娥眉豆、沿篱豆(黑体)。

性味:味甘、性温、无毒。

功效:补养五脏,止呕吐。长期服用,可避生白发。治女子白带过多,可解酒毒,可治愈痢疾,消除暑热,温暖脾胃。扁豆粉加醋服下,可治霍乱,呕吐,腹泻不止。

羊 肉

羊肉:分绵羊肉、山羊肉。

成分:含蛋白质、脂肪、水分、钙、磷、铁、维生素等。

性味:味甘,性温。

功效:益气补虚,温中暖下,温补脾胃,用于治疗脾胃虚寒所致的反胃、身体瘦弱、畏寒等症。

羊肾即睾丸,治肾虚劳损,腰背疼痛,足膝痿弱,阳痿,耳聋,消渴,遗溺,尿频等。

羊心,可治劳心膈痛,惊悸。

边　鸡

成分:含蛋白质、脂肪、蛋氨酸、赖氨酸、无机盐、维生素 A、维生素 C、维生素 E、维生素 B。

性味:味甘、性温。

功效:温中、益气、补虚、补肾、益精、健脾。

边鸡蛋,安心补神,补血,滋阴润燥。用于心烦不眠,燥咳声哑,目赤咽痛、胎动不安,产后口渴、下痢、烫伤等症。还可用于月经不调,乳汁减少、眩晕、夜盲、病后体虚、营养不良、阴虚肺燥、咳嗽痰少、咽干喉痛、心悸、失眠、小儿惊痫等。

蘑　菇

右玉蘑菇有羊肚菌菇、鸡眼蘑菇、草蘑菇,尤以韩庆湾地段的蘑菇最为出名。

成分:含蛋白质、脂肪、糖类、粗纤维、无机盐、钙、磷、维生素 B、烟酸、维生素 C,脂肪中的脂肪酸、亚油酸较多,油酸则很少,含多种游离的氨基酸。还有维生素 A、维生素 B、维生素 D、维生素 E、维生素 K、泛酸、生物素和叶酸。

性味:味甘、性凉。

功效:益肠胃、化痰、理气。用于防治传染性肝炎、白细胞减少症、咳嗽气逆等病症的辅助调养。

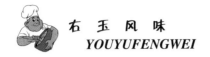

右玉特产——沙棘的医疗保健功效

　　沙棘原为我国的藏、蒙医常用药,早在公元 5 世纪《毗兰琉璃》一书中就记载了沙棘是治疗胃、肠炎和祛痰合剂的组成部分,并能治疗肝病及其他多种疾病。公元 8 世纪(11 世纪修订)的藏医经典巨著《四部医典》更详细地记载了沙棘的医疗保健价值:沙棘具有祛痰、利肺、化湿、壮阴、升阳的作用,沙棘有养脾健胃之药理性能。用沙棘制成的剂型有汤、散、丸、膏、酥、灰和酒 7 种,以及用沙棘制成的著名药方,如茵陈八味、沙棘五味秘方、止咳四味、催吐清胃、肝滞沙棘五味、脑类方剂、涸浓养肝良方、三友和八肝沙棘回味 9 种制剂。前苏联等国研究沙棘引用的最早文献就是我国的《毗兰琉璃》和《四部医典》,可见,沙棘是我国最早用于医疗保健的。

　　1.对心血管系统疾病的治疗作用

　　(1)对高血脂症的治疗作用。沙棘果汁对高血脂症具有明显的治疗作用,它能降低血清总胆固醇并增加高密度脂蛋白含量,从而提高总胆固醇 / 高密度脂蛋白的比值以及降低甘油三脂和 β – 脂蛋白的含量。

　　华西医科大学刘秉文等给病人浓缩沙棘汁 12 毫升 / 天,1～3 个月。在 61 例患者中具有高血脂患者的胆固醇、甘油三脂均有明显的下降。沙棘黄酮的降血脂作用也得到了临床和动物实验的证明,目前已出售的心痛平商品,即是由沙棘黄酮制成的。

　　前苏联学者用沙棘油也证实了缓解冠心病心绞痛,改善缺血性心电图的作用。

　　可见,沙棘汁、黄酮和沙棘油均有治疗缺血性心脏病和降脂的作用,可能存在于沙棘果中的黄酮,甜菜碱及油中的固醇类和维生素 E,花生四烯酸等物质起着重要的作用。

　　2.对呼吸系统疾病的治疗作用

　　沙棘果实具有止咳祛痰、消食化滞、活血化瘀的作用。山西用于治疗慢性气管炎的咳乐就是以沙棘果实为原料制成的冲剂。沙棘含有的黄酮,主要成分之一是槲皮素,已经证明具有明显的祛痰、止咳和平喘作用,该成分是用于治疗慢性气管炎的主要有效成分。

　　3.对消化系统疾病的治疗作用

民间早已用沙棘来治疗消化系统疾病,包括胃、十二指肠溃疡、炎症、消化不良等。

关于沙棘治疗胃溃疡的作用,临床有不少报道。1959年,H.M.戈洛杰茨卡娅报道了患者口服沙棘油,每日3次(饭后服),一般34～47天可使胃溃疡和十二脂溃疡的病情得到控制好转。沙棘油还用于治疗肠道的各种炎症、痢疾。

4.对炎症性疾病的治疗作用

沙棘油对多种炎症有效,如咽喉炎、扁桃腺炎、上颌窦炎、牙周炎等均有良好的治疗作用,对宫颈糜烂(100例)和宫颈囊泡糜烂(100例)也有良好的效果,而且疗效稳定。由于沙棘油不具毒性,对含有黏液的皱皮部位没有刺激作用。故患宫颈糜烂的孕妇亦可使用。

5.对烧伤、烫伤、刀伤和冻伤的治疗作用

沙棘油有促进组织再生和上皮组织愈合的作用,临床上用于治疗烧伤、烫伤、刀伤和冻伤,均取得良好的效果。它不仅可治疗轻度烧伤,也可治疗Ⅱ、Ⅲ度烧伤,每日于烧伤处涂敷2～3次,即可获得满意的治疗效果。

不同浓度沙棘油对皮伤愈合速度的影响表明,每天用沙棘油涂敷患处,可使皮伤再生速度加快,这主要表现在肉芽组织的迅速成熟和表皮外缘组织迅速生长,以20%和50%的浓度,治疗效果最好。1952年,苏联卫生部决定在临床上用沙棘油治疗烧伤。

6.对眼科疾病的治疗

用沙棘油治疗眼科疾病取得了显著效果。用它可治疗沙眼、凸眼性甲状腺肿、角膜炎、水泡、眼皮烧伤和结膜炎等。在治疗这些病时,沙棘油既可制成滴剂使用,也可制成10%～20%的眼药膏使用,还可制成肌肉注射剂使用。T.N.马什科维奇曾报道了用沙棘油治疗眼部烧伤的病例118人,每天滴5～6次沙棘油剂到结膜囊,可明显缩短治疗期。

对于角膜成形术后并发炎症的患者,每日3次滴沙棘油,连续1月,也收到令人满意的效果。

沙棘油滴剂也可促进眼角膜溃疡的愈合,用家兔进行实验证明了这一点。在沙棘油的作用下,残损的兔眼角膜愈合速度较快,比使用30%乙酰磺胺治疗提前3天愈合,比对照提前5～6.5天愈合。

从进行眼角膜外伤的实验,即在家兔双眼上进行环钻术,然后用沙棘油和乙酰磺胺治疗的结果表明,沙棘油更有利于促进伤口处重新愈合和再生,角膜伤口愈合迅速,形成细小的割痕。

7.对辐射损伤保护作用和抗肿瘤作用

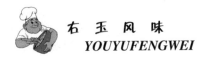

沙棘油含有多种生理活性物质,是预防和治疗皮肤和黏膜免受放射损伤的药物,用于放射治疗过程中,减轻食道和黏膜所受的损伤。

可见,沙棘能治疗多种疾病,有重要的医疗保健价值,在临床上有较好的前途。

8.沙棘的营养价值

沙棘含有大量的生物活性物质,这些物质分布于沙棘的不同部位。除上面已经谈到的具有治疗作用的黄酮、生物碱和油类外,还含有丰富的维生素、多种微量元素和氨基酸,这些物质是人体维持正常新陈代谢过程和生命活动不可缺少的营养成分,具有重要的营养价值。另一方面,当这些物质缺乏或过多时,正常的新陈代谢过程和生命活动过程受到影响,从而产生疾病;当补充或减少这些物质,疾病得以痊愈,从这个意义上说,它们又是药物,两者并无严格的界限。

名店名厨

MING
DIAN
MING
CHU

右玉清真五胜园饭庄饮誉长城内外

梁 泰

右玉城清真五胜园饭庄,清末至民国时期名扬塞北高原,饮誉长城内外。因为当时的右玉城地处南北交通要道,所以,对沟通京、津、冀、豫同内蒙古的经济贸易往来,起到一定的纽带作用。

五胜园饭庄位于右玉城内南街路西,占地约 1000 平方米。六间门面房为餐厅,设十八张餐桌,一次可供 200 人就餐。院内正房还设有雅座,晚上还可以留客住宿。饭店还设有肉坊、粉坊、油坊、磨坊、皮坊、锅坊、糟坊等加工业,饲养羊、牛、骆驼等 200 余只,自己可以屠宰,并加工皮毛、皮革。从业人员最多时有 50 余人。

五胜园饭庄的发展,也不是一帆风顺的。清朝咸丰年间,京都回民甄氏一族,从卢沟桥迁居至右玉,其中有一个叫甄五旦的人,成天沿街乞讨,生活十分艰苦。但他人穷志坚,胸有抱负。一日,在闲谈中与叫花子朋友谈起要白手起家,办一个饭庄。这一打算马上得到朋友们的同情与支持,答应要助他一臂之力。于是以甄五旦为主,东凑西借,四处集资,有了一些银两,便在右玉城北街鼓楼西北角租了一间小屋,挂起"清真荞面馆"的幌子。饭馆开张后,由于服务热情,薄利多销,几年时间盈利不少。一间房已不能适应营业的需要,于是,便在北街路东买了一处外有 6 间门面的院落。正式悬挂起黑底金字"清真五胜园饭庄"的牌匾,"山珍海味包办酒席","家常便饭风味小吃"的木制对联分挂两侧,蓝色的清真饭幌与"汤瓶牌"悬挂屋檐下。"汤瓶牌"上写有伊斯兰经文,四角刻有"京都回回"四个字。开张后,他雇用王红运、张二、马世荣等当地较有名的厨师掌勺,还让杨小德、赵二等当堂倌。

五胜园饭庄开业后,十分注重饭菜质量。他们学习外地经验,吸收本地长处,精心研究和制作了一些具有地方特色风味的饭菜。经过长期的探索和经验积累,形成了该饭庄独特的饭食品种,下面重点介绍几例:

京(精)饼 以鸡蛋、香油、白糖、白面为主料糅合烙制而成的一种饼子。这种饼子油而不腻,脆而不坚,绵而爽口,老少皆宜。过往客商除入席食用外,往往还要带几张回去作为馈赠礼品。

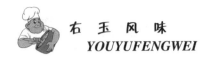
鸳鸯火烧 是在同一盘内装五个糖饼、五个馅饼,个头比现在的烙饼小。特点是荤中带素,肉面结合,用料精良,酥香可口。

全饼 是用赤糖、桃仁、青红丝、芝麻等果脯做馅烙制成白面饼。其特点是皮薄馅鲜,外脆里酥。

锅盔 亦是一种白面烙制品,分糖、素、肉三个品种。它的特点是皮酥馅鲜,别有风味。

牛虎斗 在一个大碗内(钵碗)盛一半荞面饸饹,一半白面拉面,上浇牛肉丝汤,味美色鲜,筋软可口,经济实惠,很受欢迎,是农民进城购物时解饥解渴的好饭。

肉大杂 是在一盘内装有过油肉、夹馅肉、肉片、丸子等炒制而成的混合肉菜,同盘异味,量足质佳。

海大杂 是把海参、鱿鱼、海茄等海味品混合炒制而成的一道名菜,宴席食用最佳。

其他还有"一窝丝"、通州饼、瑰夹沙、枣泥饼以及用牛羊下水料加工制作的肉杂拌、酱牛肠、酱扒牛肚、馏心花、爆肚片等饭菜。特别是"稍麦"远近闻名,具有皮软面精、馅嫩味香等特点。城里有钱的商人,每天清早都要去五胜园置一碟稍麦,沏一壶清茶,边吃边聊,其乐无穷。五胜园饭庄之所以能够由小到大,发展成为在长城内外享有盛名的饭庄,是与甄五旦及其子甄成经营有方分不开的。他们的主要经营方法是:

一、综合利用,成本低廉 甄家父子不仅开饭店,而且围绕饭庄开办了不少作坊,用以加工饭庄每日消耗的面粉、葫麻油、淀粉等主料,所产的副料诸如麻饼、粉渣、麸皮又可以用来饲养牛、羊。牛、羊出栏,又为饭庄提供了肉食原料。这样一条龙的自己生产、自己利用、自己消费,不但方便,而且成本低廉。

二、讲究信誉,待客如宾 甄成与其父甄五旦经常了解行市,分析顾客心理,不定时抽查各种饭菜的质量,发现问题马上解决,还要追查责任。由于饭菜质量好,招来许多南来北往之客。

三、服务周到,热情待客 凡进五胜园饭庄的顾客,不论贫富,不分贵贱,一概热情接待。进门迎接让座,离店以礼相送。顾客坐下后先茶后饭,饭后又茶,想坐多久就坐多久,一直侍奉到底。当时的堂倌杨小德、梁建国等人为顾客倒水特别有绝招,不论有多少人围桌喝水,他们都能准确地从背后高举铜壶将水倒入瓷杯中。此外,五胜园饭庄还有几样服务项目,如有人要设家宴待客,只要提前打个招呼,到时饭庄就派专人用饭盒将饭菜送去,而且不另外加价。"叫花子"进店吃饭,从不收费,照样

热情接待。

四、注重技艺,精益求精　　五胜园饭店十分注重饭菜制作技艺,只要打听到有高超技术的师傅,便千方百计高薪聘请。此外,五胜园还经常从归绥(即呼和浩特市)请名师传艺,提高技术。因此,这里的饭菜质量一直保持高水平,赢得了广大顾客的赞誉。

五胜园饭庄共经营了 60 余年,到抗日战争前夕停业。

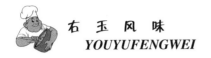

贺龙元帅题名的"同春饭庄"

梁　泰

自清朝设朔平府以来，右玉古城内曾一度商贾云集，往来频繁，店铺林立，数不胜数。如日杂百货、糕点副食、当铺钱庄、药店缸房，大小字号鳞次栉比，有"小北京"之称。然而唯有饭庄较少，当时较兴盛的只有五胜园和桐春两个饭庄。

民国18年（1929年），右玉县民国政府官员马进青（城关人）凭着商人的敏锐，发现五胜园饭庄虽买卖兴隆，顾客络绎不绝，但因为是回民饭店，所以它的饭菜品种只限于清真的牛、羊肉和家禽、海鲜之类，这样部分喜食猪肉的汉民和满人却不去光顾。若遇举办较大的婚、丧、嫁、娶宴席，缺少猪肉，佳肴不丰，饭菜乏味。再者，街市上虽有几家汉民饭店，但规模很小，以家常便饭为主，根本无法承担起大办宴席的重任。于是，马进青在同年3月，邀请曾经在"宾宴楼"出徒的名师郝步霞（人称郝四）和王二官、阎秉升，在东街路南合资创办了汉人饭店。当时正值阳春三月，取梧桐树能引来金凤凰之意，故名桐春饭店，一为生财好运，二图吉祥如意。马进青和郝、王、阎三位师傅既是股东又是厨师。经过四人齐心经营，桐春饭店越来越兴盛，买卖越做越大，原来的铺面显得越来越窄，远远适应不了顾客纷至沓来的要求和饭店发展之所需。鉴于这种情况，马进青在民国21年（1932年），又把大南街路西黄金地段的一处临街院落租赁下来，将饭庄乔迁新址，这就是当时红极全城南街的桐春饭店。

桐春饭店占地约800平方米，三间门面做对外餐厅，可设饭桌10余张；正房七间为客房；西大厅三间为客厅和官员贵人们就餐之地；南房五间为磨房和牲畜圈棚；西房两间是贮藏食品之库房；还有柜房一间，厨房两间。院中有水井1眼，备有牛车两辆，骡马两头，专为饭店磨面、运粮、拉炭。这时郝四被提升为掌柜，管理人员有阎秉升、王二官、关恩禄和高海。此四人在管理饭庄的同时兼厨师之职。马富孩、杨毛眼在饭店学徒，马进青仍为财东。饭店别开生面，蒸蒸日上，和五胜园饭店齐名，呈南北对峙之态。

民国26年（1937年），日军入侵右玉城，时局动荡，民心惶惶，北街五胜园饭店停业了。眼见危机骤临，桐春饭店财东马进青毅然抽资退股，股东王二官、阎秉升也不干了。饭店即刻面临倒闭。面对如此局面，郝四义无反顾地承担起桐春饭店继续经营下去的责任。他聘请了厨师左文焕、杜秉仁和著名饼案师傅张栓孩入股助阵，才使得桐春饭店得以延续、巩固和发展下来。

桐春饭店一贯注重饭菜质量，讲究与众不同的风味，特色饭菜主要有：

单皮双馅火烧　此饼堪称一绝，三张皮（上、中、下），两层馅，做工复杂，入嘴可口，皮薄肉嫩，油而不腻，老少皆宜。

鸳鸯火烧　是在同一盘内装五张糖饼、五张馅饼，两者摆放考究，既似元宝拱月，又如鸳鸯戏水，荤素搭配，酥香可口。

荞面饸饹　把荞面和软，放入6尺长木制的饸饹床内，一人加压另一人入面入锅煮熟后，把长度一尺半的面用筷子精心打捞之，有的成鬈髻形，有的成一窝丝状，放入大碗，按客人要求浇上肉丝臊子或打卤菜臊子，即可食之。这是农民和普通百姓最喜欢的面食。

火锅大杂拌　在火锅内装上猪肉丸子、烧肉片、炸豆腐、炸土豆块、黄花菜、木耳和各种蔬菜等，用炭火点燃火锅，煮熟食之。

过油肉　精选猪肉，去肥留瘦，切薄片，过油烹之，肉嫩、色鲜、有光

郝步霞——右卫镇人（1892—1977）
桐春园饭店厨师
对右玉特色厨艺有独特贡献

杨毛眼——右卫镇人（1916—1995）
桐春园饭店学徒
对右玉特色厨艺有独特贡献

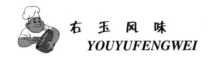
泽。过去右玉老城流传有"五胜园的牛虎斗,桐春饭庄的过油肉"之美谈。

另外,鱿鱼、海参、海茄、稍麦等应有尽有。桐春饭庄不断改进技术,听取顾客意见,学习别家长处。如晶饼、锅盔、通州饼等就是从停业的五胜园引入的技术。

郝步霞师傅经营桐春饭庄 27 年,在风风雨雨中摸索出了先义后利、诚信为本的经营理念,为当时所有商户所不及。他人格高尚,技艺超群,深谙商道,童叟无欺。每到乡下收猪、杀羊、买牛时,即使不带分文,农民照样赊给,一句话,信得过他的为人。他在全县很有声望。

1948 年 10 月,贺龙元帅莅临桐春饭庄,品尝了桐春饭店饭菜,尤其对郝掌柜做的单皮双馅火烧和过油肉等赞不绝口。贺龙元帅谈笑风生,和蔼可亲,对职工们嘘寒问暖。临行时把"桐"赐书为"同",以示军民一家,同心协力,四海皆春。从此,"同春饭庄"之名沿用至 1956 年公私合营。

玉林苑宾馆

　　玉林苑宾馆,是2000年在原右玉县委小招的基础上创建的。主体坐落于新城镇东街最繁华地段,与县委广场相对,占地面积9000平方米,共有员工60多人。院内绿草如茵,喷泉如注,花团锦簇,灯光闪烁,交相辉映。

　　玉林苑宾馆有三层会议中心楼一幢,供举行政务商讨、商务洽谈、接见、授课等活动。一层有多功能健身房、乒乓球室等,为客人提供健身服务。

　　客房有A座、B座、C座三幢楼房,按三星级标准设有标准间、单人间、套间、三人间。二十四小时提供舒适、干净、整洁的服务。

　　餐饮部餐厅建筑古色古香,配有牡丹、玫瑰、夏荷等高雅包间11间,可同时容纳180人就餐,就餐以右玉家常便饭为主,还兼有全国各地特色饮食服务。

总经理:李永平

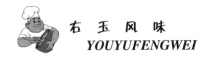
玉龙国际酒店

玉龙国际酒店是山西玉龙投资集团有限公司自筹资金 1.6 亿人民币,按国际标准兴建的四星级国际酒店。

酒店地处山西省朔州市右玉县西街,建筑面积 30 154 平方米,主体 13 层,宏伟壮观;两侧裙楼环绕,拥有大型停车场,是集餐饮、住宿、桑拿、娱乐、商务洽谈为一体的综合性服务场所。酒店现有:总统套房、大使套房、行政套房、豪华标间、商务标间、商务单间共计 178 间,有 318 张床位能容纳 360 位客人同时入住。康乐中心设有:棋牌室、台球室、乒乓球室、健身房。大堂设有:行李房、商务中心、商品部、贵宾接待室。会议中心设有:多媒体会议室、会议室、贵宾接待室、报告厅、大型多功能会议厅,共计 8 个会议场所(能容纳 800 人同时开会)。还有中餐厅、西餐厅、咖啡厅、宴会厅、特色风味厅、多功能宴会厅(能容纳 800 人同时用餐)。桑拿洗浴中心拥有先进、新奇的水疗浴池、影视休息厅、香薰 SPA 房、美容美发、贵宾 SPA 房、按摩间、豪华足疗间(能同时容纳 200 人沐浴)。夜总会配有五彩斑斓、时隐时现的时尚 LED 灯光和梦幻奇特的音响设备,有豪华 KTV 包房 13 间(能容纳 300 人娱乐)。

玉龙国际酒店是一个功能齐全的国际性商务酒店,酒店的装修典雅别致、富丽堂皇,有一流的设施、一流的设备、一流的服务、一流的管理;是旅游、休闲、度假、商务洽谈的理想场所。

李志堂与右玉糕点

张建国

李志堂——右卫镇人（1920—2007）
绥　远（呼和浩特）麦香春学徒
对右玉特色厨艺有独特贡献

说起右玉糕点，堪称名扬三晋。

"糕点"一词顾名思义，即蛋糕类和点心类。"糕"有蛋糕、槽子糕、芙蓉糕、长寿糕、喇嘛糕等等。"酥"有到口酥、桃酥、蛋皮酥（大饼干）、糖蜜酥、瓦酥、刀切酥等等。花色品种共有"八十二糕七十二酥"。使用模子做出的酥类产品，著名的有"大八件"和"小八件"。酥类产品的主要原料是白面、糖、葫麻油；而糕类产品，除面、糖、油外，还得加入鸡蛋等辅助材料。此外，在酥类和糕类产品制作过程中，其用水量、水的温度也大不一样，内中奥秘存于师傅们的心里。"点"有白皮点心、佛手、翻毛、七心饼等。点心类产品用的是馅子，所用馅子一般有两种：一是枣泥馅，二是碰轧馅，它是把豆子煮熟，用抿面床碾碎去皮，然后和糖搅拌在一起做成的馅子。点心产品用馅不一样，造型也不一样，其叫法也就不一样。制作点心的常用辅料是猪板油和牛油。

旧时的糕点铺，一般是前店后厂，当天生产当天销售，以销定产，现做现卖。加工制作的糕点，秉承了京、津糕点和模式糕点的传统制作工艺。就工艺而言，大体上分为两类：一类是模具制作。模具一般从大同市购置，而精细的模具则从京、津两市置办。另一类是手工制作。正如行话所说，糕点师傅们必须具备一个灵活的头脑，一双灵巧的手。这样他们所制的糕点产品，才能花样齐全，造型生动美观，让人眼馋欲食。

说起右玉糕点行业过去的事，就不能不提在糕点行业享有盛誉的制作

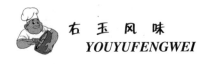
高手——李志堂老师傅了。

李志堂出生于 1929 年,是土生土长的右玉人。幼年时,因家境贫困,迫于生计,于 1941 年在呼和浩特市一家糕点铺学徒打杂。当时,他的舅舅在这家糕点铺当师傅。过去的老师傅们,对技艺十分看重,一般秘不示人,学徒工得靠自己的实践经验去积累,靠自己的悟性去揣摩,靠自己的勤快去打动师傅的心,这样才能得到真传。李师傅从学徒开始,就非常勤快、爱琢磨,喜动手,再加上师傅是自己的亲舅舅,经常能吃上一些"偏饭",学到的东西就多,手艺也出众。

为了学到更多的手艺,经人介绍,他后来又转到呼和浩特市麦香村饭店学徒三年,求艺于面案老师傅,主要学饼铛技术。三年来他历经磨炼,早起晚睡,侍奉老师傅尽量做到细致入微,因而,师傅对他格外开恩。他烙的火烧、水晶饼、一窝丝等,那才叫一绝,食后令顾客赞叹不已。

1948 年,他参加了中国人民解放军,后又参加抗美援朝。在部队,他一直从事炊事工作。

1955 年,他从部队转业回到阔别八年、朝思暮想的老家——右玉。期时县供销社成立了人民饭店,任他为饭店主任。他一手经营起的人民饭店,搞得红红火火,生意兴隆。之后,他服从组织安排,先后担任过县委食堂炊事班长、县招待所管理员、县副食品综合加工厂副厂长、县饮食服务公司副经理。

他离休后,本县或外地的一些宾馆饭店、糕点作坊,来人、来函、来电,邀请他去指导工作。省城迎泽宾馆也曾经多次聘请他去传授技艺。

旧时糕点业还生产油炸产品,如麻花、麻叶、四头麻叶、蜜麻叶、杂拌、油郭子、米条等等,还有面向大众生产的各式各样的饼子、饼干、面包,但主要以加工油饼为主。

过去右玉糕点业之所以有名气,与右玉所产葫麻油密不可分。右玉葫麻油是山西一大特产,俗称"北路葫油",名闻天下。用葫麻油做原料制成的各式糕点,香、甜、脆、酥,味道独特,而别的食用油却无法替代葫麻油这一特性。

特一级烹饪师张日清

张日清,1978 年在迎泽宾馆餐饮部工作。1993 年 8 月晋升为特一级烹饪师。1998 年 1 月参加山西省第二届烹饪技术比赛大会,荣获铜牌两枚。1988 年 9 月调任山西省驻广州办事处任副总经理,1996 年调任山西省人大培训中心主任。2004 年 11 月荣获中国"饭店业优秀企业家"。2006 年任山西省名厨联谊会副会长、山西省烹饪协会高级评委。

厨艺高超的田明

田明,1952 年 12 月出生在右玉西山一个贫穷的山沟里。他从小就热爱厨师职业,很小就跟着妈妈学做饭。十多岁时,做莜面系列面食,他看了就会做。在他 17 岁时,丁家窑公社招聘厨师,他就被选中了。

1974 年,田明在右玉县招待所小招工作;1986 年,招待所领导推荐他到省城迎泽宾馆学习;1990 年,他在北京市第四招待所学习了半年。那里有全国一流的名厨名师授课传艺,名师们现场表演,现场操作,令他大开眼界。田明也为学员们现场演示了做右玉家常便饭的技能。

从北京回来不久,他又去山西驻广州办事处培训了一年,沿海地区开放城市的菜谱、食谱,包罗万象。广州又是粤菜的故乡,他在那里学到了基本的粤菜制作技术。

田明制作盐煎羊肉颇具特长。他说,经过屠宰加工的鲜羊肉下锅烧煮时,一个羊肉需半碗水,半个羊肉需一碗水。老羊肉煮的时间较长,需要一个多小时才能熟透;嫩羊羔(包括两岁左右)肉,只需要 40 分钟。

田明,一个土生土长的右玉人,如今在烧、烤、炖、熘、炸、煮、涮、炒、焖、煨、煲等厨艺上,样样都有他的拿手活。他像右玉的"小老树"一样,扎根于塞上绿洲,把右玉的小杂粮精调细烹,打造出闻名遐迩的右玉风味品牌。

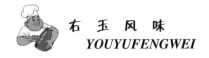
"百味佳"名厨刘治平

刘治平,1963 年 8 月出生于山西省右玉县杨千河乡刘贵窑村。

1987 年以来,先后任大同市北岳宾馆、川奇大酒店、新中大酒店、永和红旗美食城、京原迎宾馆及朔州市金海洋大酒店等名店厨师长、行政总厨。2001 年荣获山西省"百味佳"杯名厨热销菜品交流"金牌菜";2002 年参加了在成都举办的第十二届全国厨师节;同年毕业于北京联合大学顺峰餐饮管理学院,并获得"行政总厨"资质证书;2003 ~ 2007 年, 三次出任山西省名厨联谊会旺菜大赛评委;2007 年在南宁举办的全国第十七届全国厨师节中荣获"中华金厨奖";在中国盐城首届黄海国际美食文化节上荣获"黄海国际调味名师"称号。现任大同市同盛大酒店副总经理。

"西口人家"享誉省城

位于太原市长治路亲贤百万庄园小区的"西口人家"小楼,是具有 20 年厨师经历的王建玲总经理于 2010 年 3 月创办经营的雁北风味饭店。楼内二层和三层各有 3 个包间,一层除厨房和接待室外,还有 20 余个散座。开业半年来,饭菜可口,顾客盈门,深受省城居民,特别是雁北老乡的赞誉。

王建玲 1973 年生于右玉县李达窑乡暖泉村,父母都是农民。建玲从小就喜欢厨师职业,18 岁初中毕业后就独闯大同市从师学艺 8 年,雁北风味的各种烹饪技能他样样精通,2000 年回县后, 就被时任县招待所所长的田明特聘为小招厨师长。为了能在省城展示自己的烹饪技能,从 2003 年开始,建玲又先后在省城"野人家"酒楼、"神农山庄"酒楼、"云冈"酒楼等饭店担任厨师长。如今,王建玲不但是右玉风味吃法的烹饪大师,而且成为享誉省城餐饮业的老板。

方言土语

FANG

YAN

TU

YU

右玉方言土语

人称类

大大——父亲

当家人——父母亲

大爹、大爷——伯父

二爹——二叔

收收——叔父

老点子——老头儿

男人、当家的、老汉、老头子——丈夫

老婆、老伴、老娘娘、老人、老板、女人——妻子

大兄哥——妻兄

大兄嫂——妻嫂

后生——小伙子

活人妻——离婚的女人

带犊儿——前夫所生子女

你老儿、您儿——对长辈的尊称

阁人——自己

庄户人——农民

老娘婆——接生婆

讨吃子——乞丐

鞭杆子——讨吃人的头目

结颏子——口吃的人

圪泡、野圪泡——私生子

白花——以赌博为业的人

疤子——麻子脸

灰苴、灰货——指不走正道,作恶的人

烂罐子——作风不正派的女人

时间类

年省、年省个——去年

今儿个——今天

明儿个——明天

夜儿个——昨天

前日个——前天

间前日个、先前日个——前三天

早起、打早——早晨

半前晌——上午的时间

半后晌——下午的时间

夜儿后晌——昨天下午

起晌了——午休之后

黑了、黑将、黑张——傍晚

头前、将将——刚才

明张了、明将了、五明头——天麻麻亮

单五——端午

破五——正月初五。

房院类

堂前——正房中间的一间

茅字、茅次、后榈——厕所

风门——门外又一层挡风的门

门限——门槛

圪台、门台——屋檐下的台阶

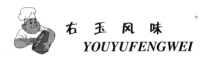
仰层——屋顶、顶棚
围墙子——炕围子
窑堵——烟囱
锅头——锅台
灶火——做饭或烧炕的土灶
前檐、后檐——屋顶的前面和后面

人体类

崩颅——前额
后巴子——后脑勺
后燕儿窝——后脑窝
眼眨毛——眼睫毛
脯子——胸脯
胳肢窝、胳老肢窝、胳肢老窝——
腋窝
圪膝——膝盖
肚子——胃
脓带——鼻涕
眼滋——眼屎
耳心、耳色——耳屎
胡柴——胡子
圪犊——拳头
含水——口水
背锅——驼背
牛牛——乳头
箩筐腿——罗圈腿
跌节子——拐腿子
蹩脚——八字脚

动物类

儿狗——公狗
郎猫儿——公猫
咪猫儿——母猫
草鸡——母鸡

个丁——公绵羊
骚胡——公山羊
寻驹、起骡——母驴、母马发情
走敲——母猪发情乱跑
寻食、游食——母狗发情寻找配偶
嚎春——母猫发情发出难听的叫声
思群——母牛发情
蛮牛——给牛交配
圈驴——给驴交配
牙猪——给猪交配
砸蛋——鸡子交配
连蛋——狗交配
走羔——母羊发情,寻求交配
叫磨——牛、羊反刍
皮条——蛇
月蝙蝠儿——蝙蝠
猫信狐——猫头鹰
圪蛉——松鼠
黄鹋——黄鼠狼
老哇——乌鸦
鲜雀雀——喜鹊
家巴雀儿——麻雀
田家子、青鸡子——青蛙
疥蛤蟆——癞蛤蟆
圪蚪儿、圪蛋儿——蝌蚪
拉蛄——蝼蛄
龙王蛛蛛、龙马蛛蛛、郎马蛛蛛——蜘蛛
马王——马蜂
花大姐儿——蝴蝶
扑灯蛾——飞蛾
牛牛儿——泛指小虫
瞎猛蝇——牛虻

自然现象类

日头——太阳

宿宿——星星

放绛——出彩虹

冷蛋、蛋子——冰雹

冰凌——冰

毛毛片——大雪片

霍乱子风——风向不定的风

罗面雨——蒙蒙细雨

蒙生生雨——小雨

贼星——流星

山水——洪水

凉哨——凉快

地摇、地动——地震

圪八——坑

恶涩——垃圾

料炭——煤核儿

骨碌瓷——煤炭燃烧后形成的渣状物

黑煤子——烟里或锅底受烟熏积存的黑煤面

衣食用物类

大豆——蚕豆

粉面——淀粉,有山药粉面、豆制粉面

圪渣——锅巴

莲花豆——油炸的蚕豆

腌菜——咸菜

主腰子——夹、棉背心

倒插子——衣兜

盖物——被子

条出、笤除——笤帚

扫出——扫帚

沾手、沾布——抹布

笼出、笼床、笼浸——笼屉

黄糕——用黄米面蒸的糕

糕饼子——捏好而未炸的油糕

糕秧子——和好而未蒸的糕面

拿糕——用玉茭面、莜面等直接下水而搅制成的稠软食物

稠粥——用小米焖制的米饭

块垒、快粒——一种用莜面、玉茭面或加土豆蒸制或炒制的块粒状食物

莜面窝窝——用莜面蒸制的筒状食物、栲栳栳

酸饭——把面糊发酵后熬的稀饭

烂腌菜——一种用萝卜丝、白菜丝或其他菜丝搅在一起腌制的酸菜

圪垯子——把整胡萝卜放在盐水中腌制的咸菜

长窝儿菜——把小白菜用开水略煮后腌制的酸菜

毛猴儿菜——用胡萝卜缨子腌制的酸菜

言行类

拍着了——伤风、感冒

猫腻——作弄、嘲讽、挖苦

破出去——豁出去

不产——不单是

意得过——不做也行

意不过——不做不行

呆猛——偶然

然对——尽力、凑合

嚼剁——说话多、啰嗦

抛躁——热得难受

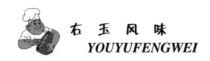
不将意顾——没有注意

舒脱——舒服

蹲底——露馅儿

牙碜——1.饭里有沙子吃起来碜牙；2.比喻说话难听

认、不认——吃药见效、不见效

不好过哩、难活哩、不精神哩——病了

觉意、觉瞧、觉色——感知

瞎打冒撞——盲目行动

憋得慌了——吃得太多,撑着了

晒暖暖——晒太阳

背斗子的——为不正当男女关系牵线的人

铜锤、铜钵子、铜圪蛋——带愣气的人

膀——肿

梆子亮——嗓门大

发引——出殡

个碍儿——有了意见隔阂

圪蹴——蹲下

煞车——把车上装的东西用绳子捆绑在车上

打帮——调停、劝说

督喧——从旁边悄悄地煽动

打平伙——几个人合伙出钱或出物凑在一起吃喝

挨傍的哩——有一定的关系

至一至、约一约——称分量

站栏柜的——售货员

旋儿——风筝

断笑话儿——猜谜语

玩意儿——民间文艺活动

捣古记——讲故事

闲拉搭——聊天

搁记——挂念

黑眼——讨厌

老色——东瞅瞅西瞧瞧（找东西的样子）

督及——跳

克撩——翘

出溜——往下滑

仄愣——1.倾斜；2.不满意,挑衅

歇心——放心

顺眼、喜人、袭人——形容长得好看

不顺眼——形容长得难看

耐——形容器物结实耐用

壮——1.形容器物结实；2.形容人身体结实

不听说——顽皮（多指小孩）

拾掇、整戳——1.收拾东西；2.整治人

圪捣——从中作梗、活动

圪谚——撒娇

圪背——1.憋住气；2.事情弄僵了

圪吱——1.勉强支撑；2.多言,勉强争辩

圪头儿——1.面食的一种；2.布料等碎头儿

圪搅——1.故意打搅；2.搅拌

剥掐——1.剖析研究；2.理会

朝理——理会、接待、打交道

慌慌儿的、欢欢儿的、欢落些——赶快点（催促语气）

圪触——轻轻地摸

圪乍——1.撒娇；2.儿童刚学走路

兴哄——1.高兴、兴奋的样子；2.感

到欣慰

黑指——故意指责

拉圪旦——闯大祸

过上了——指男女关系不正当

圪塌、圪唠——随便议论

抽架——摆布,用计谋算计人

猜扭、撑扭——比试,争高低

撩逗、格祸——戏弄,开玩笑

呛噗——顶撞,语气不客气

扑坎——行动盲目,不切实际

格厌——闹意见,多用于儿童或夫妇之间

骨摞——故意拖延

音记——挂记、惦记、防止忘记

信虎——对峙

格杀——一并处理

凌扯——不注重保养,造成身体有病

没廉耻、没连扯——没完没了地让人讨厌

睬盹——考虑

丢盹——一瞬间的睡觉、打盹

朦盹——一时想不起来,辨别不清楚

迷盹——疑惑,弄不清楚

嚎哨——1.乱说;2.故意宣扬中伤人

糊能——办事得过且过,不做长期稳妥打算

操决——呵斥

瞅欠——仔细打量,辨别

哩烂、哩乱——语无伦次,喋喋不休说个不停

断——追赶

圪儿、圪利——挠腋窝等处,使人发痒

约摸——估计

失措——不经意,造成过失

辨盹——思索,分辨

崴炼、煨练——做事不认真,随意凑合

人的资质、性格、作风类

日能——灵巧,有本事,有能力

圪出八带——不舒展,皱折太多

圪随随——老态龙钟的样子

仄愣旋天——不通情理,粗暴野蛮

圪出溜皮——不直爽,故意扭捏

求胡麻苴——马马虎虎,做事不认真

平不溜丢——形容像没发生事情一样

拴整——做事灵巧,待人得当

客戏——好,带有赞叹的感情色彩

害害儿的、可可儿的——刚好,正巧

捉中——表示肯定语气

来半儿、来不来——平白无故

阴雾——拖拖拉拉,不果断快速

圪阴——办事拖拉,费时间

二七佯憨——不在意,无所谓

咬喃——说话办事不机敏,不紧凑

爬长货——没出息的人

忽拉盖——奸猾,骗子手

不正色——品行不端正,心术不正。

嘎渣子——不走正道,肯干坏事的人

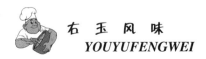
精巴——干净卫生,做事精明利落

机迷——明白,清醒

拉乎——1.平易近人,待人热情;2.粗心大意

没音货——做事说话没准的人

雾八气——指做事一塌糊涂的人

窝叽吃囊——不爽快,没出息

死筋顽肉——指软磨硬抗,不易化解的人

没折气、没折势——没气质,没本领

灰鬼——不务正业的人

赖皮——不做好事的人

凉胡子——不会干事的人,外行

仔细——节俭

疲善、疲的——性情温和,心地善良

小脸——开玩笑翻脸

吃念货——不稳重

圪鬼——暗地活动、搞鬼

谝子——说话不老实、哄骗人的人

没脸货——不怕人嫌、不知羞耻的人

日粗——吹牛

妨主——做事不合伦理

损阴葬德——做缺德的事

黑眼的——使人讨厌

扎眼的——叫人看着不舒服,担忧

草鸡——比喻懦弱退缩

溜添——巴结

滑耍——动作灵活

其他类

圪低打隐——心里不踏实,担忧

各共——1.从来;2.一直

抢会儿——好不容易,终于

拢共——合计,总的

猴猴——最小的、碎的

憋躁——沉闷、烦躁

受瘾——舒泰、舒服

长短、长圆——无论如何

哈长尽短——对事物笼统概括的表述语气

棱猛——突然

寡汤淡水——说话办事空洞无意义

就溜儿——顺便、捎办

忽辣马爬——突然想起

一特落儿——一套一套地叙说

打冷圪散——受冷或极度紧张突然打颤

耍货儿——玩具

齐楚——整齐

背兴——倒霉

还哇哩——就是

可老马儿——1.少得可怜;2.好不容易弄到手

贵贱——无论如何

款款的——1.慢慢的、轻轻的;2.不注意,把事情忘记了;3.正好

后 记

　　被誉为"塞上绿洲"的右玉县,近几年先后获得"中国魅力小城"、"联合国最佳宜居生态县"、"最值得向世界推荐的旅游县"、"中国低碳旅游示范地"等多项荣誉称号。为了满足本地居民和外来游客对右玉饮食文化的鉴赏需要,提高现代家庭对右玉特色饭菜的烹饪技艺,增加民众的饮食营养知识,从 2008 年初开始,我们就组织采编人员,深入右玉县的酒楼饭店和居民家里,走访了民间技艺超群的烹饪厨师,经过归类整理,整理出具有右玉风味吃法的各种做法 200 余种。这里介绍的种种吃法,都是右玉县普通人家经常吃、最爱吃,而且能够吃得起的家常便饭。其烹饪技艺,也是当地百姓人家最常见、最拿手的做法,简单明了,一学就会。愿右玉风味吃法能成为您调整饮食结构的好帮手,为您的美食生活增添乐趣。

　　右玉老百姓的吃法有许多讲究,逐步形成了当地饮食方面的风俗习惯。右玉的饮食文化,其实就是右玉的历代风土人情以及民间饮食习惯的结晶与升华。读者透过当地民风民俗的研究,有助于加深对右玉县历史沿革与饮食文化相关联的人文景观的认识。因此,本书增加了"右玉饮食文化拾趣"、"吃的学问"、"右玉名厨名店"、"右玉方言土语"等内容。

　　右玉县自古以来是个多民族聚居地,盛产小杂粮、地方特产,形成了独特的餐饮文化。如何使右玉风味吃法上升到文化品牌?山西省扶贫基金会徐生岚主任十分关注这个问题。当我们提出编撰《右玉风味》一书,以便为当地厨师的技能培训提供教材,同时提高右玉餐饮文化品牌的想法时,徐主任非常赞同,并给予大力支持。本书在编撰过程中,还得到了右玉风味烹饪厨师孙世民的热情指导;摄影师赵效文、王煜林为本书提供了许多照片。

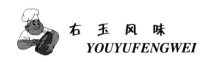

在此,我们一并深表谢意。

由于我们的编写水平有限,书中缺点及不足之处在所难免,恳请广大读者,特别是对右玉风味吃法最有发言权的右玉乡亲们给予批评指正。

编　者

2011 年 5 月 1 日